해양플랜트 공정 및 안전설계

장광필 · 장대준 공저

東明社

저자소개

장광필

1997년~현재: 현대중공업 선임/책임/수석연구원

2008년~2011년: 미국표준협회 신뢰성 전문가(CRE)

2004년~2005년: 노르웨이 NTNU 방문연구원

1997년: 성균관대학교 화학공학과 석사

1995년: 성균관대학교 화학공학과 학사

장대준

2009년~현재: 한국과학기술원(KAIST) 해양시스템공학과 부교수

1997년~2009년: 현대중공업 선임/책임/수석연구원

1997년: 한국과학기술원(KAIST) 화학공학과 박사

1993년: 한국과학기술원(KAIST) 화학공학과 석사

1991년: 한국과학기술원(KAIST) 화학공학과 학사

해양플랜트 공정 및 안전설계

초판 1쇄 발행 2013년 1월 24일
초판 2쇄 발행 2013년 10월 24일

지은이 장광필 · 장대준
펴낸이 최국주
펴낸곳 동명사
출판등록 1950년 11월 1일(제1-76호)
주소 (우 413-756) 경기도 파주시 회동길 50(문발동)
전화 031-955-7200(대표)~2, 7203(편집부), 7204(물류)
팩스 031-955-7205
전자우편 dms723@chol.com
홈페이지 www.dmsbook.com

ISBN 978-89-411-8112-5 93550
값 30,000원

감사의 글

가장 첫 감사는 현대중공업 기술개발본부(현재는 조직 변경됨) 여러분들, 특히 필자들과 함께 긴 세월 동안 관련 연구와 기술 개발을 해 온 산업기술연구소 화공시스템연구팀원들에게 드린다. 이 책은 1999년 해양플랜트설계 분야에서 '뭔지도 모르는 뭔가'를 해 보자고 의기투합한 젊은이들의 무모한 도전의 결과물 중 하나이다. 선배도 전례도 지침서도 없는 상황에서 안전공학과 시스템신뢰성공학의 낯선 단어들을 책, 공사 기록, 인터넷 등을 통해서 이해했고, 분석을 통해서 흉내를 냈고, 끊임없는 사고와 연구를 통해서 마침내는 부끄럽지 않는 수준에 올랐다. 지금은 해석과 분석에 그치지 않고, 시스템 설계와 개발에 자유롭게 적용하고 있다. 지적인 명석함과 더불어, 그들이 보여준 헌신과 끈기, 그리고 소명의식은 필자들이 그들과 한 팀이었다는 자부심을 평생 동안 느끼게 한다. 필자들이 수준에 오르기까지 다년간 무위도식했음에도 불구하고, 여러분들께서 믿음을 가지고 지켜봐 주셨다. 특히, 지속적인 관심과 격려를 해 주신 이충동 부사장님, 윤중근 상무님, 김대순 상무님, 송석용 상무님께 감사를 드린다.

현대중공업 해양사업본부와 조선사업본부에 많은 분들의 지원이 없었다면 우리의 시도는 '우리만의 무모한 도전'으로 끝나고 말았을 것이다. 애초 미천한 우리의 수준에도 불구하고, 우리에게 귀기울이고, 실무에 적용하려고 노력하시고, 필요한 지원을 망설이지 않는 그분들의 적극성 때문에, 중요한 고비마다 우리들은 고무되고 추진 동력을 얻을 수 있었다. 모든 분들의 성함을 일일이 나열하지 못해 죄송하며, 이미 은퇴하신 손석기 전무님과 이철희 전무님만을 대표로 거명한다.

이 책이 나오기까지는 한국과학기술원 해양시스템공학과가 유람이 되었다. 필자 중 한 사람은 교수로서, 한 사람은 학생으로서 이 학과와 인연을 맺으면서 이 책을 쓸 엄두를 내게 되었다. 한국과학기술원 해양시스템공학과는 여러 면에서 필자들의 과거와 닮아 있었다. 해양 시스템분야에서 기술적인 혁신과 교육을 전혀 새로운 방법, 남들에게는 무모하게 보이는 방법으로 시도하고 있다. 교수님들이나 학생들의 구성이 모두 조선, 항공, 기계, 해양, 화공 전공 등을 골고루 포함하고 있어, 융합적인 기술 혁신이 매우 자연스럽다. 필자들은 경험으로부터 이 무모함이 꼭 성공하리라고 확신한다.

원로 교수이신 신영식, 박광춘, 베르간 교수님께 존경어린 감사를 드린다. 그분들이 보여준 공동체에 대한 봉사, 학문에 대한 헌신, 혁신적인 아이디어 도출은 필자들을 항상 겸손하게 하고 분발시키는 모범이다. 연구 뿐만 아니라, 학과 성장기에 필요한 많은 행정적인 업무도 마다할 수 없는 여러 교수님들과 학과사무실 여러분들께도 감사를 드린다. 그리고, 이 모든 분들을 한 군데로 모으시고, 이 모든 일들을 가능하게 하신 한순흥 학과장님께 고마움과 존경을 표한다.

해양공정공학연구실 후학들은 우리가 이 책을 쓰는 보람이라 하겠다. 해양 플랜트에 대한 해석과 분석, 그리고 이를 넘어서 새로운 해양 플랜트의 설계에 도전하고자 하는 그들, 그리고 그들과 같은 목적 의식을 갖고 있는 많은 후배들을 위해서 이 책이 쓰여졌다. 그리고, 그들은 여러 해에 걸쳐서 다양한 버전을 읽고 교정해 준 수고를 아끼지 않았다. 석박사 과정에 있는 많은 학생들이 해양플랜트에 대해서 배우면서, 기술적인 혁신을 연구하고 성과를 도출하고 있다. 자신들이 얼마나 큰 일을 하고 있는지 알아채지 못하고 있지만, 필자들은 이 학생들이 하고 있는 기술적인 혁신이 얼마나 중요한지 잘 알고 있다. 필자들과 그랬듯이, 5년이 지나기 전에 자신들이 한 일의 중요성을 알게 되고 뿌듯함을 느낀다면 지난 3년간 이 책에 쏟아 부은 필자들의 작은 노고가 아깝지 않겠다.

해양플랜트 업계와 학계에서 이 책의 필요성을 일깨워 주시고 물심양면으로 지원해 주신 선후배 여러분들께 이 자리를 빌어 감사의 말씀을 드린다. 동종업계의 여러 회사, 한국가스공사, 한국선급을 비롯한 국제선급들, 한국기계연구원, 한국해양과학기술연구원, 한국지질자원연구원, 여러 대학의 해양플랜트 관련 학과에 근무하시는 엔지니어, 연구원, 교수님들 등등, 일일이 실명을 들어 감사 인사를 드리지 못함을 죄송스럽게 생각한다.

양적인 성장에도 불구하고, 내실이 충실하지 못한 이 분야의 기술 개발은 개인적인 영달뿐만 아니라, 해양과 조선 그리고 플랜트산업 전반의 경쟁력 향상에 매우 중요하다. 지금 이 순간에도 해양플랜트에 관한 기술 개발에 힘쓰는 많은 분들이 있고, 그리고 그 도전의 세계에 발을 내딛는 많은 후배들이 있다. 그 분들에게 이 책이 작은 도움이 된다면, 필자들에게 그보다 더 감사한 일은 없을 것이다.

끝으로 이 책이 마무리되기까지 물심양면으로 도와주신 유아이티의 김성태 사장님과 배경철 씨, 그리고 동명사 여러분들께 감사를 드린다.

2012년 10월
필자 장광필, 장대준

이 책을 사랑하는 가족들
유림, 예림, 강, 백산 그리고 경옥과 희선에게 바칩니다.

서 문

이 책은 해양플랜트의 공정 및 안전 설계에 대한 방법론과 적용 사례를 제공하고 있다. 산업 현장에서 해양플랜트의 공정 설계(Process Design)는 탑사이드(Topside) 공정 설계를 의미하며, 이 책 역시 이에 해당된다. 주요 내용들은 관련 서적과 함께 필자들의 그 동안의 현장 경험이 반영된 것이다. 해양플랜트에서 안전 설계는 크게 시스템 신뢰성 해석과 위험성 해석을 중심으로 구성되기 때문에 시스템 및 공정에 관련된 해석 및 설계 내용을 주로 다루었다. 구조 신뢰성 및 안전성 해석, 운동 및 계류 안전성 해석 등은 제외되었다.

해양플랜트에 맞춰 기술되었으나, 정리된 기본 이론 및 방법론은 조선 및 육상 플랜트 산업에 공통적으로 적용 가능하다. 다소 실무적인 적용을 목적으로 기술되었으며, 대학원 수준의 학생이 관련 분야에 대해 전반적으로 이해하고, 산업 현장에서 활동하는 설계자들이 관련 내용을 잘 활용할 수 있도록 작성되었다. 각 장에 소개된 신뢰도 및 위험도 해석의 상세한 절차와 수학적 모델 등은 자세하게 다루지 않았다. 이에 대한 내용은 언급된 참고문헌을 참조하기 바란다.

첫 장에서는 해양플랜트의 기본적인 소개와 단계별 설계 특성을 정리하였다. 공사마다 다른 특성을 보이는 해양플랜트의 특성상, 정리된 해양플랜트의 기술적 특성과 단계별 설계 특성은 개론적인 내용이며, 특정 공사 사례와 다를 수 있다.

2장에서는 해양플랜트 공정 설계 및 위험성 해석에 기본이 되는 원유 및 가스의 열역학적 특성과 해양플랜트 탑사이드(Topside) 주요 구성 요소의 설계 기법을 정리하였다. 제시된 원유 및 가스의 열역학적 특성은 매우 요약적인 정보 수준이다. 또한, 탑사이드(Topside) 공정 배열과 분리 공정, 가스 처리 공정, 생산수 처리 공정 등에 대한 설계 방법을 제공하고 있다. 본 장에서 정리된 내용은 육상 플랜트에도 공통적으로 적용 가능하다.

나머지 장은 해양플랜트의 안전 설계에 대한 내용이다. 해양플랜트는 그 특성상 매우 높은 수준의 시스템 신뢰도와 안전도를 요구한다.

해양플랜트의 설계 단계에서 시스템의 신뢰도 향상과 이를 검증하기 위해 다양한 신뢰도 해석을 수행한다. 대표적으로 시스템 가용도 및 생산 가용도 해석, FMEA(Failure Mode and Effect Analysis), 안전제어시스템의 신뢰도를 평가하는 SIL(Safety Integrity Level) 해석 등이 이에 해당된다. 3장에서는 해양플랜트의 신뢰도 해석에 필요한 다양한 방법론과 필요한 데이터 등을 소개하였다. 이와 함께 해양플랜트의 유지보수 기법 및 전과정 비용 평가 기법을 정리하였다.

4장에서 6장까지는 해양플랜트의 위험도 해석에 관한 내용이다. 4장에서는 위험도 기반 설계에 기초가 되는 기초 용어, 전반적인 위험도 관리 및 분석 방법과 이를 이용한 위험도 기반 설계의 개념을 설명하고 있다. 5장은 위험도 해석 중 정량적 위험도 해석에 대한 방법, 통상적으로 적용되는 가정 및 그 한계 등에 대해 언급하였다. 6장은 공정과 관련된 해양플랜트의 대표적인 위험 인자인 화재 및 폭발사고를 대비한 보호 및 안전 시스템의 구성 및 설계기법을 정리하였다.

마지막으로 7장에서는 해양플랜트의 각 설계 단계에서 필요로 하는 신뢰도 및 위험도 해석에 대한 방법론과 적용 사례를 정리하였다.

2012년 10월

필자 장광필 장대준

목 차

약어목록

AFP	Active Fire Protection
ALARP	As Low As Reasonably Practicable
BDV	Blowdown Valve
BLEVE	Boiling Liquid Expansion & Vapor Explosion
BPCS	Basic Process Control System
CBA	Cost and Benefit Analysis
CBM	Condition-Based Maintenance
CCF	Common Cause Failure
CENELEC	European Committee for Electrotechnical Standisation
CFD	Computational Fluid Dynamics
CNG	Compressed Natural Gas
CNGC	Compressed Natural Gas Carrier
DNV	Det Norske Veritas
EDP	Emergency Depressurization
EIA	Environmental Impact Assessment
EPA	Environmental Protection Agency
ESD	Emergency Shutdown
ESDV	Emergency Shutdown Valve
FAR	Fatal Accident Rate
FAT	Factory Acceptance Test
FEED	Front End Engineerng Design
FFA	Functional Failure Analysis
FMECA	Failure Modes, Effects and Criticality Analysis
FOB	Free on-Board

FPSO	Floating, Production, Storage and Offloading
FPU	Floating Production Unit
FRACAS	Failure Reporting Analysis and Corrective Action System
FSI	Functional Significant Item
FSO	Floating Storage and Offloading
FSRU	Floating Storage and Regasification Unit
FSU	Floating Storage Unit
GBS	Goal Based Standards
GCU	Gas Combustion Unit
GRP	Glass Reinforced Plastics
HAZID	Hazard Identification
HAZOP	Hazard and Operability Study
HIPPS	High Integrity Pressure Protection System
HPP	Hydro Power Plant
HSE	Health, Safety and Environment
HSE	Health and Safety Executive
HVAC	Heating, Ventilating and Air Conditioning
HYSYS	Process Simulator of AspenTech
IACS	International Association of Classification Socities
IAS	Integrated Automation System
IEC	International Electrotechnical Commission
IEE	Institution of Electrical Engineers
IEEE	Institute of Electrical and Electronic Engineers
IGC	International Gas Code
IGG	Inert Gas Generator
IMO	International Maritime Organization

IP	Institute of Petroleum
IRPA	Individual Risk Per Annum
IRR	Internal Rate of Return
ISA	Instrumentation, Systems and Automation Society
ISO	International Standards Organization
JIS	Japanese Industrial Standard
KOGAS	Korea Gas Corporation
KR	Korean Register of Shipping
KS	Korean Industrial Standard
LAH	Level Alarm High
LAHH	Level Alarm High High
LAL	Level Alarm Low
LALL	Level Alarm Low Low
LCA	Life Cycle Analysis
LCC	Life Cycle Cost
LCV	Lower Calorific Value
LEL	Lower Explosion Limit
LFL	Lower Flammable Limit
LNG	Liquified Natural Gas
LP	Low Pressure
LPG	Liquified Petroleum Gas
LRS	Lloyds Register of Shipping
MA	Mustering Area
MARAD	Maritime Administration of Department of Transportation
MARPOL	International Convention for the Prevention of Marine Pollution from Ship
MCSI	Maintenance Cost Significant Item

MEPC	Maritime Environment Protection Committee
MP	Medium Pressure
MSDS	Material Safety Data Sheet
MSI	Maintenance Significant Item
MTBF	Mean Time Between Failures
MTBR	Mean Time Between Replacement
MTTF	Mean Time To Failure
MTTR	Mean Time To Repair
NEMA	National Electrical Manufacturers Association
NFPA	National Fire Protection Association
NG	Natural Gas
NOx	Nitrogen Oxides
OREDA	Offshore Reliability Database
OSHA	Occupational Safety and Health Association
P&ID	Piping and Instrumentation Diagram
PAH	Pressure Alarm High
PAHH	Pressure Alarm High High
PAL	Pressure Alarm Low
PALL	Pressure Alarm Low Low
PERD	Process Equipment Reliability Database
PERT	Program Evaluation and Review Technique
P–F	Potential–Functional Failure
PFP	Passive Fire Protection
PLC	Programmable Logic Controller
PLL	Potential Loss of Life
PM	Preventive Maintenance

PPB	Parts per Billion
PPM	Parts per Million
PSD	Process Shutdown
PSDV	Process Shutdown Valve
PSV	Pressure Safety Valve
PV	Present Value / Pressure Vacuum
RCM	Reliability-Centered Maintenance
RINA	Registro Italiano Navale
ROI	Return on Investment
RPM	Revolutions per Minute
SAE	Society of Automotive Engineers
SCE	Safety Critical Element
SIL	Safety Integrity Level
SNAME	Society of Naval Architects & Marine Engineers
SOLAS	International Convention for the Safety of Life at Sea
TEMA	Tubular Exchanger Manufacturers Association
TOE	Ton of Oil Equivalent
TR	Temporary Refuge
UEL	Upper Explosion Limit
UFL	Upper Flammable Limit
UPS	Uninterruptable Power Supply
USD	U.S.A. Dollar
UV	Ultra Violet
VLCC	Very Large Crude Oil Carrier
WHO	World Health Organization

제 1 장

해양플랜트의 소개

1.1 해양플랜트의 역할과 특징

1.1.1 공급사슬로 본 해양플랜트의 역할

해양플랜트(Offshore Plants 또는 Offshore Installation)는 해양 원유/천연가스의 공급사슬(Supply Chain)에 참여하는 구성 설비 중, 해양에 설치되는 설비들을 일컫는다. 해양 원유/가스의 공급 사슬(Supply Chain)을 나타내는 다음 그림에서 붉은색으로 표시된 설비들이 해양플랜트에 해당한다.

Supply Chain	Well Drilling	Subsea Systems	Production & Storage	Transport	Supply To Consumers
Oil	Drilling Rigs & Ships	Wellhead Processing Pumping Compression UFR	Fixed Platform FPSO FSO	Tanker VLCC	Tank Farm (Refinery)
Gas				Pipeline(g)	Pipeline(g)
LNG			Pipeline(g) +LNG Plant	LNGC(l)	LNG Terminal FSRU
FLNG			FLNG		

FLNG: Floating LNG Production Unit / FPSO: Floating, Production, Storage, and Offloading Unit VLCC: Very Large Crude Carrier / FSRU: Floating, Storage, and Regasification Unit / UFR: Umbilicals, Flowlines and Risers

그림 1-1 해양 원유/가스 공급사슬(Supply Chain)

드릴링 리그나 드릴쉽을 이용하여 유전을 굴착하여 유정(Well)을 만든다. 유정에 설치된 크리스마스트리(X-mas Tree)를 이용하여 안정적인 유량과 압력을 확보하고, 플로우라인(Flowline)를 이용하여 유정 유체(Well Fluid)를 고정식 플랫폼이나 부유식 생산설비로 이송한 다음, 유정 유체를 분리 및 정제하여 원유/가스를 생산한다. 생산된 원유는 원유 수송선을 이용하여 운송되며, 가스 수송은 파이프라인을 이용한다. 거리가 멀어지게 되면, 천연가스를 액화하여 LNG로 수송하게 된다.

최근 들어, 고립가스전을 개발하고자 LNG FPSO 또는 FLNG가 도입되고 있다. 소비처에서 LNG를 기화시켜 공급하는 FSRU도 해양 설비로 구분된다. 전통적으로 우리 나라와 일본이 세계 최대의 LNG 수입국이다. 근래 들어, 가스의 소비가 많아지거나 기존의 가스전이 고갈되면서 유럽 여러 나라들도 LNG를 수입하고 있다. LNG 수입국으로 급부상한 미국은 근래 들어 셰일 가스가 개발되면서 LNG 수입에 대해서 주춤하고 있는 실정이다.

1.1.2 해양플랜트 엔지니어링의 특성

해양플랜트의 특징을 정리하면 다음과 같다.

- 위치가 고정된 시설(Fixed Installation)이다.
- 유일무이한 시설(Unique Installation)이다.
- 좁은 공간에 설치되는 시설(Congested Installation)이다.
- 안전설계가 핵심적인 시설(Safety-Critical Installation)이다.
- 독립적 시설(Independent Installation)이다.
- 가변적 운전 조건(Varying Operating Condition)에 처해있는 설비이다.
- 거대하고 복잡한 시설(Large-scale Complex Installation)이다.
- 동시적 엔지니어링 및 제작(Concurrent Design, Eng., and Construction)이 이루어져야 하는 설비이다.

각 항목별로 설명하면 다음과 같다.

위치가 고정된 설비(Fixed Installation)이다

많은 해양플랜트들이 선박과 비슷하다. 실제로 초대형 유조선(VLCC)을 개조하여 FPSO를 만드는 경우도 드물지 않다. 이런 연유로 해양플랜트를 선박과 유사한 설비로 착각하게 만든다. 해양플랜트는 기본적으로 특정 위치에 20~30년간 고정되어서 운전되는 고정 설비이다. 선박은 도크에서 대대적인 수리(Dry Docking)가 가능한 반면, 해양플랜트는 수리를 위해 다시 도크로 되돌아 오는 경우는 없으며 현장에서의 유지/보수(Maintenance) 활동만이 가능하다. 현장에서의 유지/보수는 제한적일수 밖에 없으므로, 유지/보수를 최소한으로 줄어들도록 설계한다.

유일무이한 설비(Unique Installation)이다

이동을 염두에 둔 드릴쉽을 제외하고, 해양플랜트는 특정한 환경에서 운전되고 특정한 유체만을 다루도록 설계된다. 세상에 똑같은 FPSO가 2척이 존재하지 않는 이유이다. 모든 해양플랜트는 원칙적으로 처음부터 새롭게 설계된다. 물론, 기존 설비들의 정보가 좋은 본보기가 된다. 더욱 어렵게 하는 부분은 발주사(대개 오일 메이저)마다 각기 다른 표준을 가지고 있다. 회사마다 표준이 상이할 뿐만 아니라, 이 표준 자체가 육상 표준을 수정한 경우가 대부분인지라 비현실적인 항목들도 많다.

좁은 공간에 설치되는 설비(Congested Installation)이다

해양플랜트는 부유식 또는 고정식 구조물 위에 설치된다. 구조물의 크기를 줄이는 것은 전체적인 경제성 향상에 결정적이다. 좁은 공간은 해양플랜트 설계를 근본적으로 어렵게 한다. 좁은 공간 때문에 유지보수가 힘들고, 가연성 매체가 점화원 가까이 배치되고, 화재나 폭발에 취약하다.

안전설계가 핵심적인 설비(Safety-Critical Installation)이다

해양플랜트는 화재, 폭발, 낙하물, 선박 충돌, 폭풍, 해일 등 다양한 위험요소에 노출되어 있다. 본질적으로 가연성 매체인 원유와 천연가스를 다루며, 공간적 제약 때문에 설비들 사이에 간격이 좁고, 수직 방향으로 적층한 구조를 가지게 되어, 화재와 폭발에 매우 취약하다. 이를 대비해서 해양플랜트는 고도의 안전시스템들을 장착하고 있다. 따라서 해양플랜트의 설계가 안전에서 시작해서 안전으로 끝난다고 말하더라도 많은 경험자들이 동의할 것이다.

독립적 설비(Independent Installation)이다

플랜트는 운전을 위해 다양한 유틸리티(전기, 냉각수, 계장용 공기, 가열 매체 등)가 필요하다. 육상 플랜트인 경우에는 유틸리티를 자체 생산할 것인지 외부에서 조달할 것인지를 저울질할 수 있다. 하지만 해양플랜트는 선택권 없이 필요한 모든 유틸리티를 자체 생산해야 한다. 뿐만 아니라, 필요한 인력(관리자, 운전자, 유지보수 엔지니어)을 보유하고 있어야 하며, 비상시에도 외부 도움 없이 자신을 보호할 수 있는 안전 기능을 갖추고 있어야 한다.

가변적 운전 조건(Varying Operating Condition)에 처해있는 설비이다

해양플랜트는 기본적으로 유전에 연결되어 유정 유체(Well Fluid)를 처리한다. 시간이 지남에 따라 유정 유체의 온도, 압력, 조성이 당연히 변하게 된다. 따라서, 변하는 조건에 대비해서 설계되어야 한다. 변하는 조건도 유정의 상황에 따라 다르기 때문에, 상당히 큰 불확실성을 포함하고 있다. 따라서, 해양플랜트의 설계는 운전 조건의 변화와 예측의 불확실성을 고려해서 설계해야 한다.

거대하고 복잡한 설비(Large-scale Complex Installation)이다

위의 여러 가지 조건을 모두 만족하기 위해서 해양플랜트는 크고 복잡한 구조를 가지게 된다. 또한, 높은 신뢰성을 갖고 극한 환경 조건에서 견딜 수 있는 부품들과 재료들이 사용되므로 가격이 높다. 선박 중에 고가에 속하는 LNG선보다 해양플랜트들은 작게는 3~4배, 크게는 10~20배 이상 가격이 높다.

동시적 엔지니어링 및 제작(Concurrent Design, Eng., and Fabrication)이 이루어져야 하는 설비이다

가장 이상적인 플랜트 설계 방식은 설계 완성 → 구매 → 제작 → 시운전 순서일 것이다. 이런 이상적인 방식으로 해양플랜트를 완성한다면, 현재보다 3-4배의 시간이 걸린다. 아래 그림은 한 해양플랜트의 입찰 공고에서 시운전까지의 일정을 보인 것이다. 전체적으로 5년 정도 걸린다. 단계별로 살펴보면, 엔지니어링이 끝나기도 전에 구매(Procurement)가 시작되고, 구매가 끝나기도 전에 제작(Fabrication)을 시작한다. 왜 이렇게 진행할까? 단일 해양플랜트는 대개 수 조원을 호가하며, 해저 및 파이프라인 설비와 설치 공사까지 포함하면 10-30조원 내외의 대형 공사이다. FPSO 한 척이 매일 수 백 억 원에 해당하는 원유를 생산해야 수지가 맞게 된다. 그 이유는 설비 제작 단계에서 시간 단축은 전체 수익성에 결정적이기 때문이다.

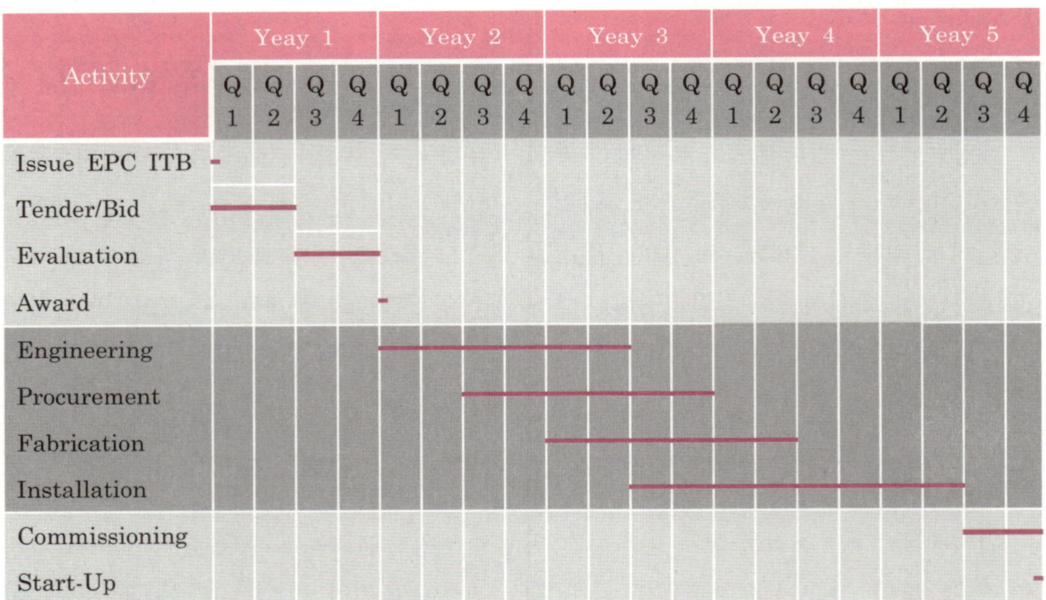

그림 1-2 해양플랜트의 입찰공고에서 개시운전까지 일정(예)

1.2 해양플랜트의 설계 단계

다른 플랜트와 마찬가지로 해양플랜트도 개념설계(Conceptual Design), 기본설계(Basic Design), 상세설계(Detail Design)을 거쳐 제작(Fabrication)에 들어간다. 개념설계를 대개 발주처에서 진행하게 되며, 기본설계 이후 단계부터 시행처에서 책임지게 된다. 기본설계는 대개 FEED(Front-End Engineering Design)라고 부르는데, 특정 위치와 조건을 상정하고 설계를 진행한다는 점에서 개념설계와 구분된다. FEED는 실제적으로 견적이 가능한 수준까지 진행되어야 한다. 즉, FEED 결과물을 바탕으로 주요 장치와 관련된 설비에 대한 견적이 가능해야 하며, 전체 공사에 소모되는 비용, 필요한 인력, 소요되는 기간 등이 상정될 수 있어야 한다. FEED의 이러한 중요성 때문에, 근래 들어 많은 발주처들이 FEED에 준하는 설계(Pre-FEED)까지 자신들이 직접 진행하고 입찰 공고를 내기도 하다.

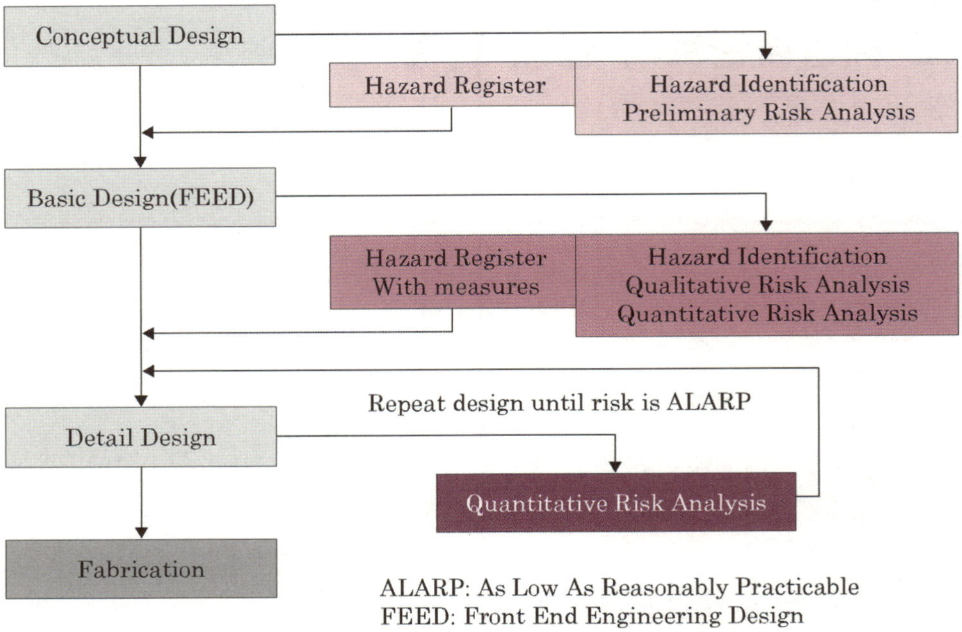

그림 1-3 해양플랜트의 위험도기반설계(Risk-Based Design)

위의 그림에서 중요한 부분이 오른쪽에 표시된 위험도기반설계이다. 개념설계가 완료되면, 주요한 위험요소나 조건들이 모두 파악(Hazard Identification)된다. 이것들은 대략적인 위험도 평가를 거쳐, 위험요소 목록(Hazard Register)에 기록된다. 해양플랜트는 기본적으로 위험도기반설계를 바탕으로 설계가 전개된다.

기본설계의 가장 중요한 역할 중에 하나는 위험요소 목록에 기록된 위험요소들을 설계 반영을 통해 제거해 나가는 것이다. 기본설계에서 상세설계로의 전개도 유사하다. 다만, 정량적인 위험도 해석이 더해지고, 위험요소 목록에는 위험요소 뿐만 아니라 대책까지 기록된다.

상세설계는 제작을 위한 설계의 마지막 단계이므로, 모든 위험요소들이 충분히 낮아져야 한다. 하지만, 구현하기에 너무 많은 비용을 지불해야 한다면 현실적이지 않다. 이성적으로 현실적이게 위험도를 최소화해야 하는 설계를 택해야 하는데, 이를 ALARP(As Low As Reasonably Practicable) 원칙이라고 한다. 설계 단계에 대한 더 자세한 설명은 제7장을 참조한다.

1.3 패러다임의 지속과 변화

해양플랜트 산업의 미래는 원유/가스가 속해있는 화석연료의 전망과 직접적인 관계가 있다. 향후 해양플랜트 산업은 어떻게 될까? 재생 에너지의 활기에 밀려 역사 속으로 천천히 사라질까? 앞으로도 전망이 밝다면, 해양플랜트가 발전할 방향은 어디일까? 개인으로 우리 엔지니어들은 이 산업 분야에 지속적으로 종사할 수 있을까?

에너지 시장만큼 많은 사람들이 잘 알고 있지만, 왜곡된 정보와 전망이 설득력을 얻고 있는 분야는 드물다.

이러한 질문은 다음과 같이 변하지 않고 지속되는 패러다임과 새롭게 형성되는 패러다임을 염두에 두면 쉽게 답변할 수 있다.

1) 인구의 증가에 따라 에너지 수요는 증가할 것이다.
2) 재생에너지는 획기적으로 증가할 것이지만, 전체에서 차지하는 부분은 크지 않을 것이다.
3) 원유와 천연가스를 비롯한 화석연료를 대체할 연료는 단기적으로 나타나지 않을 것이며, 화석 연료에 대한 수요는 계속되며 절대량 기준으로 오히려 증가할 것이다.
4) 자원은 산유국들이, 기술은 오일 메이저가 보유할 것이다.
5) 개발이 용이한 유전의 감소로 좀 더 어려운 유전들과 경제성이 낮은 화석 연료들이 개발될 것이다.
6) 지구온난화에 대비하여 천연가스의 소비가 증가하고 탄소포집 및 저장(CCS: Carbon Capture and Storage) 연관 기술들이 발달할 것이다.
7) 천연가스, 특히 액화천연가스의 소비와 역할이 더욱 증가할 것이다.
8) 자질을 갖춘 엔지니어들이 점점 부족해질 것이며, 특히 통합적인 안목을 갖춘 엔지니어들의 부족은 심각해질 것이다.

한 항목씩 살펴보면 다음과 같다.

인구의 증가에 따라 에너지 수요는 증가할 것이다

인간 사회는 에너지를 사용하지 않고서는 한 순간도 작동하지 않는 시스템이다. 유가가 올랐다고 개인적으로 자가용 사용을 자제할 수 있지만, 사회 전체적으로 에너지를 반드시 소모해야 한다. 역사적으로 에너지 사용량은 가격과도 큰 상관 관계가 없으며 인구와 선형적인 비례 관계를 보여왔다. 따라서, 앞으로 인구가 증가하고 경제가 성장하는 한, 에너지 수요는 증가한다.

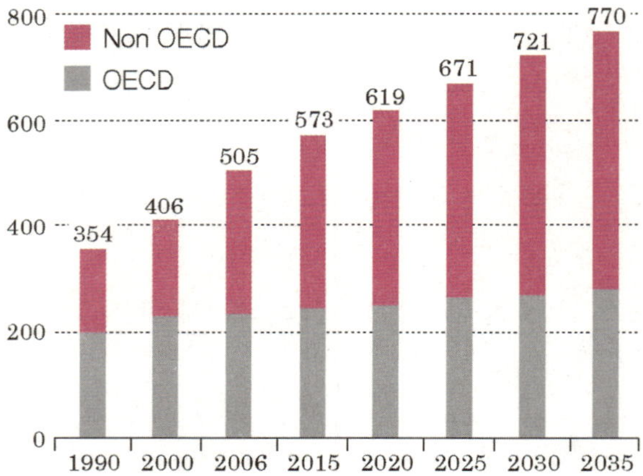

그림 1-4 연도별 세계 에너지 소비 추이 [EIA 2011]

재생에너지는 획기적으로 증가할 것이지만, 전체에서 차지하는 부분은 크지 않을 것이다

가장 주목할 만한 재생 에너지는 태양열과 풍력이다. 하지만, 이러한 재생 에너지를 아무리 많이 보급하더라도 전체 에너지 소모의 일부분만을 담당할 뿐이다. 기관에 따라 차이가 있지만, 30년 이후에도 전체 에너지 소비의 15%을 충당하기 어려울 전망이다.

원유와 천연가스를 비롯한 화석연료를 대체할 연료는 단기적으로 나타나지 않을

것이며, 화석 연료에 대한 수요는 계속되며 절대량 기준으로 오히려 증가할 것이다.

재생 에너지는 재생된다는 점 이외에 많은 측면에서 화석 연료에 뒤떨어진다. 가격이 높을 뿐만 아니라, 공급 신뢰성도 낮다. 자연 조건에 의존하기 때문에 에너지 저장 설비나 화석연료의 도움이 필수적이다. 따라서, 화석 연료의 소비는 계속된다. 전체에서 차지하는 비율이 줄어들 수는 있지만, 전체적으로 에너지 소비량 자체가 증가하므로 절대량 기준으로 크게 증가해야 한다.

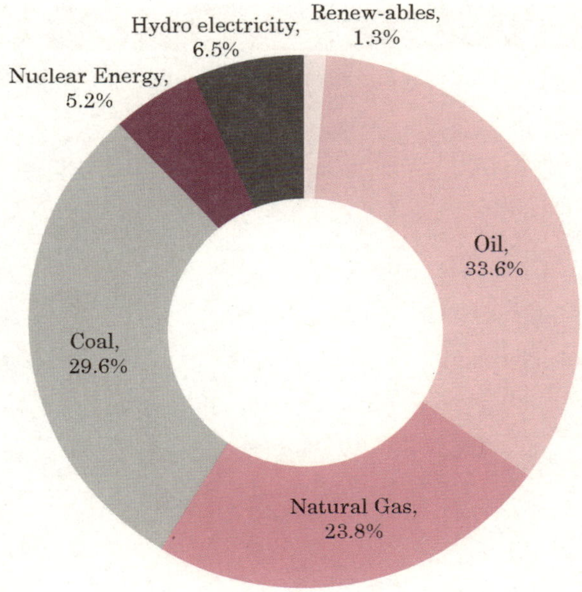

그림 1-5 2011년 에너지원 별 소비 분율 [BP 2011]

자원은 산유국들이, 기술은 오일 메이저가 보유할 것이다

표 1-1은 20위까지 국가별 원유 매장량과 가채년도를 나타낸다. 놀랍게도 베네주엘라가 사우디아라비아와 견줄만한 원유 매장량을 가지고 있다. 높은 순위의 국가들은 대부분 OPEC 회원국들이다. 전 세계적으로 31×10^9 배럴/년을 소모하며, 가채년도는 46년 정도이다.

매장량의 소유 분포를 보면, 오일 메이저들이 심각한 상황에 처해 있다. 전체적으로 현재의 속도로 생산해 낸다면, 오일 메이저들은 10년 이후에는 더 생산할 매장량을 가지고 있지 않다. 반면에 산유국(대개 국영석유회사)들은 아직도 많은 매장량을 보유하고 있다. 향후 에너지 시장에서 산유국들의 입김이 점점 강해질 것임은 피할 수 없는 대세이다. 앞선 기술을 가진 오일 메이저들은 더욱 공격적으로 어려운 오일과 가스를 찾아 나설 것이다.

표 1-1 국가별 원유 매장량 및 가채년도

순위	국가	매장량, 10^9 배럴	분율	가채년도
1	Saudi Arabia	264.5	19.1%	72.4
2	Venezuela	211.2	15.3%	*
3	Iran	137.0	9.9%	88.4
4	Iraq	115.0	8.3%	*
5	Kuwait	101.5	7.3%	*
6	United Arab Emirates	97.8	7.1%	94.1
7	Russian Federation	77.4	5.6%	20.6
8	Libya	46.4	3.4%	76.7
9	Kazakhstan	39.8	2.9%	62.1
10	Nigeria	37.2	2.7%	42.4
11	Canada	32.1	2.3%	26.3
12	US	30.9	2.2%	11.3
13	Qatar	25.9	1.9%	45.2
14	China	14.8	1.1%	9.9
15	Brazil	14.2	1.0%	18.3
16	Angola	13.5	1.0%	20.0
17	Algeria	12.2	0.9%	18.5
18	Mexico	11.4	0.8%	10.6
19	India	9.0	0.7%	30.0
20	Azerbaijan	7.0	0.5%	18.5
	전 세계	1383	100%	46.2

개발이 용이한 유전의 감소로 좀 더 어려운 유전들과 경제성이 낮은 화석 연료들이 개발될 것이다

소수의 산유국을 제외하고 이젠 개발이 용이한 유전은 없다. 기술을 가진 오일 메이저들은 개발이 어려운 유전들을 찾아 나서야 한다. 육지는 이미 산유국들이 점하고 있으므로, 더 깊은 바다와 더 추운 극지로 이동해야 한다. 심해나 극지방의 유전 개발을 위한 노력들이 계속해서 이루어질 것이다. 심해나 극지의 엄청난 에너지 자원이 현재에는 경제성이 낮지만, 수요의 증가와 유가의 상승에 따라 이러한 에너지 자원 개발을 매력적이게 만들 것이다. 가장 대표적인 예가 오일샌드로부터 유분 채취이다. 오일샌드로부터 1배럴의 원유를 얻기 위해서 40~50 달러가 소모된다고 알려져 있는데, 심해 유전보다 2~3배 가량 비싼 원가 구조이다. 하지만, 유가가 상승함에 따라 경제성이 확보되었다. 이미 캐나다 오일샌드에서 채취된 원유 생산량이 세계 10대 에너지 소비 국가인 우리나라의 원유 소비량과 비슷하다. 베네주엘라 오리노코강 유역의 오리멀전이나 세계 각지에 널려있는 오일셰일도 경제성을 갖게 될 것이다.

우리나라 해양업계에 중요한 것은 시장에서 멀리 떨어진 중소형 고립가스전이다. 해양에 있는 많은 가스전들이 파이프라인으로 수송하기에는 경제적이지 않다. 이젠 그런 가스를 LNG로 만들어 이송하고자 하는 LNG FPSO가 개발되고 있다. 기술이 더욱 발달한다면, 천연가스를 메탄올이나 DME로 만들어 이송하는 GTL(Gas-To-Liquid) 설비들이나 아예 발전을 하여 전기만을 이송해오는 GTW(Gas-To-Wire) 설비들이 등장할 것이다.

지구온난화에 대비하여 천연가스의 소비가 증가하고 탄소포집 및 저장(CCS: Carbon Capture and Storage) 연관 기술들이 발달할 것이다

화석 연료의 가장 큰 문제점으로 온실가스 발생이 지적되고 있으며, 온실가스의 저감은 원유/가스 산업이 해결해야 할 위기이자 기회이다. 인류가 발생시키는 이산화탄소는 엄청나다. 인류는 연간 40억톤의 원유를 사용한다. 길이 300m인 230,000m^3 VLCC에 싣는다면 21,000척 정도에 해당하는데, 한 줄로 세우면 6,400 km로 지구 반지름과 비슷하다. 모든 화석 연료를 원유로 환산하면 연간 100억 톤 정도를 소모하는데, 여기에서 발생하는 이산화탄소가 연간 300억 톤 가량, 같은 배에 싣는다면 162,000척 분량으로 지구를 한 바퀴 돌고 8,000km 정도가 남는다. 현재 예상하는 시나리오는 이렇게 발생하는 이산화탄소의 20% 정도만을 포집해서 지하에 저장하는 CCS(Carbon Capture and Storage) 방식으로 처리하고자 한다. CCS 기술 중, 포집 분야만을 제외하면, 원유/가스 산업 기술과 직접적인 연관이 있다. 개발 유전을 저장소로 사용하거나, 이산화탄소를 유전 개발에 사용하는 방식(Enhanced Recovery)이 도입될 것이다. 결국, 장기적으로 CCS는 원유/가스 산업에 커다란 도전과 기회를 제공할 것이다.

천연가스, 특히 액화천연가스의 소비와 역할이 더욱 증가할 것이다

이 경향은 크게 소비와 공급 2가지 측면 모두에서 긍정적이다. 천연가스는 이산화탄소, 황산화물, 질산화물, 미세먼지 배출 측면에서 다른 화석 연료에 비해 월등하다. 이산화탄소 배출은 20~30% 정도 저감이 가능하며, 다른 공해 물질들의 배출은 거의 무시할 정도이다. 공급 측면에서 보면, 천연가스의 매장량은 원유에 비해서 압도적으로 풍부하며, 최근 들어 LNG FPSO와 셰일가스 개발 기술의 발달은 천연가스의 상대적인 가격 경쟁력을 보장해 줄 것이다.

지금까지 천연가스는 파이프라인을 통해 대부분 공급되어 왔으나, 향후 액화천연가스에 바탕을 둔 공급 사슬의 발달이 기대된다. 여기에 가장 선두적인 역할을 하고 있는 분야가 액화천연가스를 이용한 선박 추진이다. 지금까지 선박은 가장 저질의 기름(벙커씨유)을 사용해 왔으며, 선박 배기가스는 항구와 해상 대기 오염의 주원인이었다. 세계 에너지의 3%를 선박이 소비하고 있음을 상기하면 결코 만만치 않은 공해원이다. 국제해사기구(IMO)에서는 선박의 이산화탄소와 공해물질 배출에 대한 규제를 각각 2013년과 2015년을 기점으로 시작할 예정이다. 이 규제에 대한 가장 강력하고 경제적인 해결책으로 액화천연가스를 이용한 선박 추진이 시도되고 있으며, 노르웨이를 중심으로 소형 선박에 대해서는 급성장하고 있는 시장이다.

자질을 갖춘 엔지니어들이 점점 부족해질 것이며, 특히 통합적인 안목을 갖춘 엔지니어들의 부족은 심각해질 것이다

원유/가스 산업의 가장 큰 도전은 자원의 부족도 아니고 투자의 부족도 아닌 사람의 부족이 될 것이다. 대부분의 선진국에서 공학에 대한 인기가 떨어지고 있으며, 원유/가스 엔지니어링은 바이오나 컴퓨터 관련 산업에 비해 후순위이다. 더 심각한 문제는 원유/가스 산업에서 초보적인 자질을 갖춘 엔지니어들을 양성하는데 상당한 시일(실무 경험 5년 정도)이 걸린다는 점이다. 즉, 단기간에 자질을 갖춘 인력을 양성하기가 어렵다. 시간이 지날수록 인력 부족의 상황은 악화될 것이며, 개인적인 측면에서는 희소 가치를 더욱 인정받을 것이다.

제 2 장

공정 공학

2.1 원유 및 가스의 특성

2.1.1 탄소수로 본 원유와 가스의 물성

원유와 천연가스는 탄소와 수소를 기본으로 하는 탄화수소(Hydrocarbon)가 주성분이다. 포함된 탄소 개수가 물리적 물성, 특히 상태를 결정하는 가장 중요한 인자이다. 메탄, 에탄, 프로판을 편의상 C1, C2, C3로 명명한다. 아래 표는 탄소 개수에 따른 대표적인 물성을 정리한 것이다.

표 2-1 탄소 개수에 따른 탄화수소의 대표적 물성

탄소수	이름	녹는점, ℃	끓는점, ℃	상태(25℃)	액상 비중
1	methane	−183	−164	Gas	0.425
2	ethane	−183	−89		0.548
3	propane	−190	−42		0.582
4	butane	−138	−0.5		0.583
5	pentane	−130	36	Liquid	0.626
6	hexane	−95	69		0.663
7	heptane	−91	98		0.688
8	octane	−57	125		0.706
9	nonane	−51	151		0.721
10	decane	−30	174		0.73
11	undecane	−25	196		0.74
12	dodecane	−10	216		0.748
20	eicosane	37	343	Solid	−
30	triacontane	66	450		−

탄소 개수에 따라 다음과 같은 특징이 있다.

- 탄소 개수가 증가하면 끓는점이 증가한다. 1기압에서 끓는점을 보면 C1: -164℃, C2: -89℃, C3: -42℃, C4: -0.5℃, C5: +36℃이다.
- 탄소 개수가 증가하면 녹는점이 증가한다. 탄소 개수가 10개인 경우, 녹는점이 상온보다 낮다. 하지만, 20개로 넘어가면 녹는점이 상온보다 높아 고형화 된다. C20인 경우 +37℃ 이다.
- 탄소 개수가 증가하면 밀도가 증가한다. 액체 비중을 살펴보면, C1: 0.425, C2: 0.548, C3: 0.582, C4: 0.583이다. 이후 계속 증가하여, C12: 0.748 정도가 된다.
- 탄소 개수가 증가하면 점도가 증가한다. 탄소 개수가 증가하면, 탄화수소는 길어지기 마련이며, 유동에 대한 마찰이 증가하고, 더 끈적끈적해진다.

이상과 같은 특징을 염두에 두고 원유와 천연가스의 물성을 정리하자. 상온과 상압 또는 약간 가압된 조건에서 기체(또는 천연가스)인지, 액체(원유)인지인지에 따라 이송, 보관, 안전도, 용도가 달라진다. 상온/상압 조건에서 액체인 원유는 이송과 저장이 편리하다. 유조선으로 이송하고 대형 탱크에 저장하면 된다. 정유 공장에서 분리하면 다양한 물질(납사, 증류 연료, 가스오일, 잔사유 등)을 얻을 수 있다.

천연가스는 상온에서 기체이며, 임계 온도가 상온보다 낮아서 가압하더라도 액체상을 만들 수 없다. 천연가스의 이송은 고압(대개 60기압 내외) 파이프라인을 통해 이루어지며, 그 특성때문에 많은 양을 저장해두기 어렵다. 따라서, 천연가스 생산 프로젝트는 장기 계약을 기본으로 한다. 끓는점이 어중간한 C3와 C4는 상온에서 가압하면 액체상(LPG)이 만들어진다. LPG는 상압 저온 상태로 이송되지만, 저장과 사용은 상온 고압 상태에서 이루어진다.

주성분별로 보면, 천연가스는 C1과 C2, LPG는 C3와 C4, 원유는 C5~C18 정도가 주성분이다. 물론, 이 주성분들에 보조 성분들이 용해되어 있으므로, 모든 원유와 천연가스는 다성분계(Multi-component System)이다. 보조 성분을 보면, 천연가스와 원유에 C3와 C4가, LPG에도 가벼운 성분과 무거운 성분이 포함되어 있다. 보조 성분은 이송과 저장에 영향을 미친다. 온도가 낮아지면 천연가스의 C3와 C4 성분은 액화되며, 2상 유동을 발생시켜 파이프라인에서 이송을 어렵게 한다. 반대로 원유에 포함된 C3와 C4는 파이프라인 압력이 떨어지면 기화되어 2상 유동을 발생시킨다. 보조 성분들은 연소 성능에도 영향을 미친다. 대부분의 연소 기관들은 사용하는 연료의 물성(예: Methane Number)을 특정 범위로 규정한다. 보조 성분들이 범위 규정을 어기게 되면, 연소 자체나 연료 처리

과정에서 문제를 일으킨다.

원유 분석 정보: Crude Oil Assay

천연가스는 조성으로부터 물성을 예측하기 쉽지만, 원유의 경우에는 거의 불가능하다. 천연가스는 성분이 10가지 내외인 반면, 원유는 200여 가지 이상이기 때문이다. 이러한 배경에서 등장한 것이 원유 분석 정보(Crude Oil Assay)이다. 이 정보는 실험적 분석 결과이다. 모든 원유 생산자는 산지별로 원유 분석 정보를 제시하며, 자신들의 홈페이지에 표 형태로 게재한다.

원유 분석 정보는 점도, 밀도, 성분별 함량 등을 표시한다. 가장 중요한 정보로 끓는점에 따른 함량을 표시한다. 끓는점으로 표시하는 이유는 크게 2가지이다. 첫째, 성분(또는 탄소 개수)별로 분석하는 것이 거의 불가능하며 유용하지도 않다. 둘째, 정유 공장의 증류탑 공정에서 원유를 끓는점별로 분리하므로, 최종 분리 산물의 분율을 대변한다. 원유 분석 정보는 표 형태로 제출되지만, 근본적으로 증류 공정에서 분리되는 산물을 근사적으로 나타낸다.

2.1.2 원유의 구분

원유는 점도, 황성분, 산지에 따라 구분이 가능하다. 대중 매체에서는 산지에 따른 구분을 가장 흔히 사용한다.

원유는 생산지에 따라 영국 북해에서 생산되는 브렌트유, 중동에서 생산되는 두바이유, 미국 서부 텍사스 지역에서 생산되는 WTI(West Texas Intermediate) 등 3대 유종으로 분류되며, 이외에도 인도네시아산 Minas와 말레지아산 Tapis와 같은 원산지가 있다. 유사한 이름인 OPEC Reference Basket(ORB)은 OPEC 산유국들이 생산한 원유의 무게 가중 평균 가격이다.

대부분의 원유에서 황성분은 점도와 비례한다. 즉, Heavy Crude = Sour Crude의 등식이 성립한다. 황성분은 생산, 이송, 정유 및 정제 과정의 비용을 심각하게 상승시키므로, Heavy & Sour Crude가 Light & Sweet Crude에 비하여 더 싸다. 실제로, Brent Crude가 WTI보다 배럴 당 1달러 정도 싸고, Dubai Crude보다는 2달러 정도 비싸다. 하지만, Brent Crude 선물(Futures)은 WTI보다 1달러 정도 비싼데, 이는 북해 유전의 점진적인 고갈에 따른 지리학적인 이유로 유추된다.

▌표 2-2 원유의 분류 방법

Criteria	Kind	Description
Weight Viscosity	Light Intermediate Heavy	Light if API gravity > 31.1 °API Intermediate for 22.3 – 31.1 °API Heavy if API gravity < 22.3 °API.
Sulfur Contents	Sour if sulfur content > 0.5 % Sweet	Sour if sulfur content > 0.5 %
Source	Brent Crude	– Source: North Sea – Sulfur: 0.37 wt% (sweet crude) – API: 38.06
	West Texas Intermediate(WTI) or Texas Sweet Light	– Source: Texas & Gulf of Mexico – Sulfur: 0.24 wt% (sweet crude) – API: 39.6
	Dubai Crude	– Source: Persian Gulf – Sulfur: 2 wt% (sour crude) – API: 31

API 밀도, °API

API 밀도(American Petroleum Institute Gravity, °API)는 ASTM D1298에 의해 측정되는데, 다음과 같이 정의한다.

$$°API = 141.5/\gamma - 131.5$$

또는

$$\gamma = 141.5/(°API + 131.5)$$

여기에서 γ 는 15.5℃(=60°F)에서 비중이다.

Light Crude와 Intermediate Crude를 나누는 31.1°API는 비중 0.87에, Intermediate Crude와 Heavy Crude를 나누는 22.3°API는 비중 0.92에 해당한다. 물과 밀도가 같은 유체는 10°API를 갖는다. API 밀도는 무차원이지만, 통상적으로 °API(Degree API)로 읽는다.

원유의 가격과 상관 관계를 짓자면, API 밀도가 너무 높거나 낮으면 원유 가격이 낮고, 중간 영역에서 높다. 원유의 가치는 수송용 연료로 사용하는 가솔린이나 디젤 성분(C5~C15)이 얼마나 많이 포함하고 있는지에 따라 결정된다. API 밀도가 너무 높으면(비중이 너무 낮으면) 탄화수소 체인이 너무 짧아, API 밀도가 너무 낮으면(비중이 높으면) 반대로 탄화수소 체인이 너무 길어 가치가 떨어진다. 너무 길거나 짧은 체인들을 가치 있는 연료류(중간 API밀도를 갖는)를 만들기 위해 업그레드 공정(짧은 체인을 붙여 길게 만들거나 긴 체인을 자르는 공정)을 거쳐야 한다.

API 밀도는 자연 상태의 원유에 포함된 탄화수소 성분 분포를 대표하는 통계치일 뿐이다. 인위적으로 API 밀도가 큰 것과 작은 것을 섞어 중간 API 밀도를 갖는 원유를 만드는 것은 바람직하지 않다. 평균은 중간이지만, 구성원들은 업그레이드 공정을 필요로 하기 때문이다. 용이한 원유들이 고갈됨에 따라, 향후에는 API 밀도가 낮은 무거운 원유들이 점점 많아질 전망이다.

2.1.3 순수 물질의 물성

상태도(Phase Diagram)

두 가지 변수에 바탕을 두고 물질의 상태(고체, 액체, 기체)를 표시하는 그림을 상태도(Phase Diagram)라 한다. 흔히, 사용하는 변수가 온도와 압력이다. 다음 그림은 온도와 압력으로 표현된 물의 상태도이다.

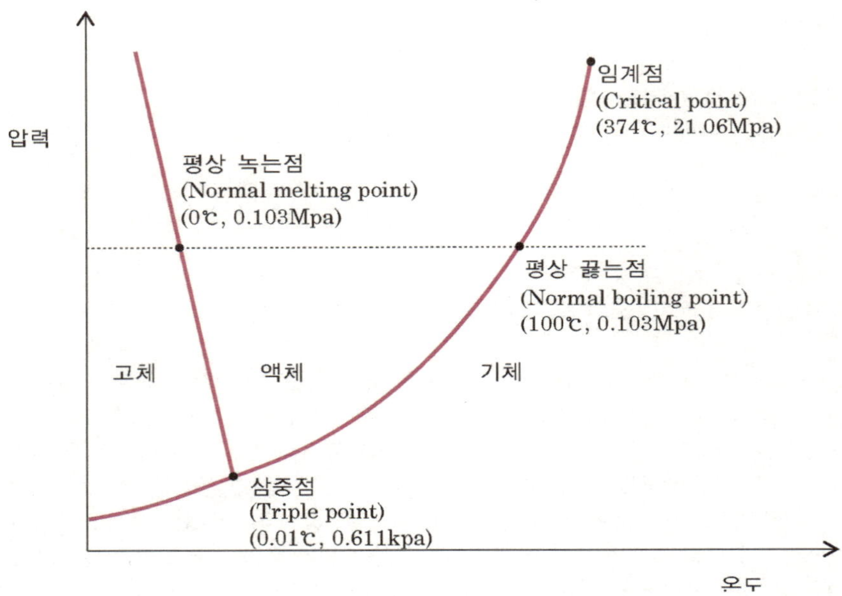

그림 2-1 물의 상태도

물질마다 온도 및 압력의 범위와 세부적인 형태는 다르겠지만, 전체적으로 유사한 형태의 상태도를 보인다. 온도가 낮고 압력이 높으면 물질은 고체상을 이룬다. 이 고체상의 압력을 낮추면 기체가 된다. 따라서, 낮은 온도에서 고체상과 기체상의 경계선이 승화 곡선이 된다. 온도와 압력이 중간 정도이면 액체가 된다, 액체의 온도를 높이면 증발 곡선을 지나면서 기체가 된다.

외연적 물성(Extensive Property), 내연적 물성(Intensive Property), 자유도(Degree of Freedom)

시스템의 크기에 비례하는 물리적 성질을 외연적 물성(Extensive Property)이라고 한다. 질량이 좋은 예다. 시스템이 균질하다면 시스템에 포함된 특정 성분의 질량은 시스템의 크기에 비례한다. 그러나 외연적 물성으로 시스템을 기술하면 불편하다. 따라서, 시스템의 크기와 상관없는 물성인 내연적 물성(Intensive Property)을 정의하고, 시스템의 크기를 별도로 고려해주면 편리하다. 예를 들어, 밀도라는 내연적 물성을 정의하고, 여기에 부피를 곱해주면, 시스템 전체의 질량인 외연적 물성이 얻어진다. 엔탈피나 엔트로피도 내연적 물성으로 정의(단위 질량당 엔탈피 또는 엔트로피)하고 전체 질량을 곱해주는 방식으로 접근하면 편리하다.

내연적 물성을 알기 위해 시스템의 상태 변수 중에 몇 가지를 결정해 주어야 할까? 예를 들어, 과열 수증기(Superheated Steam)의 엔탈피를 알기 위해 온도와 압력을 모두 알아야 할까? 아니면 이 중에서 한 가지만 알면 충분할까? 정답은 후자이다. 그러면, 물과 상평형을 이루고 있는 수증기는? 정답은 온도와 압력 둘 중에 하나만 알면된다. 이와 같이, 내연적 물성을 알기 위해 결정되어야 할 상태 변수의 개수를 자유도(Degree of Freedom)라고 한다.

자유도는 상평형을 이루고 있는 상의 개수와 성분의 개수에 따라 달라지는데, 이들 사이의 관계를 Gibbs' Phase Rule이라고 한다.

$$\text{Degree of Freedom} = C - P + 2$$

여기에서 C와 P는 성분의 개수와 상의 개수이다. 예를 들어, 순수 물질의 삼중점은 C=1, P=3이므로 자유도가 영이 된다.

압력에 따른 끓는점

온도와 압력의 변화에 따른 탄화수소의 형태는 물과 크게 다르지 않다. 대기압, −250℃의 메탄은 고체 상태이다. 대기압을 유지하면서 온도를 상승시키면, −182℃ 정도에서 녹게 되는데, 이를 평상 녹는점(Normal Melting Point) 또는 평상 어는점(Normal

Freezing Point)라 한다. 여기에서 '평상(Normal)'은 대기압을 의미한다. 온도를 더 상승시키면 당연히 끓게 되는데, 이를 평상 끓는점(Normal Boiling Point. NBP)이라 한다. 산업에서 흔히 다루는 상태가 액체와 기체인지라, 이들 경계인 NBP는 약자로 흔히 통용된다. 메탄의 NBP는 −164℃ 정도이다.

모든 액체는 주어진 온도에서 고정된 증기압을 가진다. 예를 들어, 완전 진공 용기 속에 20℃ 물을 넣으면, 물이 증발하여 진공의 일부분을 채우면서 특정 압력을 나타낸다. 이 압력이 20℃에서 물의 증기압이다. 증기압은 온도가 올라감에 따라 상승한다. 상승하다가 대기압과 같아지게 되면, 액체가 대기압을 이겨내면서 증기로 급격히 변하게 되는 현상이 일어난다. 이 온도가 NBP가 된다.

기체상을 대기압보다 높게 유지하면 어떻게 될까? 끓기 위해서는 대기압보다 높은 증기압을 필요로 하므로 더 높은 온도에서 끓게 된다. 온도에 따른 증기압을 예측하는 많은 식들이 알려져 있다.

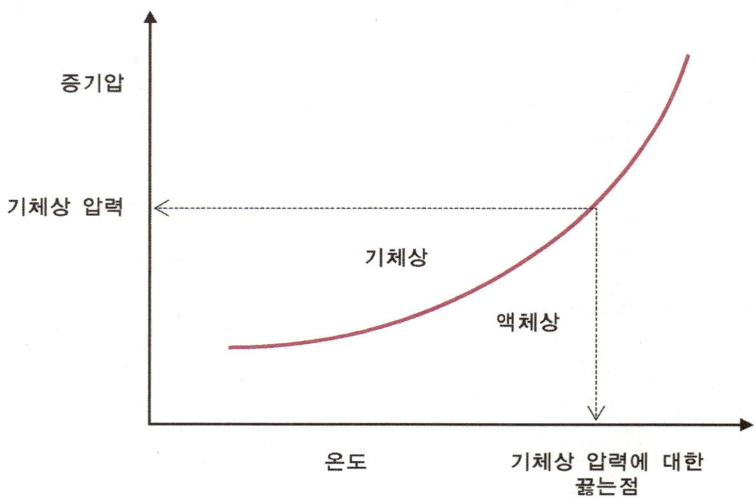

그림 2-2 온도에 따른 증기압과 끓는점

임계 물성(Critical Property)

밀폐된 용기에 액체를 넣고 가열할 때, 액체와 기체의 밀도를 생각해 보자.

- 액체 밀도: 온도에 따른 팽창에 의해서 밀도가 점점 감소한다.
- 기체 밀도: 압력(=증기압)이 올라가서 밀도가 점점 증가한다.

가열을 계속하면, 결국 '액체 밀도 = 기체 밀도'가 되는 온도에 도달한다. 두 상의 밀도가 같아지므로, 두 상은 서로 섞이게 되고 액체상과 기체상이 구분되지 않아 두 상의 경계가 없어지고, 하나의 상만이 존재하는데 이를 임계 상태(Critical State)한다. 이 때의 온도와 압력을 각각 임계 온도와 임계 압력이라 한다.

임계 온도보다 조금 낮은 온도를 고려해 보자. 액체에 조그마한 에너지를 공급해도 쉽게 기체가 될 것이다. 즉, 증발열이 아주 작다. 임계 상태에서는 증발열이 영인 셈이다. 따라서, 증발열을 측정해 보면, 온도에 따라 감소하다가 임계 온도에서 영이 된다.

축소 물성(Reduced Property)

대부분의 사람들을 살펴보면 (머리 길이)/(신장)의 비율이 비슷하다. 특별하게 1/8인 경우도 있지만, 대개 1/7 근처이다. 물질의 경우에도 이와 비슷한 성질이 존재하는데, 분모가 임계 물성이 된다. 다음과 같이 축소 온도, 축소 압력, 축소 부피를 정의하여 다루면 편리하다.

$$T_R = T/T_C \tag{2-1}$$

$$P_R = P/P_C \tag{2-2}$$

$$V_R = V/V_C \tag{2-3}$$

여기에서 부피는 단위 질량 당 부피, 즉 밀도의 역수이다.

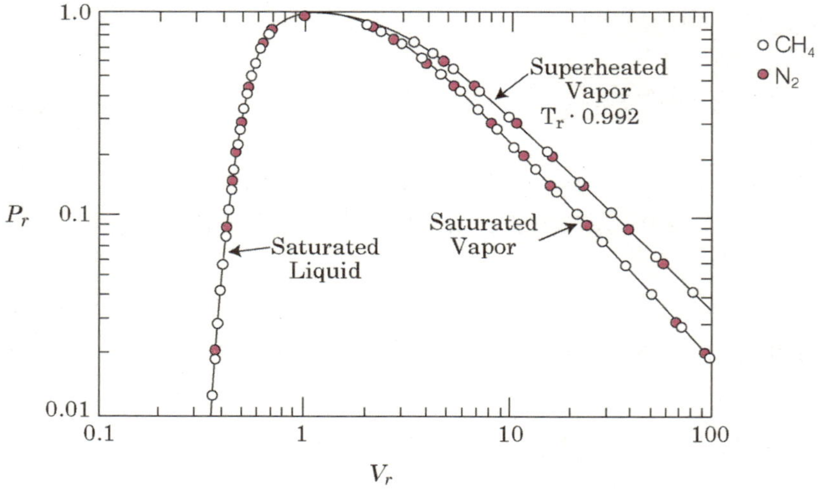

그림 2-3 메탄과 질소의 축소 부피와 축소 압력의 상관 관계

위의 그림은 질소와 메탄에 대해 축소 부피에 따른 축소 압력을 나타낸 것이다. 부피와 압력을 나타내면, 두 물질은 판이하게 다른 영역에 있지만 축소 물성으로 그리면 거의 일치한다. 달리 말하자면, 하나의 물질(예: 메탄)에 대하여 온도-압력-부피의 관계를 안다면 다른 물질(질소)의 온도-압력-부피의 관계로 예측할 수 있다.

(머리 길이)/(신장) 비율이 모든 사람이 같지 않은 것처럼, 모든 물질이 똑같은 온도-압력-부피의 관계를 나타내지는 않는다. 하지만, 매우 비슷한 관계를 보인다. 따라서, 이상적인 온도-압력-부피의 관계에서 해당 물질이 얼마나 벗어나는가를 실험하면, 그 물질에 대한 온도-압력-부피의 관계를 알 수 있다. 열역학적 물성치를 추산하는 모든 방법들은 기본적으로 이런 원칙에 바탕을 두고 이루어진다.

2.1.4 혼합물의 평형

주어진 압력에서 순수 물질은 특정 온도(한 점)에서 끓지만, 혼합물은 특정 온도 영역에서 끓는다. 예를 들어, 에탄올과 물을 혼합하여 가열하면, 에탄올의 끓는점인 78℃부터 끓기 시작하여 물의 끓는점인 100℃까지 끓는다. 78℃ 부근에서는 주로 에탄올이, 78℃와 100℃사이에는 물과 에탄올 모두가, 100℃ 근처에서는 물이 주로 끓어 나오게 되는 것이다. 끓는점이 순수 물질에서는 하나의 곡선이었다. 반면에, 혼합물에서는 영역(면적)을 차지한다.

다음 그림은 혼합 물질의 기체-액체 상태도를 나타낸다.

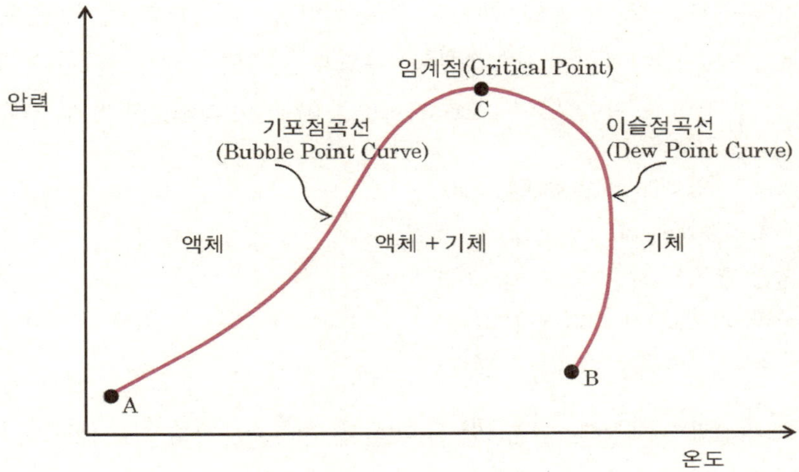

그림 2-4 기체-액체 상태도

상태도는 크게 4개 구역으로 나뉜다.

- 점 C의 윗쪽: 높은 온도와 높은 압력으로 임계상이다.
- 곡선 AC 왼쪽: 낮은 온도 영역으로 혼합물은 액체상이다.
- 곡선 BC의 오른쪽: 높은 온도 영역으로 혼합물은 기체상이다.
- 곡선 AC와 곡선 BC의 중간: 기체상과 액체상이 공존한다.

이 영역들을 구분하는 2개 곡선이 존재한다.

- 곡선 AC: 혼합물이 끓기 시작하는 온도. 압력에 따라서 끓는 온도는 증가한다. 액체상의 혼합물에서 처음으로 작은 기포(Bubble)가 생기는 온도라고 해서 기포점(Bubble Point)이라 부른다. 혼합물에 포함된 가벼운 성분이 기포점을 결정한다.
- 곡선 BC: 혼합물이 응축되기 시작하는 온도. 압력에 따라 변한다. 기체상 혼합물의 온도를 낮추면 처음으로 이슬(Dew)이 생기는 온도라고 해서 이슬점(Dew Point)이라 부른다. 혼합물에 포함된 무거운 성분이 기포점을 결정한다.

압력은 고정하고 온도만 변하는 상태도의 5개 점(S1-S5)을 고려하자. S1 상태에 있는 혼합물은 액체상인데, 아직 기포점까지 도달하지 못하여 과냉각 액체(Subcooled Liquid)라 부른다. 온도를 올리면 S2 상태에 도달하여, 작은 기포가 처음으로 발생한다. 액체상은 이제 막 끓을 준비가 되어 있다는 의미로 포화 액체(Saturated Liquid)라 부른다. 이제 S5 상태를 고려하자. 온도가 높아 완전히 기체상이며, 이슬점보다는 높은 온도에 있어 과열 기체(Superheated Vapor)라 부른다. 온도를 낮추면, 작은 이슬이 처음으로 생기며, 이제 액화될 준비가 되어 있어 포화 기체(Saturated Vapor)라 부른다.

S1: 과냉각 액체(Subcooled Liquid)
S2: 포화 액체(Saturated Liquid)
S3: 평형 혼합물(Mixture in Equilibrium)
S4: 포화 기체(Saturated Vapor)
S5: 과열 기체(Superheated Vapor)

상태도는 액체상과 기체상의 상대적인 몰 비율을 알려준다. S3 상태에서 액체상과 기체상의 몰 비율은 다음과 같은데, 이를 지렛대 규칙(Lever Rule)이라 부른다.

(액체상의 몰수)/(기체상의 몰수) = (선분 S3-S4 길이) / (선분 S2-S3 길이)

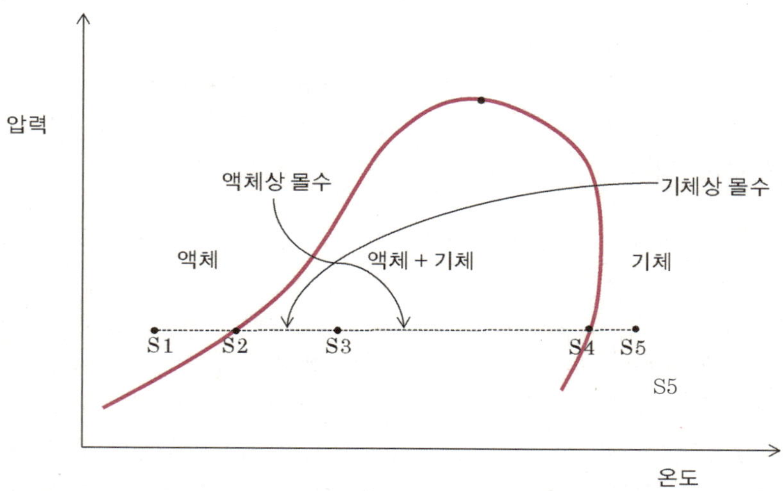

그림 2-5 기체-액체 상태도도에서 액체상과 기체상의 몰수 비율

이 결과는 플래쉬 계산에 유용하다. 예를 들어, 고압의 유정 유체를 낮은 압력의 분리기에 넣을 때, 발생하는 원유상과 가스상의 상대적인 비율을 상태로부터 추산 가능하다. 구체적인 응용예는 2.3.2 절을 참조한다.

2.1.5 화재 및 폭발 관련 물성

상한/하한 가연 농도(UFL/LFL)

화염이나 폭발이 발생하기 위해서는 공기와 연료가 적절한 비율로 섞여 있어야 한다. 연료 농도가 너무 높거나 낮으면 화재나 폭발이 일어나지 못한다. 연료 농도가 특정 하한 농도와 상한 농도의 사이에 있어야 화재나 폭발이 가능하다. 메탄의 경우는 메탄 농도가 5-15%이어야 화염이나 폭발이 가능하다. 여기에서 하한 농도를 하한 가연 농도(LFL: Lower Flammable Limit), 상한 농도를 상한 가연 농도(UFL: Upper Flammable Limit)라 한다. 화염과 폭발은 화학 반응상 동일하므로, 폭발 관점에서 하한 폭발 농도(LEL: Lower Explosion Limit), 상한 농도를 상한 폭발 농도(UEL: Upper Explosion Limit)라 부른다.

LEL은 가스감지기의 경고 설정 시 기준으로 사용된다. 가스감지기는 가연성 가스의 존재를 감지하여, 위험을 미리 알려 주어야 한다. 대개, LEL의 1/4 수준에서 경고를 알리고, 1/2 수준이 되면 ESD를 작동하도록 되어 있다.

플래쉬 온도(Flash Point)

대기압, -250℃의 고체 메탄 상부에 화염을 켜 보자. 메탄 증기가 충분히 존재한다면 메탄의 연소가 가능한 상황이다. 하지만, 메탄의 연소가 관찰되지 않는데, 이는 온도가 너무 낮아 하한 가연 농도(LFL)에 도달 가능한 증기압이 형성되지 않기 때문이다. 온도를 올리면서 비슷한 실험을 하면, -221℃에서 화염과 함께 메탄이 연소되는 것이 관찰된다. 이를 Flash Point라 한다. 하지만, 화염을 제거하면 메탄 연소는 곧 중지된다. 즉, Flash Point에서는 외부 화염의 도움이 있어야 연소가 지속된다. (고압의 액체가 저압의 액체와 기체로 나누어지는 현상도 Flash라고 부르는데, 서로 상관이 없는 현상이다.)

화재 온도(Fire Point) 및 자연 발화 온도(Auto-Ignition Temperature)

약간 온도를 더 올리면, 외부 화염을 제거하더라도 연소가 계속되는데 이를 화재 온도(Fire Point)라 한다. 화재 온도 이상에서는 산소와 화염만 있다면 메탄은 연소된다. 온도를 계속 올리다 보면, 외부 화염이나 점화원 없이 연소가 일어나게 되는데, 이를 자연 발화 온도(Auto-Ignition Temperature)라 한다. 메탄의 경우 537℃이다. 위의 사항을 정리해 보면 다음과 같은데, MSDS(Material Safety Data Sheet)를 검색해보면 기본적으로 제공된다.

표 2-3 메탄의 주요 물성

Item	Unit	Value
Appearance		colorless odorless gas
Explosion limits LEL UEL	%	5~15 5 15
Flash point	℃	−221
Melting point	℃	−182
Boiling point	℃	−164
Auto-ignition temperature	℃	537
Density at 20℃	g/l	0.717 (Note 1.2 g/l for air)
Water solubility at 20℃		slight (35 ml/l)

2.1.6 독성 및 확률단위 함수

해양플랜트에서 흔히 발견되는 독성 물질들은 다음과 같다

- 원유나 가스 중의 황화가스
- 하이드레이트 저감을 위한 메탄올
- 황성분 제거를 위한 아민 공정의 아민류(DEA, DMA)

반응을 나타내지 않은 최대 투여량을 한계 투여량(Threshold Dose)이라 한다. 한계 투여량 이하에서는 신체가 독성 물질을 느끼지 못하거나 해독을 하게 된다. 여러 기관들이 각종 화합물에 대해 한계 투여량을 제시하였는데, ACGIH(American Conference of Governmental Industrial Hygienists)의 TLV(Threshold Limit Value)와 OSHA의 PEL(Permissible Exposure Level)이 가장 널리 사용된다.

노출 시간에 따라 한계 투여량이 다르므로, 다음과 같이 3가지 TLV가 정의 된다.

TLV-TWA	시간 가중 평균(Time-Weighted Average, TWA)로서 하루 8시간, 주 40시간 노출을 기준으로 시간을 가중한 평균 농도. 이 값 이하에서 노출로 상쇄된다면, 이 값 이상에서 노출도 허용됨.
TLV-STEL	단기간 노출 한계(Short Term Exposure Limit) 농도로서, 1시간 간격으로 15분 동안 노출되어도 상관없는 농도
TLV-C	최고 한도(Ceiling Limit)로서 극히 짧은 순간에도 노출되지 말아야 할 농도

해양플랜트에서 흔히 사용되는 물질의 TLV-TWA는 다음과 같다.

표 2-4 해양플랜트에서 사용되는 물질의 TLV-TWA

Substance	TLV-TWA	
	ppmv	mg/m^3 at 25℃
암모니아	25	18
벤젠	10	30
이산화탄소	5,000	9,000
일산화탄소	25	29
염소	0.5	1.5
클로로포름	10	50
디에틸아민(DEA: Diethylamine)	5	15
디메틸아민(DMA: Dimethylamine)	10	18
가솔린	300	900
황화수소	10	14
메틸알콜	200	260

정량적 위험성 평가시, 독성 물질의 노출에 따른 사망자 확률을 추산해야 한다. 같은 양의 독성물질이 투여되더라도 나이, 성별, 체중, 건강 상태 등에 따라 사망 여부가 달라진다. 흔히, 정량적 평가에서는 다음과 같은 확률단위(Probit: Probability Unit)함수를 사용한다.

$$Y = k_1 + k_2 \ln(t \cdot C^n) \tag{2-4}$$

Y : Probit

k_1, k_2, n : 상수

t : 노출 시간

C : 농도

사망 확률은 확률단위(Probit) Y에 따라 증가한다. 다음 표는 사망률과 확률단위(Probit)와 사망 확률의 대응을 나타낸다. 확률단위가 5이면 사망 확률은 절반이 되고, 8 이상이면 사망 확률은 거의 100%에 다다른다.

표 2-4 사망률과 프로빗의 관계

사망 확률, %	확률단위(Probit)
1	2.67
10	3.72
25	4.33
50	5.00
75	5.67
90	6.28
99	7.33
99.9	8.09

자세한 내용은 [Loss Prevention, 1996]의 18장 Toxic Release와 [Crowl & Louvar, 2002]를 참조한다. 이와 같은 접근법은 다른 위험요소(예: 복사열)에 의한 사망에 대해서도 적용된다.

2.1.7 하이드레이트 형성과 방지

하이드레이트의 형성

가스 하이드레이트는 클라스레이트(Clathrate) 형태의 고체로서, 호스트 분자(Host Molecule)의 격자 구조 안에 만들어진 공간에 게스트 분자(Guest Molecule)가 들어가서 만들어진 혼합물을 일컫는다. 학문적으로 19세기 초반에 발견되었지만, 공학적으로는 하이드레이트가 가스 처리 설비의 배관을 막아서 문제를 일으킨 20세기 이후에 관심의 대상이 되었다. 가스 하이드레이트의 경우, 호스트 분자는 물이, 게스트 분자는 탄화수소가 된다. 축구공에 비유하자면, 껍질은 여러 물 분자가 연결되어 가죽 껍질을 이루고 그 내부에 탄화수소 분자가 들어앉은 셈이다. 흔히, 게스트 분자 이름을 앞에 붙여 부른다 예를 들어, 게스트 분자가 메탄인 경우 메탄 하이드레이트라 부른다.

하이드레이트는 낮은 온도와 높은 압력에서 형성되기 쉽다. 원유/가스 처리 공정의 관점에서 보면, 단열 팽창으로 인하여 온도가 갑자기 하강한 배관이 하이드레이트 형성에 적지이다. 예를 들어, 유정에서 올라온 고압의 유정 유체(Well Fluid)를 탑사이드에서 처리하기 위하여 초크 밸브(Choke Valve)에서 감압시키면 하이드레이트 형성 온도로 떨어질 가능성이 높다. 같은 원리로, 압축기 서지(Surge) 보호를 위한 재순환(Recycle) 밸브 후단에 하이드레이트 형성 가능성이 있다.

온도와 압력 조건에 따라 하이드레이트가 생성되었다고 하더라도, 배관 표면에 침적되기 위해서는 약한 유량과 긴 시간이 필요하다. 역사적으로 하이드레이트에 의해 배관 막힘이 문제가 된 경우는 유량이 약한 경우였다. 예를 들어, 유지 보수를 위해 정지 상태의 천연가스를 저온의 해저 배관에 장기간 방치하면 하이드레이트가 생성되어 배관을 폐색시키기 쉽다.

해저 하이드레이트

압력이 높고 온도가 높은 바다 바닥에 많은 양의 하이드레이트가 매장된 것으로 알려져 있다. 연구자에 따라 다르지만, 인류 사용량의 수 백년으로 추산되는 것으로 보인다. 우리 나라 뿐만 아니고 미국과 일본을 중심으로하는 환태평양 국가들이 국가 과제로서 메탄 하이드레이트를 염두에 두고 있다. 나라별로 약간 상이하지만, 2015~2020년 상용화를 목표로 하고 있다.

중요한 것은 매장량이 아니고 기술적으로 채굴 가능한 가채 매장량이다. (원유의 회수율은 30% 이하로 알려져 있다. 즉, 매장량이 100이라면, 가채 매장량은 30 미만이라는 의미이다.) 대부분의 하이드레이트는 말 그대로 해저에 묻혀 있는 것으로 알려져 있다. 이와는 대조적으로, 원유나 천연가스는 유전이라는 거대한 용기에 갇혀 있다. 유전과 지상을 잇는 통로를 만들어 주면, 유전이 압력에 의해 원유와 가스는 자연스럽게 지상으로 올라온다. 해저에 묻혀있는 하이드레이트는 이와 같은 방법으로 생산할 수 없으므로, 경제적인 생산을 위한 방안이 강구되어야 한다.

천연가스 수송 수단으로서 하이드레이트

천연가스를 하이드레이트로 만들어 이송하는 연구가 진행되어 왔다. 천연가스를 하이드레이트로 만들면, 이론적인 압축률이 180정도 된다. 압축률이 CNG의 경우 300배, LNG의 경우 600배 정도이므로 경쟁할만한 수준이다.

천연가스 하이드레이트 기술은 하이드레이트 생산, 수송, 해리공정으로 나누어진다. 하이드레이트 생산은 보통 가스와 물(또는 얼음)을 사용하여 40~50 bar, 0~5℃ 상태에서 생성된다. 수송을 위한 저장조건은 보통 1 기압, −5℃ ~ −20℃이다. 하이드레이트 해리는 열주입법과 감압법 두 방법이 사용되며, 최근 연구발표에 의하면 두 방식을 결합해서 사용하는 것이 경제적이라 알려져 있다.

천연가스 하이드레이트 수송기술에 대한 개발은 일본 및 노르웨이를 중심으로 활발히 진행되고 있다. 특히 미쓰이조선과 미쯔비시중공업을 중심으로 한 일본의 하이드레이트 연구활동은 매우 지속적이다. 미쓰이조선은 하이드레이트를 입자 형태로 만들어 수송하는 방식을, 미쯔비시중공업은 하이드레이트를 탈수 및 압착하여 블럭 형태로 수송하는 방식을 택하고 있다.

하이드레이트 생성 방지

하이드레이트 방지 방안은 다음과 같다.

- 수분을 제거한다.
- 온도를 높인다.
- 난류를 형성시킨다.
- 하이드레이트 방지제(Inhibitor)를 혼합한다.

첫 번째 방법은 가스 수송에 가장 흔히 사용한다. 수분 제거 공정을 이용하여, 가스 중의 수분을 제거한다. 수분으로 포화된 경우에만 하이드레이트가 형성되므로, 수분을 완전히 제거할 필요 없이 포화 수증기량 이하로만 낮추면 된다. 하이드레이트는 낮은 온도에서 더 쉽게 형성되므로, 가스가 겪게 되는 가장 낮은 온도의 포화 수증기량을 기준으로 잡아야 한다.

특정 온도 이상에서는 하이드레이트가 생성되지 않는다는 점을 이용한 두 번째 방법은 대용량 처리에는 문제가 있다. 난류를 형성시키는 방법도 2~3℃의 생성 온도 하강 효과는 있지만, 높은 신뢰성을 요구하는 공정에서는 추천할 만하지 못하다.

방지제를 이용한 방법과 수분 제거 방법이 가장 널리 사용된다. 수분 제거 방법이 가스 상태를 위한 것인 반면, 방지제 투여는 액체상 내지 기액 혼합물에 흔히 사용된다. 메탄올, 디에틸렌글리콜(Diethylene Glycol, DEG), 에틸렌글리콜(Ethylene Glycol, EG) 등이 가능하다.

2.2 전체적인 공정 배열

2.2.1 블랙박스로 본 탑사이드 공정

다음 그림은 해양 탑사이드 공정의 기능을 블랙박스로 표현한 것이다.

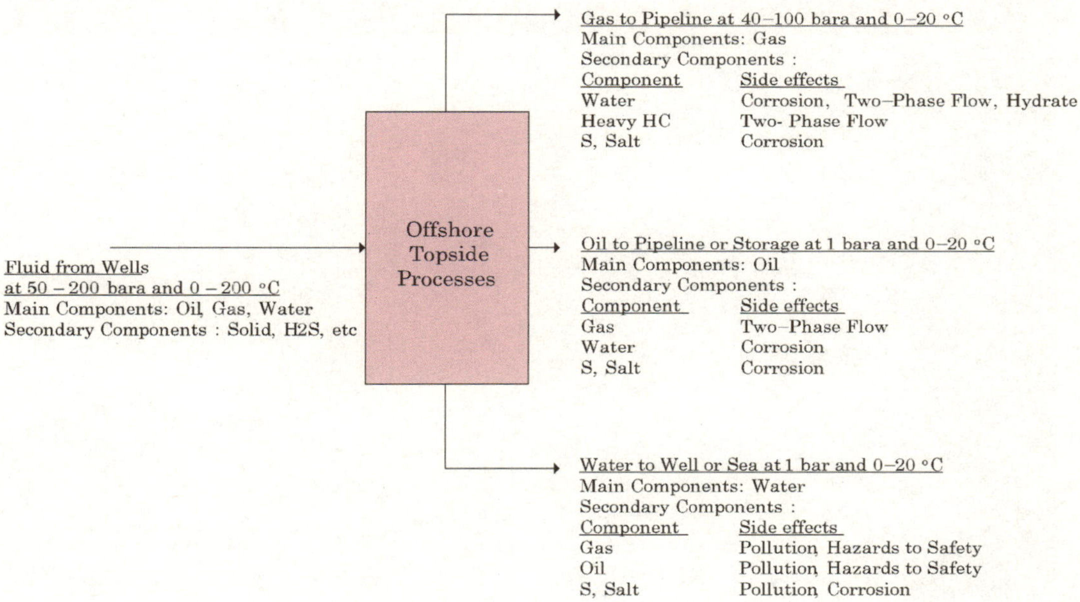

그림 2-6 원유/가스 처리 공정의 기본 기능

탑사이드 공정은 유정 유체를 가스/원유/물로 분리한다. 가스를 이송 배관으로 이송하기 위해서는 물, 무거운 성분, 황 성분을 제거해야 한다. 물은 부식, 2상 유동(즉, 침식),

하이드레이트 형성의 원인이 된다. 무거운 성분도 각각 2상 유동을 유발할 수 있으며, 황 성분은 부식의 원인이 된다. 원유를 파이프라인으로 이송하는 것도 마찬가지이다. 가벼운 성분은 압력 감소에 따라 기화하여 2상 유동을 유발한다. 황 성분 이외에 원유에 포함된 염이 부식의 원인이 된다. 생산수에서 가스와 원유를 제거해야 안전상 문제가 없다. 또한 황성분과 염을 제거해야 부식 문제가 없다. 생산수와 해수를 재주입(Reinjection)하는 경우에는 고체 입자, 산소, 미생물체 등을 제거해야 한다. 이들은 지층 공극(Pore)의 막힘 현상을 초래한다. 제거 정도는 이송 또는 저장 조건에 의해 정해진다. 수분을 예로 들면, 이송 배관의 압력(대개 40~100기압)과 온도(해저 조건이므로 0~20℃) 조건에서 액상의 물이 생성되지 않을 정도로 제거해야 한다.

주요 흐름별로 불순물 제거 공정은 다음과 같다.

표 2-6 불순물의 영향 및 제거 방법

주요 흐름	불순물	영향	제거 방법
가스	수분	부식	제습(Dehydration) 공정 (Glycol Tower)
	무거운 탄화수소	가스 파이프라인의 2상 유동	
	황 성분	부식	아민(Amine) 공정
원유	가벼운 탄화수소	원유 파이프라인의 2상 유동	오일 안정화 공정 (Oil stabilizer)
	자유 물	부식	분리기 (Separators)
	에멀젼 물	부식	전기적 제습 공정 (Electrostatic Dehydrator)
생산수	Oil	환경 오염	물 표층 제거기 (Water Skimmer)
	Gas	환경 오염, 안전	플레어로 배출
재주입수	미세 입자	공극 막힘	필터
	산소	공극 막힘 (미생물체 성장)	공기제거기(Deaerator)
	미생물체	공극 막힘 (미생물체 성장)	UV, 화학 약품

2.2.2 기능 블록 다이어그램

다음 그림은 탑사이드 공정과 관련 시스템의 기능블럭도이다. (기능블럭도에 대한 자세한 설명은 7.1절을 참조한다.)

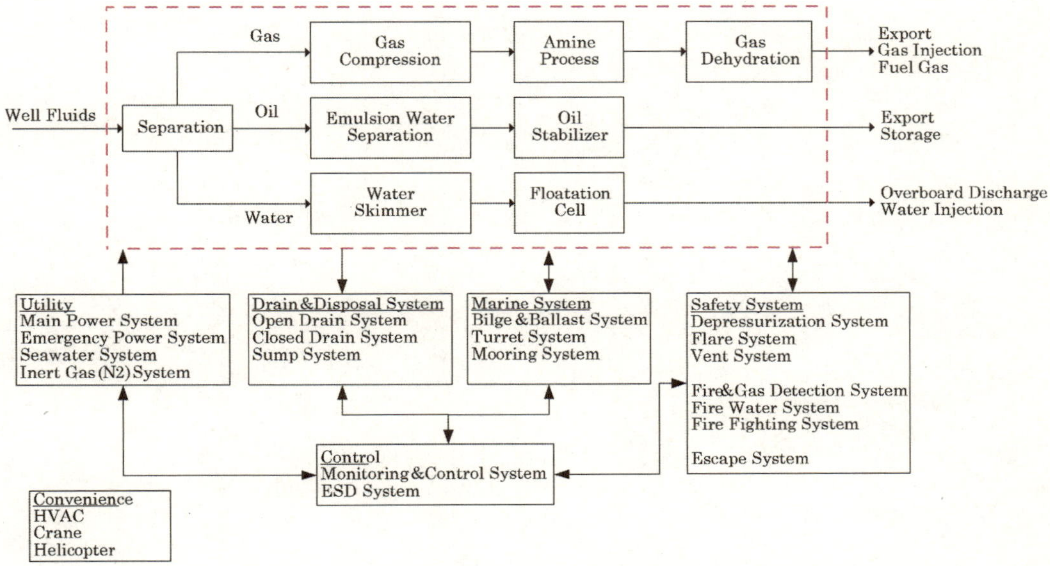

그림 2-7 원유/가스 처리 공정의 기능 블록도(Functional Block Diagram)

우선, 주요 3상 흐름(원유/가스/물)을 '대충' 분리하기 위해서는 분리 공정을 거쳐야 한다. 대충 분리된 흐름들을 더욱 정제하기 위해서는 추가적인 공정이 필요하다. 낮은 압력에서 가스 이송은 경제성이 없기 때문에 Gas Compression에서 승압시켜야 한다. 황과 수분을 제거하기 위해서는 Amine Process과 Gas Dehydration를 각각 거쳐야 한다. 원유도 에멀젼 상태의 수분과 용해되어 있는 가스 성분을 제거하는 공정을 거쳐야 한다. Water Skimmer와 Floatation Cell에서 미량의 원유와 가스 성분이 제거된다.

이러한 분리 공정들을 다양한 시스템들이 지원하고 있다. 소모되는 전원은 Main Power System에서 공급한다. Gas Compression과 같이 많은 에너지를 소모하는 단위 공정들은 자체적으로 Gas Turbine을 사용하여 동력을 공급받는다. 비상시에는 주전원이 차단되므로, 꼭 필요한 설비들은 Emergency Power System으로부터 전력을 공급받는다. 많은 냉각 열교환기들을 위해서 Seawater System이 해수를 공급하며, Blanket 가스나 퍼지용 가스는 Inert Gas(대개 N_2) 시스템이 공급한다.

2.3 분리 공정의 원리

2. 3.1 밀도차에 의한 분리

벌크로 존재하는 경우, 원유/가스 주성분인 가스와 원유 그리고 물은 각자의 상(Phase)를 이루고 이들 상은 밀도차에 의해서 쉽게 분리된다. 무거운 원유인 경우도 비중이 0.9 정도이므로, 물과 분리가 어렵지 않다. 벌크 상의 분리는 아래 그림과 같은 수평 분리기에 의해서 이루어진다.

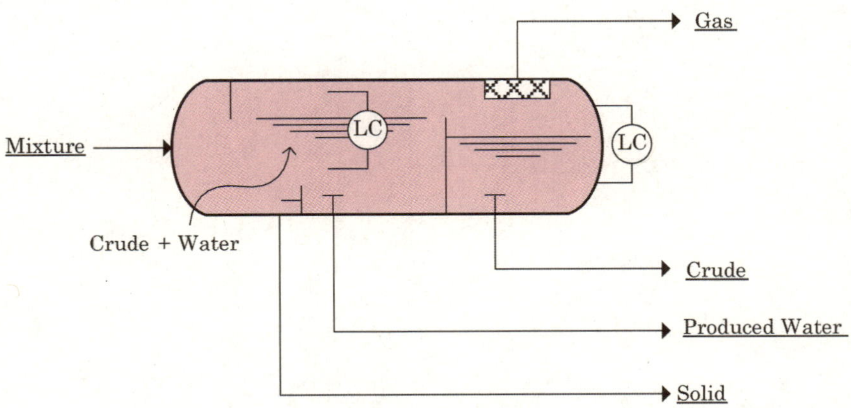

그림 2-8 밀도차에 의한 분리기의 개략도

밀도차에 의한 분리가 이루어지기 위해서는 조용한 상태, 즉 유동 속도가 느린 상태가 유지되어야 한다. 이를 위해서 분리기는 단면적이 커야 하며, 유입 흐름의 운동량을 제한하는 장치가 필요하다. 가스상은 상부에, 액체상(원유 + 생산수)은 하부에 위치한다. 원유는 밀도차에 의해 액체상 상부에 존재하므로, 칸막이를 만들어두면 오른쪽으로 넘어가게 된다.

입자가 작아지면 밀도차에 의한 분리가 어려워진다. 분리되는 속도는 입자의 하강/상승 속도에 직접적으로 비례하는데 입자 지름의 제곱에 비례한다. 작은 입자까지 분리하기 위해서는 큰 체류 시간이 필요하며 분리기의 부피가 커져야 한다. 따라서, 주어진 분리기의 부피로는 분리 가능한 입자 크기가 정해진다.

작은 입자들을 합치면 입자 크기가 증가하며, 분리 속도가 빨라진다. 가스상에 존재하는 액적은 이러한 합침(Coalescence)에 의한 효과가 크다. 수평형 분리기 출구에는 대개 액적 합침 장치가 장착되어 있다. 수직형 분리기는 가스상에 존재하는 소량의 액적을 분리하는데 사용된다. 대개, 수평형 분리기로 가스상을 대충 분리하고, 그 다음에 수직형 액적 분리기를 사용하여 액적을 더 낮은 수준으로 낮춘다.

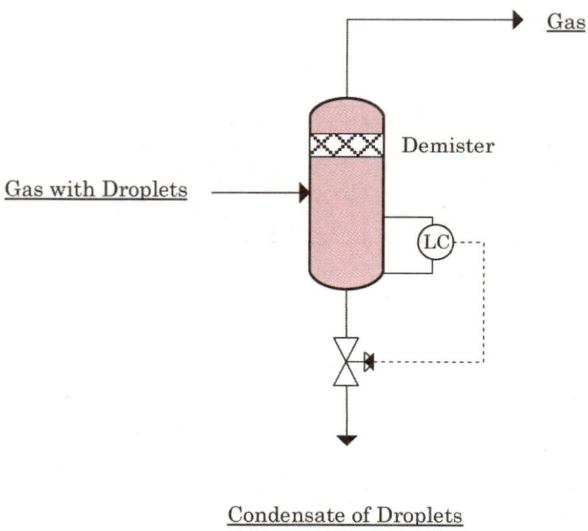

그림 2-9 액적 분리기의 개념도

액상에 존재하는 작은 입자들을 에멀젼(Emulsion)이라 부르는데, 분리에 어려움이 있다. 에멀젼 표면에 붙어 있는 표면 활성제가 입자들의 합침을 방해하기 때문이다. 에멀젼의 합침을 유도하는 방안은 크게 3가지이다.

- 표면 비활성제 투입
- 온도 상승
- 전기장에 의한 합침

첫 번째와 두 번째 방법은 표면 활성제의 힘을 떨어뜨린다. 마지막 방법은 전기장에 의해 근거리에 있는 액적의 합침을 유도한다.

2.3.2 흡착에 의한 분리

미량의 불순물을 제거하는데 흡착탑이 효과적이다. 흡착탑 안에는 흡착제가 들어 있으며, 불순물을 선택적으로 흡수한다. 흡착은 탑 전체에서 골고루 이루어지는 것이 아니고, 입구 쪽부터 포화되는 양상을 보인다. 특정 시간에 불순물의 농도를 살펴보면, 아래 그림과 같이 흡착상이나 이동상이나 탑 입구 쪽이 높고 출구가 낮게 된다.

흡착탑은 재생이 필요하다. 재생은 흡착된 물질을 탈착시키는 유체를 출구 방향에서 넣어주면 된다. 탈착 효율을 높이기 위해 대개 온도를 높이거나 압력을 낮춘다. 흡착과 반대로 탈착은 출구 방향에서 입구 방향으로 농도 곡선이 움직이게 된다. 탈착된 유체는 불순물을 고농도로 포함하고 있으므로 대개 소각 시설에서 태워진다.

흡착이 너무 강하거나 적절한 탈착 유체 처리 방법이 없는 경우에는 흡착제를 교체해야 한다. 대개, 중금속 불순물을 처리한 흡착제는 재생보다 교체를 택하게 된다.

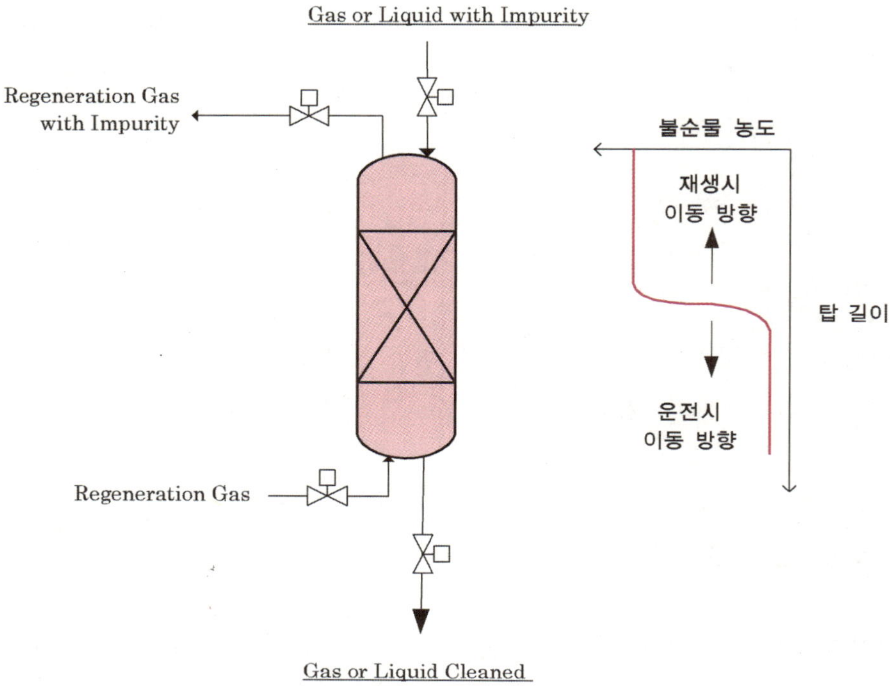

그림 2-10 흡착탑 공정의 개념도

2.3.3 가스 분리막을 이용한 분리

분리막은 크게 크기에 의해 분리하는 방식과 용해도 및 투과도에 의해 분리하는 방식으로 나눈다. 필터 종류가 첫 번째에 속한다. 용해도와 투과도에 의해 분리하는 방식은 가스 분리에 사용된다. 가장 흔히 사용되는 경우는 유틸리티용 질소 생산인데, 가스 중 이산화탄소 제거 공정이나 수소 분리 공정 분야에서 적용되기도 한다. 분리막 기술의 발달에 따라서 향후 응용처가 늘어날 것으로 예상된다.

가스 분리막을 통과하는 원리는 용해와 투과이다. 기체상에 있는 분자가 일단 분리막에 용해되고, 용해된 분자는 농도차에 의해 반대편으로 확산된다. 따라서, 분리도는 분자 크기와 상관이 없다. 분리를 위해서는 분리막 양단에 분압(Partial Pressure)의 차이가 있어야만 한다. 이를 위해서는 원료 기체가 있는 반대편의 압력을 낮추어 주어야 한다. 투과하는 흐름(Permeate라 부름)은 압력이 낮고, 투과하지 않는 흐름(Reject라 부름)은 압력이 높다. 에너지 효율을 위해서는 높은 압력의 Reject 흐름이 공정에 계속 이용되는 것이 바람직하다. 예를 들어, 이산화탄소를 제거하기 위하여 분리막을 사용하는 경우, 천연가스 성분을 잘 통과시키는 분리막보다 이산화탄소를 잘 통과시키는 분리막이 더 유리하다.

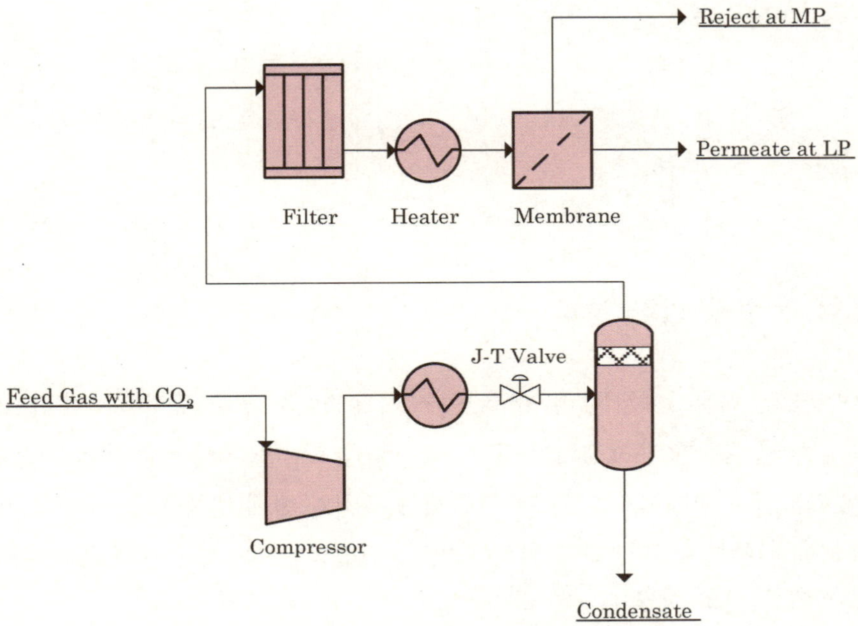

그림 2-11 분리막 공정의 개념도

가스 분리막을 위해서는 다음과 같은 전처리가 필요하다.

- 무거운 탄화수소 제거를 통한 이슬점 하강
- 고형물 제거
- 투과도 향상을 위한 온도 상승

무거운 탄화수소는 고분자인 분리막을 용해시켜, 분리막의 기계적 강도에 손상을 가한다. 먼지와 같은 고형물은 흐름 통로를 막아 유효 분리막 면적을 줄이게 된다. 투과 속도는 온도에 비례하므로, 온도를 상승시키면 분리 속도 향상을 꾀할 수 있다.

이슬점 강하를 위해서는 자유 액적뿐만 아니라, 경우에 따라서는 분자 상태의 무거운 탄화수소를 제거해야 한다, 이산화탄소 제거 공정을 예로 들자. 낮은 선택도 때문에 분리막을 통하여 이산화탄소뿐만 아니라 저분자(메탄이나 에탄) 가스까지 통과하게 된다. 따라서, 통과되지 않는 흐름(Reject라고 부름)은 무거운 탄화수소가 많아진다. 게다가, 분리막 모듈은 작은 흐름 통로로 이루어져 있어, 생산물들은 상당히 낮은 압력에 있게 된다. 이러한 압력 강하는 온도 강하를 동반하게 되므로, 생산물의 온도는 유입 가스보다 낮게 된다. 즉, 유입 가스보다 높은 고분자 탄화수소 농도와 낮은 온도는 분리막 모듈 중간에 액상을 형성시킬 가능성이 있다. 따라서, 적절한 방법으로 무거운 탄화수소를 제거해야 한다. 위의 그림에서는 팽창 밸브(Joule-Thompson Valve)를 사용하여 온도를 낮추어 무거운 탄화수소를 제거하였다.

2. 3.4 흡수에 의한 분리

흡착탑과 달리, 접촉탑에서는 흡수하는 물질도 움직여서 연속 공정을 이룬다. 흡착탑에서는 흡수 물질인 흡착제가 고정되어 있고, 불순물을 포함한 유체는 탑의 상부에서 하부로 흐른다. 원리적인 측면에서, 접촉탑은 흡착제가 유체와 반대 방향으로 흐른다. 흡착 공정에서는 재생을 위하여 운전 중지가 필요한 반면, 접촉탑에서는 흡수제가 탑에서 빠져 나오므로 연속적인 흡착과 재생이 가능하다.

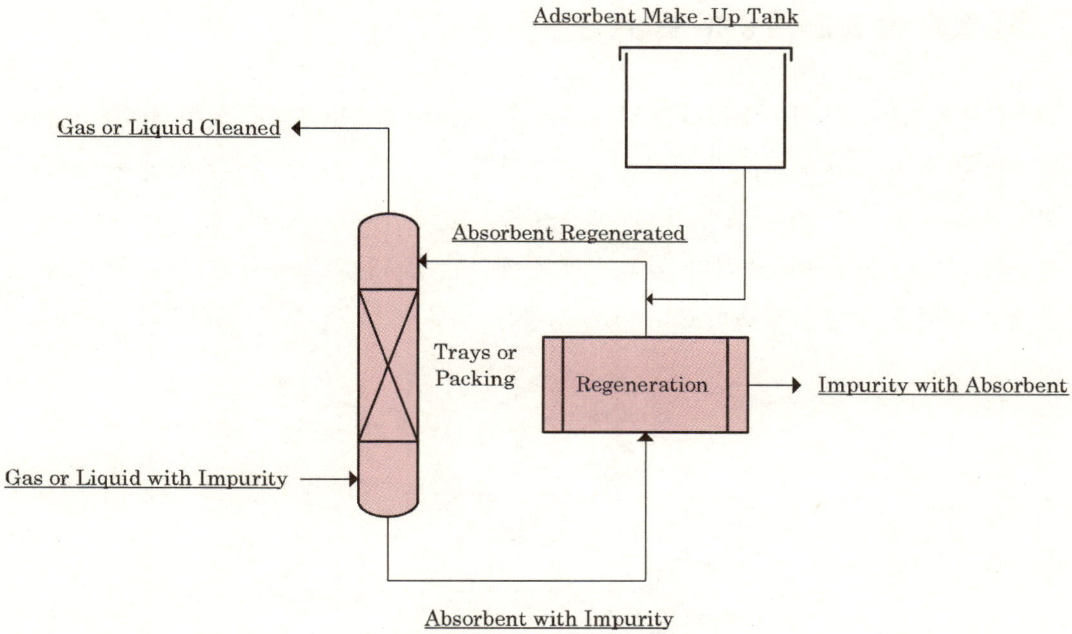

그림 2-12 접촉 공정의 개념도

위 그림은 접촉탑을 개념적으로 나타낸 것이다. 불순물을 포함한 유체는 탑 하부로 유입되어 탑 상부로 빠져 나간다. 흡수제(Absorbent)는 처리되는 유체와 반대 방향으로 주입된다. 이렇게 반대 방향(Countercurrent)으로 접촉시키면 높은 효율이 얻어진다. 흡수제는 피흡수물질을 포함하여 탑 외부로 빠져 나오면, 재생(Regeneration) 시스템에서 다시 피흡수물질의 농도를 줄이고 접촉탑으로 되돌아간다. 피흡수물질만을 제거하기는 어려워, 상당량의 흡수 물질도 같이 버려지게 되므로, 흡수 물질 보충 설비가 필요하다.

접촉탑 내부는 트레이(Tray)와 구조화된 충진(Structured Packing) 중에서 선택하게 된다. 각각이 장단점이 있다. 같은 용량이면 후자가 더 부피가 작다. 대용량이면 전자가 선호된다. FPSO처럼 설비 자체가 움직이거나 부하 변화가 심하면 전자가 더 바람직하다.

2. 3.5 증류를 이용한 분리

증류탑은 끓는점의 차이에 따라 물질을 분리하는 공정이다. 탑 전체가 끓는 상태에 있는데, 탑 하부에 재비기(Reboiler)가 있어 끓는점이 가장 높고, 탑 상부에 응축기(Condenser)가 있어 끓는점이 가장 낮다. 재비기에서 생성된 증기는 가벼운 성분은 흡수하고 무거운 성분은 방출하면서 상부로 올라간다. 응축기에서 생성된 응축물의 일부분인 환류(Reflux)는 반대로 가벼운 성분은 방출하고 무거운 성분은 흡수하면서 하부로 내려간다.

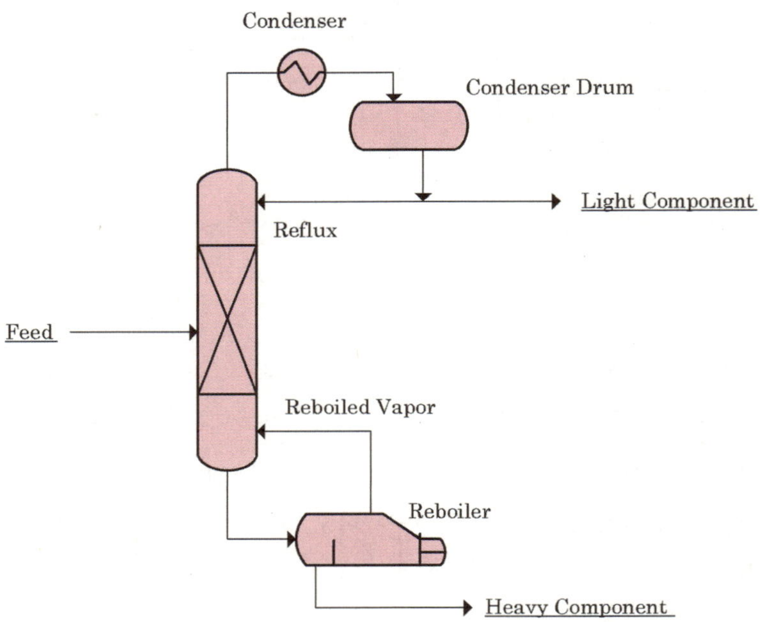

그림 2-13 증류탑 공정의 개념도

생산물은 탑 상부와 하부뿐만 아니라, 중간에서도 가능하다. 끓는점에 따라 원유를 분리하는 경우에는 탑 중앙부에서 상대적으로 고가인 연료유 계통들이 나오게 된다.

2.4 유정 유체 분리 공정

2.4.1 유정 유체 분리기

기본 원리

유정 유체는 주성분으로 물, 원유, 가스를 포함하고 있으며, 유정 유체 분리기는 이들을 세 흐름(생산수, 원유, 가스)으로 분리한다. 대부분의 경우, 이외에도 모래나 흙이 포함되어 있으므로, 이를 분리하는 기능도 포함된다. 모든 유정 유체 분리기는 수평형이다. 다음 그림은 유정 유체 분리기의 내부를 개념적으로 표시한 것이다.

유정 유체 분리기는 밀도 차이를 이용한 중력에 의한 분리에 바탕을 둔다. 분리기에 유입된 유정 유체는 짧은 시간 안에 물/원유/가스의 3상으로 분리된다. 문제는 작은 입자 상태로 존재하는 것들이다. 유정에서 분리기까지 이송되면서 유정 유체는 배관이나 밸브를 통과하면서 유동 측면에서 급격한 변화를 겪는다. 이러한 과정에서 작은 물 입자, 원유 입자, 가스 기포들이 발생한다. 이 입자들이 제자리로, 즉 물 입자는 하부로, 기포는 상부로, 원유 입자는 중간으로 보내야 분리가 완료된다.

층류 속에서 고형 입자의 상승(하강) 속도는 입자 지름의 제곱에 비례한다. 따라서, 작은 입자까지 모두 분리할 수 없고, 적정 선에서 만족해야 한다. 대개 직경이 수 백 마이크론 되는 입자까지만 분리하는 것을 목적으로 한다.

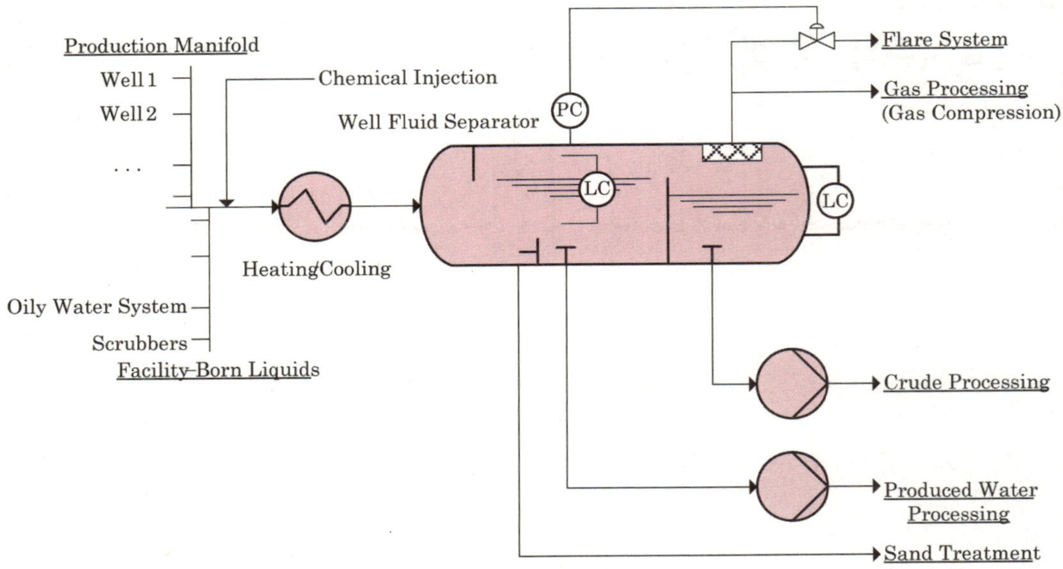

그림 2-14 3상 분리기 내부 개략도

체류 시간은 각 가스상과 원유상 별로 계산되어야 한다. 예를 들어, 가스상의 체류 시간은 다음과 같이 계산된다.

$$\text{가스상 체류 시간 [sec]} = \frac{\text{분리기의 기체상 부피 }[m^3]}{\text{유정 유체의 가스상 유량 }[m^3/sec]} \qquad (2-5)$$

여기에서 부피는 평상 수위(Normal Level)을 기준으로 결정한다.

가스상과 달리 액상(원유 + 생산수 + 모래 + 진흙)은 조성이 상당히 복잡하다. 따라서, 액상 체류 시간은 실제 유정 유체를 실험하여 결정한다.

Separator, Scrubber, Knockout Drum, Flash Chamber?

분리기들은 경우에 따라 여러 가지로 불리는데, 정확한 정의는 없으나 대개 다음과 같은 의미로 사용된다.

Separator: 유정 유체를 분리하는 2상 또는 3상 분리기를 의미한다.

Scrubber: 대량의 기체상을 다루는 단위 공정(압축기, 아민, 글리콜 공정) 앞에 설치되어 기체상으로부터 작은 액적을 제거하는 분리기. 대개 수직형이다.

Knockout: 어떤 경우에는 'Separator'와 같은 의미로 사용되어 유정 유체 분리기를 의미하며, 많은 경우에는 'Flare Knockout Drum'으로서 플레어 전단에 설치된 액적 분리기를 의미한다.

Flash Chamber: 고압의 원유상을 팽창시켜 녹아 있는 가스 성분을 제거하는 용기를 의미한다.

5 단계 수위 (Liquid Level)

유정 유체 분리기를 비롯한 모든 분리기는 다음 표와 같이 5 단계의 수위가 정의되어 있다. 여기서 전형적인 대응 방안은 주위 공정 구성의 관점에서 재설정되어야 한다. 예를 들어, 고고 경보 수위에서 원료 유입 밸브가 완전히 잠기게 되면, 상류 흐름이 단절되므로 상류 흐름의 장치들에게 막대한 영향을 미친다.

표 2-7 분리기의 수위와 전형적인 대응 방안

수위	표기	전형적인 대응 방안
고고 경보 수위 (Level Alarm High High)	LAHH	PSD 작동 • 원료 유입 밸브 완전 잠금 • 기상 유출 밸브 완전 열림
고 경보 수위 (Level Alarm High)	LAH	경보
평상 수위 (Level Normal Level)	LNL	기본공정제어시스템(BPCS)의 설정치
저 경보 수위 (Level Alarm Low)	LAL	경보
저저 경보 수위 (Level Alarm Low Low)	LALL	PSD 작동 • 액상 유출 밸브 완전 잠금

경보 수위와 공정 정지 수위 사이(LAH와 LAHH 사이 또는 LAL와 LALL 사이)에는 적절한 시간 간격이 있어야 운전자의 대응이 가능하다. 대부분의 발주처가 30초 또는 100mm 간격을 요구한다.

2상 유동을 갖는 유정 유체는 액체 덩어리와 기체 덩어리로 교대로 유입되기도 한다. 기체 덩어리는 유입되더라도 분리 성능 악화(기상 출구에 액적 증가)만 있을 뿐이지만,

액체 덩어리(슬러그)는 기상 출구로 액상 덩어리가 유출될 수 있다. 따라서, 유정 유체 분리기는 처리 가능한 최대 슬러그 부피를 가지게 되는데, 평상 수위(LNL)과 고 경보 수위(LAH) 사이의 부피에 해당한다.

내부 장치(Internals) 및 유입 장치(Inlet Arrangement)

분리를 돕기 위해 여러 가지 내부 장치들이 설치된다.

- 유입 장치
- 가스상 출구 액적 제거기
- 액상 출구 와류 방지기
- 모래 제거기

유입 장치는 다음과 같은 역할을 수행한다.

- 거품 및 에멀젼 방지
- 액적 생성 최소화
- 피스톤 흐름 최대화
- 유동 균일화
- 오염에 대한 내성

가스상 출구 액적 제거기는 대개 철망식(Mesh)이나 곡선 판형식이다. 이들은 작은 액적들을 합쳐서 큰 액적으로 만들어, 분리 효율를 높인다. 가스상 출구는 대부분 압축 공정 입구와 연결된다. 압축 공정 입구에 액적 제거기가 설치되어 있어, 추가적인 액적 분리를 수행하고 있다. 하지만, 유정 유체 분리기에서 너무 많은 액적이 넘어가게 되면, 압축기 입구 액적 제거기의 용량을 초과하여 압축기의 기계적 손상을 유발한다.

액상 출구는 오염 물질이 누적될 수 있으므로, 별도의 처리 장치를 최소화한다. 펌프를 위해서 와류 방지기(Vortex Breaker)는 대부분 설치한다.

모래 제거 장치는 최소한 갖추어야 한다. 모래를 한 군데 모으기 위해, 대개 모래 판(Sand Pan)과 윗 부분에 물 분사 장치를 설치한다. 분사된 물에 의해 모래는 모래 판에 모이게 되고, 모래를 간헐적으로 제거된다.

시험 분리기(Test Separator)

유정 유체 분리기와 병렬로 시험 분리기를 설치하기도 한다. 시험 분리기(Test Separator)를 사용하여 각 유정의 상태(유정 유체의 조성, 압력, 온도)가 지속적으로 모니터링 된다. 여기서 얻어진 정보는 유정의 생산력을 예측하는데 중요한 자료로 활용된다. 시험 분리기는 유정 유체 분리기를 정지시키지 않고서도 작동되어야 한다. 개별 유정 유체는 합쳐진 유정 유체와 다를 수 있으므로 시험 분리기는 설계시 고려한다.

안전 측면에 대한 고려

유정 유체 분리기는 내용물이 가장 많은 위험한 장치 중에 하나이다. 용해된 가스 성분이 많아서, 액상 누출이 플래쉬 현상을 통해 많은 양의 증기를 발생시키며, 강력한 분사 화재로 이어지기 쉽다.

유정 유체 분리기는 분사 화재의 원인이 될 수도, 대상이 될 수도 있다. 분사 화재의 원인이 되더라도 사고 확산을 방지하기 위해 설비의 상부에, 그리고 제어실로부터 멀리 설치하는 것이 좋다. 주위에 수동적 화재 보호(PFP)를 설치할지 고민해야 한다. 설비 상부에 위치하는 경우, 유정 유체 유입 배관이 해저에서 상부까지 올라가야 하며 안전에 부정적인 요소로 작용한다.

공정 연결상 압축 공정이 이어지게 되는데, 압축 공정에서 발생한 분사 화재가 유정 유체 분리기에 직접적인 영향을 줄 수 있다. 따라서, 유정 유체 분리기와 압축 공정은 공간적으로 떨어져 있거나 중간에 방화벽을 설치해야 한다. 큰 구멍으로부터 발생한 분사 화재가 수 십 미터임을 감안하면 공간적 격리를 위해서는 상당한 거리를 유지해야 한다. 압축 공정의 내용물이 작으면 분사 화재의 지속 시간이 짧아서 별도의 안전 대책이 필요하지 않을 수 있다. 분사 화재에 대비해서 유정 유체 분리기 자체를 단열 처리하는 것은 좋지 않다.

2.4.2 분리 단수의 영향

유정 유체 분리 단수가 전체 공정 구성에 결정적인 영향을 미친다. 다음 그림들은 유정 유체 분리 단수가 1단인 경우와 3단인 경우를 개략적으로 표시한 것이다.

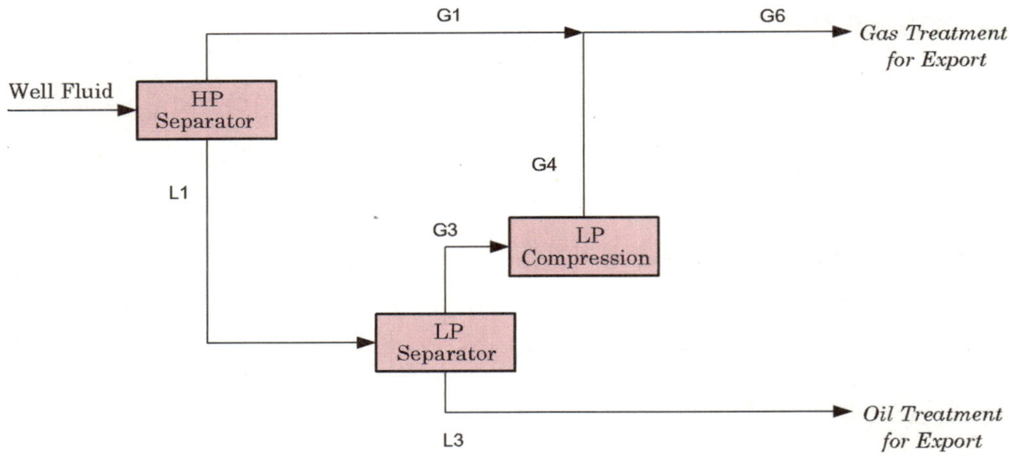

그림 2-15 유정 유체 분리 단수가 1단인 원유/가스 처리 공정

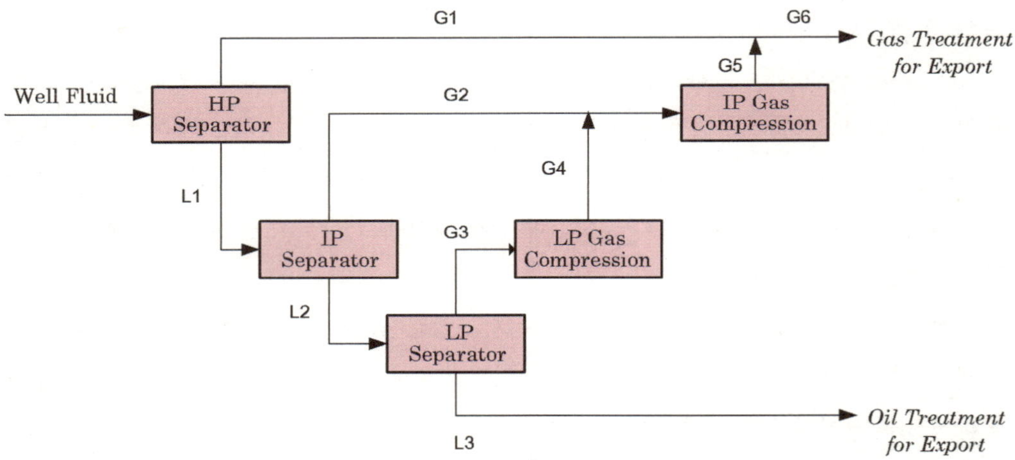

그림 2-16 유정 유체 분리 단수가 3단인 원유/가스 처리 공정

분리 단수가 1단인 경우, 유정 유체는 바로 저압 분리기에서 분리된다. 분리된 가스는 추가적인 처리나 송출을 위해서 가압되어야 한다. 분리 단수가 3단인 경우, 유정 유체는 압력이 단계적으로 낮아지며, 각 단에서 생성된 가스는 압축되어 상위 단의 가스와 합쳐진다. 흐름 G3는 압축되어 G4가 되고, G4는 G2와 합쳐진 후 가압되어 G5가 된다. 그 이후에 G1과 합쳐진다.

두 공정의 장단점은 분명하다. 초기 투자비 측면에서는 전자가 우월하다. 저압 분리기와 압축기 각각 1대면 충분하다. 운전비(에너지 소모) 측면에서는 후자가 우월하다. 전자는 고압 유정 유체에서 발생한 가스를 저압까지 떨어뜨린 후 다시 압축하므로, 에너지 낭비적인 요소가 있다. 그럼, 초기 투자비와 운전비의 상대적인 크기가 전부일까? 그렇지는 않다. 가장 중요한 원유 회수율이 두 공정에서 달라진다.

분리 단수가 1단인 경우, 상태도로 상황을 살펴보자.

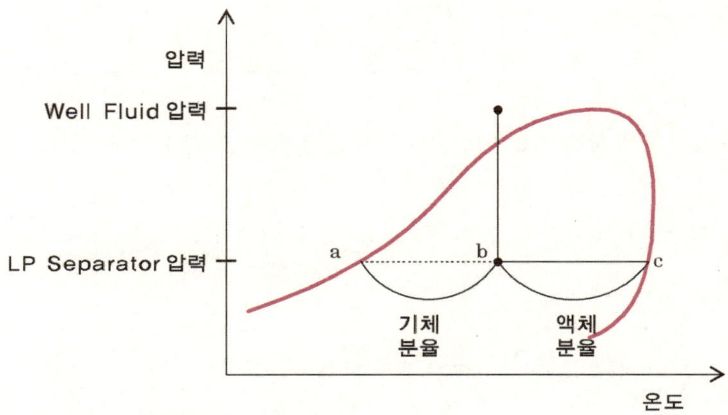

그림 2-17 유정 유체 분리 단수가 1인 경우의 분리를 나타내는 상태도

유정 유체는 고압 상태에 있다. 저압 분리기(LP Separator)로 주입하면 압력이 떨어진다. 이 때, 액체와 기체의 분율은 기포점과 이슬점까지의 상대적 거리로 결정된다.

(기체 분율)/(액체 분율) = (흐름 G3 유량)/(흐름 L3 유량) (2-6)
= (선분 ab 길이)/(선분 bc 길이)

저압 분리기(LP Separator) 압력이 낮을수록, 선분 ab의 상대적인 길이가 길어지게 되며 기체 분율이 상대적으로 많아진다.

같은 원리를 적용하면, 분리 단수가 3단인 경우의 상황도 쉽게 설명된다. 다음 그림을 참조하자.

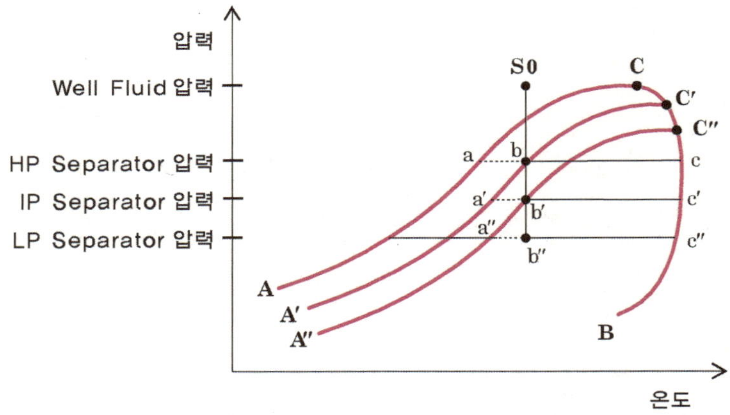

그림 2-18 유정 유체 분리 단수가 3단인 경우의 분리를 나타내는 상태도

유정 유체는 일단 고압 분리기(HP Separator) 압력으로 떨어진다. 같은 원리로 액체와 기체의 분율은 다음과 같이 주어진다.

(기체 분율)/(액체 분율) = (흐름 G1 유량)/(흐름 L1 유량) (2-7)
= (선분 ab 길이)/(선분 bc 길이)

IP 고압 분리기의 액체상만이 중압 분리기에 주입된다. 중압 분리기의 상황을 알려면 이 액체상에 대한 상태도가 필요한데, 그림에 A'-C'-B의 모양이 된다. 가벼운 성분들의 상당량이 기체상(G1)으로 이미 빠져 나갔으므로, 기포점(Bubble Point) 곡선은 오른쪽(온도가 높은 방향)으로 이동된다. 반면에, 무거운 성분들은 그대로 액체상에 존재하기 때문에 이슬점(Dew Point) 곡선은 그대로이다. 중압 분리기에서 빠져나가는 액체와 기체의 분율은 다음과 같다.

(기체 분율)/(액체 분율) = (흐름 G2 유량)/(흐름 L2 유량) (2-8)
= (선분 a'b' 길이)/(선분 b'c' 길이)

중압 분리기의 유입 흐름에 비해, 저압 분리기의 유입 흐름은 가벼운 성분이 더 적으므로, 기포점은 오른쪽으로 더 이동된다. 중압 분리기에서 빠져나가는 액체와 기체의 분율은 다음과 같다.

$$(기체\ 분율)/(액체\ 분율) = (흐름\ G3\ 유량)/(흐름\ L3\ 유량) = (선분\ a''b''\ 길이)/(선분\ b''c''\ 길이) \quad (2-9)$$

기포점 곡선이 경사가 완만한 반면, 이슬점 곡선은 가파르기 때문에 단수를 늘이면 액체상(원유)의 분율이 증가한다. 단수를 무한히 증가시키면 특정 회수율에 다다른다.

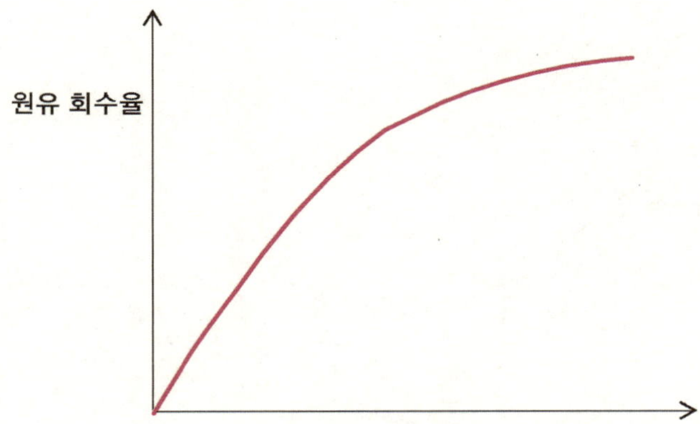

그림 2-19 유정 유체 분리 단수에 따른 원유 회수율

본질적 안전설계(Inherent Safety Design) 관점에서 보면, 분리 단수의 증가는 안전 측면에서 부정적이다. 장치 개수가 많아져서 배치가 복잡해지고 환기 문제가 발생한다. 각 분리기마다 상당량의 가연성 물질이 보관되므로, 내용물(Inventory)이 증가하며, 잠재적인 누출원이 증가한다. 또한, 분리기마다 전계장과 기기들이 장착되어야 하므로 점화원이 증가한다.

요약하면 분리 단수 증가는 다음과 같은 영향을 초래한다.

- (긍정적 측면) 원유 회수율 증가, 에너지 소비 감소
- (부정적 영향) 위험도 증가, 초기 투자비 증가, 유지 보수비 증가

결국, 최적 단수는 위의 영향을 고려하여 최적화되어야 한다.

2.5 가스 처리 공정

2.5.1 압축 공정

압축 공정의 개략도는 다음 그림과 같다.

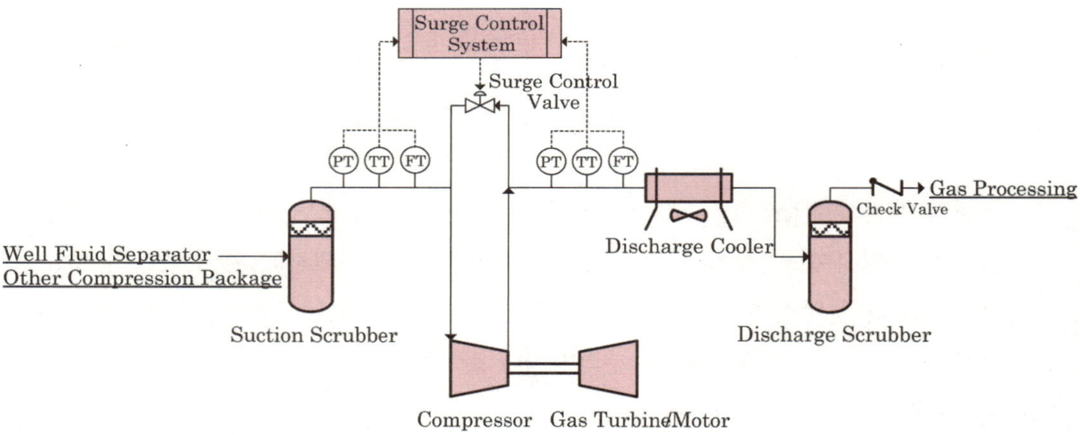

그림 2-20 가스 압축 공정의 개략도

입구 액적 제거기(Suction Scrubber)

액적은 작더라도 고속으로 회전하는 압축기 임펠러에 충격을 줄 수 있다. 압축기 공급자들은 마이크론 크기의 액적까지 제거하기를 원한다. 입구 액적 제거기를 통과한 가스의 자유 수분(Free Water)량은 13 liter/MMSm^3(또는 0.1 US gallon/MMSCF) 이하여야 한다. 유정 유체 분리기에 압축 공정이 연결되는 경우가 많은데, 자유 수분량을 150 liter/MMSm^3 정도로 가정한다.

분리 성능을 높이기 위해 입구 액적 제거기에는 다양한 내부 장치들이 들어 있다. 유입 장치로서 다중 판형(Inlet Vane), 사이클론, 잘린 파이프, 방해판 방식 등이 있다. 상대적으로 구조가 복잡한 다중 판형이나 사이클론의 성능이 우수하다. 제작상 어려움과 운전상 민감도 때문에 대개 다중 판형을 선호한다.

유입 장치를 지난 가스 흐름은 상부 가스 출구 쪽으로 이동하게 되는데, 균일한 피스톤 흐름을 유지해야 한다. 균일 유동을 위해 내부에 다공판을 설치하기도 한다.

가스 출구 장치는 철망(Mesh) 방식과 주름판(Vane) 방식으로 나누어진다. 철망형은 대개 금속이나 플라스틱으로 만들어지는데, 금속형은 10 마이크론, 플라스틱 섬유는 3 마이크론 입자까지 제거한다. 두께는 10~30 cm로 상당히 두꺼워, 대개 장치 그림에서 빗금으로 표시된다. 철망을 통한 압력 차이(3 mmbar 이하)는 거의 무시할만하지만, 오염되거나 액상이 침적되면 상당한 수준으로 상승한다. 주름판형은 철망형에 비해서 압력 강하가 작다. 따라서, 낮은 운전 압력(1~20 bar)에 적용된다.

액위 제어는 평상 수위와 경보 수위 사이의 여유 시간이 1분 정도(또는 200 mm)가 되게 한다. 액상의 절대량이 적으므로 대개 문제가 되지 않는다. 공통 요인 고장(Common Cause Failure)을 방지하기 위하여, 액상 출구와 계측기 출구는 공통으로 사용하지 않는다.

자유 수분(Free Water)

가스상에 포함된 수분은 2가지이다. 하나는 독립된 분자 상태이며, 다른 하나는 액적 상태이다. 분자 상태로 포함된 수분은 가스 분자들과 섞여 있다. 분자 상태 수분이 포함된 정도를 나타내는 것이 습도(Humidity)이다.

액적 상태로 포함된 수분을 자유 수분(Free Water)라 한다. 가스 분자와는 분리될 수 있는 수분이라는 뜻이다. 액적은 수 마이크론에서 수 백 마이크론까지 다양하다. 액적은 원래 지하에서 원유에 포함되었을 수도 있지만, 대개 장치(밸브나 배관)을 통하면서 발생한다. 특히, 유정과 생산 설비 사이에 필수적으로 설치되는 쵸크밸브에서 미세 액적이 많이 발생한다.

압축기

대형 압축기는 대개 원심식이다. 경우에 따라서 왕복식도 사용된다. 구동을 위하여 가스 터빈을 주로 채용하는데, 주위의 천연가스를 바로 연료로 사용할 수 있고 크기가 상대적으로 작기 때문이다. 물론, 천연가스는 연료 가스 시스템(Fuel Gas System)을 걸쳐 적절히 처리 되어야 한다. 운전의 편의상, 전기식 압축기가 쓰이기도 하는데, 이 경우에도 발전을 위하여 가스 터빈이나 디젤 엔진이 필요하다.

출구 냉각기

기체는 압축하면 온도가 올라간다. 상온의 기체를 압축비(압축 전후의 압력 비율) 2~3 정도로 압축하면 대개 100℃ 이상이 되며, 이후 공정을 위해서는 냉각하면 40℃ 정도 내외가 된다. 흔히 사용하는 냉매는 공기와 해수이다. 공기를 냉매로 사용하는 경우, 핀 열교환기의 외부를 팬으로 공기를 불어 넣어 주어야 한다. 60℃ 이상에서 해수 속의 염 성분이 열교환기 표면에 침적되기 때문에, 대부분의 경우 출구 냉각기에 해수를 직접 사용하지 않는다. 청수(Fresh Water)를 해수로 냉각하고, 이 청수로 가스를 냉각하는 방식을 택하게 된다.

열교환기는 전열면 오염(Fouling)에 의해 열전달이 방해 받는다. 전열면 오염은 운전 시간에 따라 증가하는데, 시간이 지나면 세척을 통하여 제거되어야 한다. 세척 기간까지 열전달 감소되는 것을 고려하여 전열면적에 여유를 주게 된다. 오염 계수(Fouling Factor)를 도입하여 전열면적의 여유를 고려한다. 대개 20~50% 여유가 발생한다.

냉각기 유입 흐름은 평상 온도보다 10 ℃ 정도 상승할 수 있다. 압축기의 성능 변화나 압축기 유입 흐름의 온도 변화 등에 의해 압축기 유출 흐름의 온도가 바뀔 수 있기 때문이다. 특히, 유정 유체 분리기 후단에 압축 공정이 설치되는 경우, 유정 유체 자체의 온도 변화, 생산 속도, 가벼운 성분의 조성 변화 등이 유출 온도에 영향을 준다.

출구 액적 제거기(Outlet Scrubber)

압축 가열된 기체를 냉각시키면 일부분이 액체가 된다. 특히, 유정 유체 분리기에서 나오는 가스는 포화 상태이기 때문에 많은 양의 액상 탄화수소가 나올 수 있다. 가스 압축 공정 이후의 공정들이 대개 가스를 처리하는 것을 목적으로 하므로, 생성된 액적을 제거해 주어야 한다. 원리와 성능 사양은 입구 액적 제거기와 같다.

서지 제어 시스템 및 서지 제어 밸브

압축기 운전의 가장 큰 과제 중 하나는 서지(Surge)를 방지하는 것이다. 대부분의 장치들이 처리 가능한 최소 부하와 최대 부하를 가지고 있는데, 압축기의 최소 부하와 관련된 것이 서지이다. 일정한 회전 속도에서 압축기를 통과한 출구 압력이 높아질수록 통과 유량이 적어진다. 특정 유량 이하가 되면 압축기에 기계적 손상을 유발하는 서지가 발생한다. 서지를 제어하는 방법을 서지 제어 밸브를 설치하여 출구에서 입구로 일정 흐름을 보내 주는 것이다. 이에 따라 통과 유량이 많아져서, 서지가 방지된다.

에너지 소비 측면에 대한 고려

대개 회전수 가변식을 사용하여 에너지 소모를 최소화한다. 전과정 비용 측면에서 유리하면 고정식을 사용할 수 있다. 다단인 경우에 중간 압력은 에너지 소모 최소화에 의해 정해진다. 각 단에서 효율이 같다면, 각 단을 통한 압축비(출구 압력/입구 압력)가 같아야, 소모 에너지가 최소가 된다.

안전 측면에 대한 고려

압축 공정은 대개 하나의 공정구획(Process Segment)으로 분리되며, 입구 액적 제거기 입구와 출구 액적 제거기 출구에 비상 차단 밸브(ESDV)가 설치된다. 압축 공정은 특성상 고압 기체를 내용물로 포함하며, 누출 발생시 분사 화재의 원인이 된다. 환기의 용이성과 화재의 확산을 고려하면 설비의 상부에 위치시키는 것이 유리하다. 압축기의 구동력으로 가스 터빈을 사용하는 경우, 가스 터빈을 상부에 설치하는 것이 터빈 배기가스에 의한 악영향을 줄이는데 유리하다. 분사 화재의 목표가 될 수 있는 대량의 내용물을 포함하고 있는 장치(예: 유입 원유 분리기)는 압축 공정과 격리되어야 한다. 압축기가 설치되는 주변 바닥을 판형 바닥(Plated Floor)으로 하는 것이 하부로 분사 화재나 가스 확산을 막는데 도움이 된다.

짧은 서지 제어 동안에는 액적 분리 성능을 만족시킬 필요는 없지만, 과도한 액적 유출은 없어야 한다. 액적 분리 성능 악화는 압축기의 갑작스런 정지를 유발하여 전체 시스템 운전에 악영향을 미친다. 기상 유량이 액적 분리 성능에 직접적인 영향을 미치므로 유량 변화를 일으키는 제어 구성은 피해야 한다. 예를 들어, 유정 유체 분리기에 큰 슬러그가 유입되는 경우, 많은 양을 입구 액적 제거기에 직접적으로 유입시키지 말고, 플레어로 보내야 한다.

압축기 하류 압력 설정시 압축기 성능 곡선을 고려해야 한다. 압축기 성능 곡선 특성상 최대 토출 압력은 최대 회전수와 최소 유량에서 발생한다. 이러한 상황은 개시 운전이나 비상 정지시에 발생한다. 압축기 하류에 설치되는 출구 냉각기와 출구 액적 분리기의 설계 압력은 최대 토출 압력을 바탕으로 결정되어야 한다.

압축기가 비상 정지되게 되면, 압축기 상하류에 설치된 비상 정지 밸브들이 닫히게 되며, 서지 제어 배관을 통해 압축기 전후단 압력이 같아진다. 이 압력을 정착 압력(Settle-Out Pressure)라 한다. 정착 압력은 압축기 전단의 정상 운전 압력보다 높게 된다. 압축기 전단에 설치되는 입구 액적 제거기의 설계 압력은 최소한 정착 압력(Settle-Out Pressure)보다 커야 한다.

액적 제거기에 모이는 액상에 의한 하이드레이트 형성에 주의해야 한다. 액적의 양이 상대적으로 적으므로 체류 시간이 길어진다. 정체된 액적은 압력과 온도 조건이 만족되면 하이드레이트를 형성시킬 수 있다. 특히, 액상이 저압 장치(예: 유정 유체 분리기)로 배출되는 경우, 밸브 후단이 팽창에 의해 온도가 낮아져 하이드레이트가 형성될 수 있다. 이 경우에는 하이드레이트 방지 방안(메탄올 주입 또는 가열)을 강구해야 한다. 서지 제어 밸브 후단에 하이드레이트 형성 조건이 되더라도, 지속 시간이 수 분이 이내이므로 하이드레이트 영향을 고려할 필요가 없다.

2.5.2 제습 공정

가스로부터 수분 제거는 이송뿐만 아니라 재주입(Gas Injection)을 위해서도 필요하다. 제습은 대개 글리콜을 이용한다. 액적 제거 공정이 자유 수분을 제거하는 것과 달리, 이 공정은 분자 상태의 수분을 제거한다.

다음 표는 수분 제거 공정의 원리와 성능을 개략적으로 나타낸 것이다. 상 분리기나 액적 제거기는 가스 상에 존재하는 액적 상태의 수분(자유 수분)을 제거한다. 궁극적으로 밀도차에 의해서 분리한다.

이에 비해서 글리콜 접촉탑과 고체 흡착탑은 분자 상태의 수분을 제거한다. 분자 상태로 혼합되어 있는 수분은 밀도차에 의해서 분리가 되지 않는다. 따라서, 강력한 수분 흡수력을 가진 액체(글리콜)이나 고체(흡습제)와 접촉시켜 흡수시킨다. 수분을 흡수한 물질을 재사용하기 위해서는 재생 과정이 필요하다. 자세한 내용은 [Manning & Thompson, 1991]를 참조한다.

표 2-8 제습 공정 방식별 성능 및 사용 예

공정	원리	성능	사용 예
상 분리기	수분 액적 제거	자유 수분 150 liter/MMSm^3	벌크 상 분리기
액적 제거기	수분 액적 제거	자유 수분 13 liter/MMSm^3	압축기나 글리콜 공정 전단
글리콜 접촉탑	접촉탑	이슬점 −30℃	파이프라인 전단
고체 흡착탑	흡착탑	이슬점 −100℃ (0.1 ppm)	LNG 공정 전단

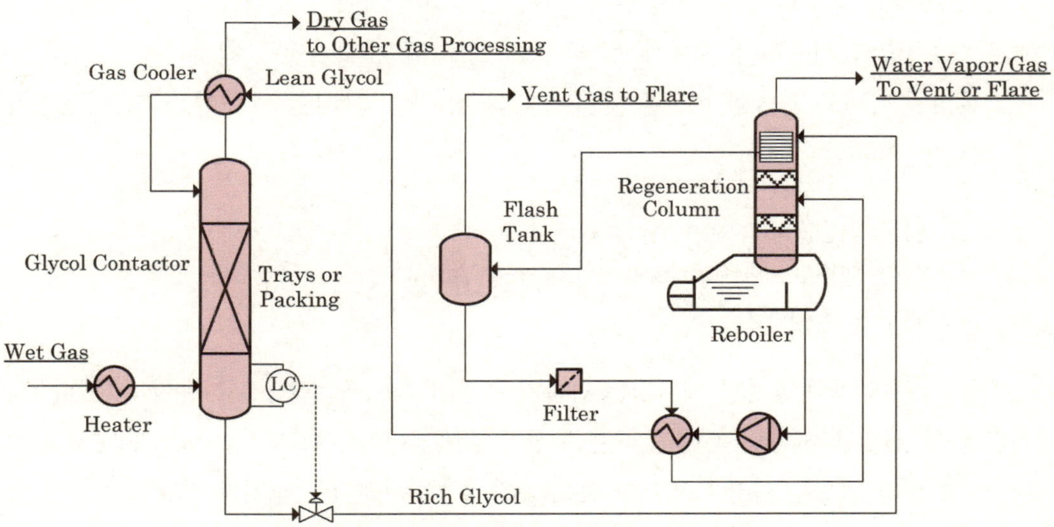

그림 2-21 글리콜 접촉 공정의 개략도

글리콜 접촉탑 내부는 구조화된 충진(Structured Packing)이나 트레이 방식이 모두 가능하지만, 대개 전자를 선호한다. 부피당 용량, 압력 강하, 효율 등에서 유리하기 때문이다. 이러한 장점은 패킹 전체에 글리콜이 균일하게 분포될 때 가능하다. 균일 분포를 위해 분배기(Distributor)를 사용하는데 막힘, 스케일 형성, 부식 등의 문제를 일으킨다. 이러한 문제를 줄이기 위해 글리콜 접촉탑 전에 필터를 설치한다.

액상 탄화수소는 글리콜 접촉탑의 효율을 저하시킨다. 액적 제거기를 별도로 설치하거나 접촉기 내부에 통합형으로 설치한다. 별도로 설치하는 경우, 접촉기와 글리콜 접촉기 사이의 온도 및 압력 하강도 고려한다. 피치 못하면 가스를 가열해야 한다.

주입되는 글리콜 온도는 원료 가스 온도보다 +5° C 정도 높아야 한다. 글리콜 온도가 낮으면 응축에 의해 액상 탄화수소가 생성되어 효율을 저하시킨다. 액적 함량을 낮추기 위해 냉각기(Wet Gas Inlet Cooler)를 설치하기도 한다. 이 경우에 하이드레이트 형성에 유의한다.

2.5.3 가스 조절화

가스 조절화 공정의 목표는 탄화수소 이슬점을 하강시키는 것이다. 즉, 송출된 가스가 저온 또는 고압 환경하에 처하게 될 때 액화물이 발생되는 것을 막는다.

기본적인 방법은 가스의 온도를 낮춰서 액화물을 분리해 내는 것이다. 대개 다음 3가지 중 하나를 이용한다.

- 팽창 터빈(Expansion Turbine)
- 팽창 밸브(Joule-Thomson Expansion Valve)
- 외부 냉각원

팽창 터빈에 의해 발생한 에너지는 압축기나 발전기의 구동력으로 사용할 수 있다. 압축기와 팽창 터빈을 하나의 축에 물리는 구성이 일반적이다. 온도 감소 효과가 팽창 밸브보다 크다. 팽창 밸브는 팽창 터빈보다 온도 하강 효과는 낮지만, 장치가 간단하고 작은 장점이 있다. 상당한 압력 강하가 허용되지 않는 경우에는 외부 냉각원을 사용해야 한다.

팽창 터빈을 사용하는 경우, 출구에서 액적이 10~30% 정도 발생한다. 30% 이상을 제거해야 하는 경우 다단을 택해야 하며, 단 사이에 액적 제거기를 설치해야 한다.

팽창 밸브를 병렬로 설치하면 개시 운전이나 유지 보수 측면에서 유리하다. 개시 운전시 통과하는 가스는 충분히 냉각되지 않아 이슬점 조건을 만족하지 못하므로 하류 공정으로 보내지 못한다. 이 경우에는 압축기 전단이나 플레어 시스템으로 보내져야 한다.

생성된 액상은 가벼운 성분을 상당히 많이 포함하고 있다. 저압 상태로 팽창시키면 상당한 양의 가벼운 가스가 발생한다. 따라서, 액상 생성물은 최종 원유 생산물에 직접적으로 혼합하면 안 되며 유정 유체 분리기나 그 이후의 원유 처리 장치로 보내져야 한다.

2.5.4 가스 연성화

가스 연성화(Sweetening) 공정은 황화수소나 이산화탄소와 같은 산성 가스를 제거한다. 산성 가스 제거 공정은 가능하면 최대한 상류에 설치되어야 한다. 산성 가스의 성분을 빨리 낮추어서, 까다로운 재질 사양을 피해야 하기 때문이다. 대개 요구되는 성능은 황성분의 경우 4 ppm, 이산화탄소 100 ppm 정도이다. 자세한 내용은 [Manning & Thompson, 1991]를 참조한다.

표 2-9 가스 연성화 공정의 원리 및 사용 예

공정명	원리	사용 예
아민 접촉탑	접촉탑	해양 설비에서 가장 흔히 사용
분리막	분리막	이산화탄소의 농도가 높은 경우에만 적용
흡착탑		황성분의 농도가 낮은 경우에만 적용

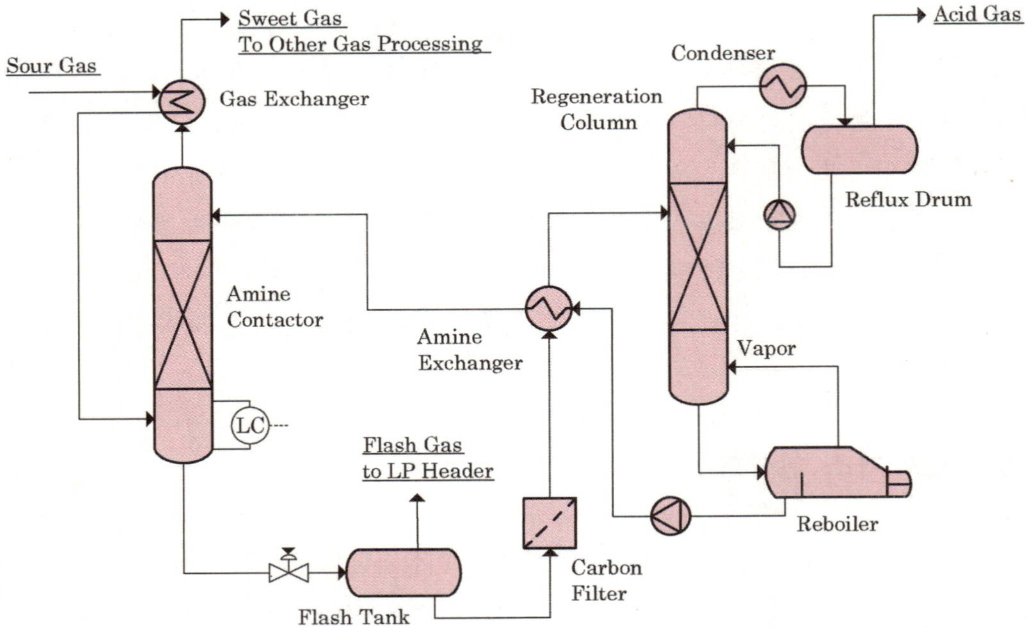

그림 2-22 아민 접촉 공정의 개략도

2.6 생산수 처리 공정

유정 유체 분리 공정에서 분리된 생산수(Produced Water)는 소량의 원유와 가스 성분을 포함하고 있다. 생산수를 외부로 배출하거나 유정으로 재주입하기 위해서는 원유와 가스를 분리해야 한다.

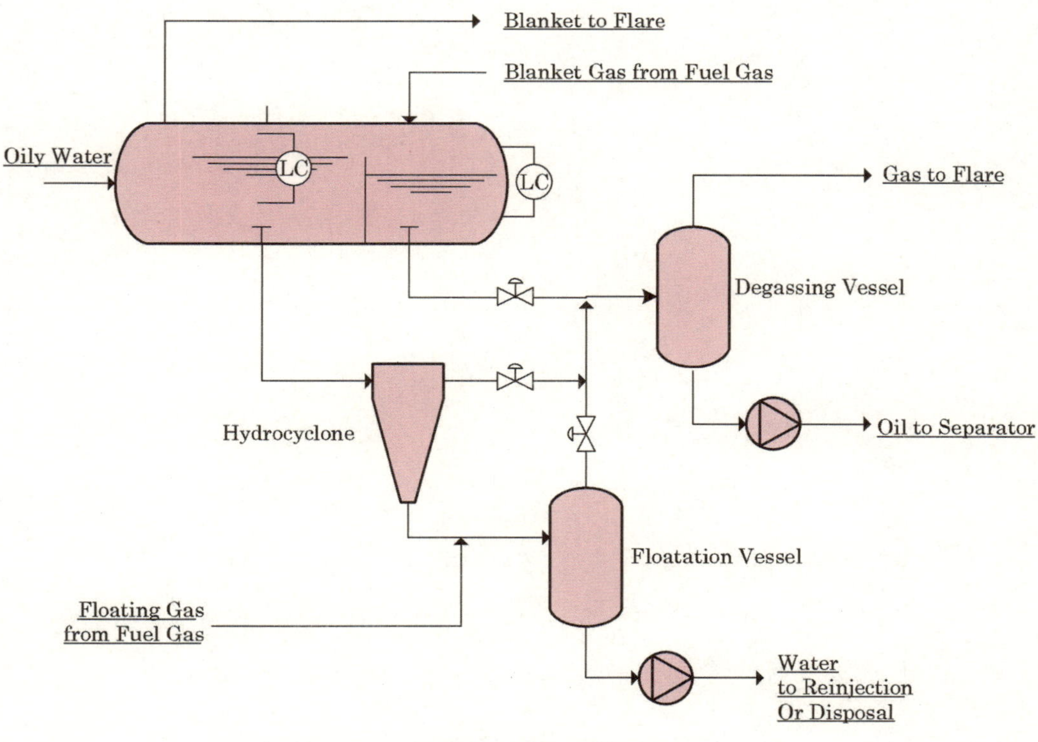

그림 2-23 생산수 처리 공정의 개략도

위의 그림은 생산수 처리 공정의 예를 보인 것이다. 원유 성분의 분리는 수평형 분리기에서 이루어진다. 분리 원리는 유정 유체 분리기에서 생산수와 원유 분리와 동일하다. 수평형 분리기 기상 부분은 폭발 분위기(공기 + 가연성 가스)를 피하기 위하여, 연료 가스나 불활성 가스로 항상 채워준다(Blanketing). 분리된 생산수의 원유 액적 분리를 향상시키기 위해, 하이드로사이클론이나 부유 용기(Floatation Vessel)을 이용하기도 한다. 분리된 가스는 압력도 낮고 양도 적기 때문에 재이용하기에 경제적이지 않아 플레어 시스템으로 보낸다.

2.7 재주입 공정

애초의 유정은 높은 압력을 가지고 있다. 따라서, 원유나 가스는 지표면과의 압력차에 의해 자연스럽게 지표면으로 나오게 된다. 이러한 손쉬운 회수를 일차적 회수(Primary Recovery)라 한다. 생산이 계속되면 압력이 떨어지게 된다. 유정에 원유만 있으면 압력 강하 속도가 빠르다. 가스층을 상부에 가지고 있는 원유를 생산하게 되면, 가스층이 팽창하므로 상당 시간 유정 압력이 높게 유지된다. 하부에 지하수층이 있어도 비슷한 원리로 일차적 회수가 연장된다. 가스는 80%까지, 원유는 25~30%까지 일차적 회수가 가능하다.

일차적 회수가 진행됨에 따라 유정 압력이 감소하며, 부산 가스(Associated Gas)도 감소한다. 유정 압력이 감소하면 용존되어 있는 가스가 원유로부터 유정 상부로 분리된다. 따라서, 부산 가스량이 점차 줄어들게 된다.

유정 압력이 떨어지면 부차적 회수가 진행된다. 사람에 따라 부차적 회수를 이차적 회수(Secondary Recovery)와 3차 또는 촉진 회수(Tertiary or Enhanced Oil Recovery)로 구분하기도 한다. 이차적 회수는 물이나 가스를 주입하는 방법을, 촉진 회수는 약품이나 열을 공급하는 방법을 일컫는다. 이차적인 회수까지만 대부분 사용된다.

이차적 회수가 진행됨에 따라, 생산 원유의 성질도 달라진다. 가스를 주입하는 경우에는 가스/원유 비율(Gas-To-Oil Ratio)가 증가한다. 비슷한 이유로, 물을 주입하는 경우에는 원유 중 몰분율이 증가한다. 이 경우에 물은 직경이 수백 마이크론인 에멀젼 형태로 존재할 수 있다. 에멀젼은 통상적인 분리기로는 분리하기 어려우며, 대개 정전기 제수기(Electrostatic Dehydrator)를 사용해야 한다.

제3장

신뢰도 기반 설계

3.1 신뢰성 공학 필요성과 역사

3.1.1 신뢰성 공학의 필요성

시스템 신뢰성 공학(System Reliability Analysis)이 왜 필요할까? 신뢰성 공학은 다음 질문에 대답할 수 있다.

1) 다양한 설계 대안(Design Alternative) 중에서 초기 투자비, 운전비, 고장에 의한 생산 손실과 유지보수비용 모두를 고려해서 어떤 방안이 최적인가?
2) 설계된 해양플랜트는 설치 운전시 잠재적인 고장이나 사고, 유지보수 활동으로 상당기간 정상적인 운전이 어렵게 된다. 이 경우 1년에 몇 시간이나 운전을 중지해야 할까? 설계된 해양플랜트가 연간 몇 일이나 가동이 가능하며, 얼마나 많은 원유/가스를 생산할 수 있는가?
3) 해양플랜트에는 그 특성상 많은 안전시스템들이 설치되어 있는데, 과연 이들을 얼마나 믿을 수 있는가?
4) 어떤 장치는 고장이 잘 일어나지 않고, 어떤 장치는 자주 고장 난다. 어떤 장치는 전체 시스템에 중요하고 어떤 장치는 그렇지 않다. 해양플랜트를 구성하는 다양한 시스템 또는 장치들에 대한 체계적인 고장 분석과 고장으로 인한 피해를 최대한 줄이기 위한 전략적인 유지보수 방법에 대한 결정과 이를 정량적으로 분석할 수 있는가?

개념설계 단계라면 첫 번째 질문이 가장 궁금할 것이고, 기본설계가 완료된 단계라면 두 번째 질문이 궁금할 것이다. 안전설계 담당자라면 세 번째 질문이, 유지보수 전문가라면 네 번째 질문이 궁금할 것이다.

첫 번째 질문은 시스템 신뢰성 공학과 전과정 비용평가(Life-Cycle Cost Analysis)

를 결합하면 된다. 생산가용도(Production Reliability)를 해석하면 두 번째 질문에, 안전무결도(Safety Integrity Level)를 해석하면 세 번째 질문에, 신뢰도기반유지보수(Reliability-Centered Maintenance)를 통해 마지막 질문에 답변할 수 있다.

3.1.2 신뢰성 공학의 역사

다음은 시스템 신뢰성 공학의 역사를 연도별로 요약한 것이다. 특정 산업인 경우, 산업 전체에 영향을 미친 경우에만 선별하였다.

1930년대: 산업계의 품질 제어를 위해 통계적 방법 사용(Shewhart, Dodge, Romig)
항공기 추락 확률을 추산하기 시작
1940년대: 2차세계대전 독일에서 V1 미사일의 실패 원인 분석(Robert Lusser)
1950년대: FMEA 방법론 개발
신뢰성 성장 이론(AGREE)
1960년대: 대륙간탄도미사일 분석
우주선연구프로그램에 적용
FTA 방법론 개발(Minuteman missile)
1970년대: 원자력발전소의 반응기 안전에 대한 보고서 출간(WASH-1400)
대부분의 산업에 신뢰성 공학 적용 시작
해양플랜트에 신뢰성 공학 적용(영국, 노르웨이)
신뢰성기반유지보수(RCM)기법개발(e.g., Nowlan and Heap)
1990년대: 제품과 공정 설계에 통합적인 RAMS 접근
2000년대: 해운 및 조선업계를 위한 IMO에서 FSA와 GBS 검토
육상플랜트에 해상플랜트와 유사한 수준의 신뢰도/위험도 해석 적용

신뢰성 공학은 항공 산업과 우주 개발 산업에서 시작하여 산업 전체로 확장되어 왔다. 해양플랜트 분야에서는 1970년대에 적용이 되어 왔으며, 가장 최근 들어 해운 및 조선업계에 들어섰다. 조선 분야에서도 구조 신뢰성 분야가 예전부터 연구되어 왔지만, 산업 전체에 대한 영향을 미치지는 못했다. 최근 IMO을 중심으로 진행 중인 FSA나 GBS가 구체적인 규범으로 자리잡을 가능성이 높다.

3.2 신뢰성 공학 기초

3. 2.1 신뢰성 공학의 분류

신뢰성 공학은 대상에 따라 다음과 같이 크게 3개 분야로 나눈다.

- 하드웨어 신뢰도(Hardware reliability)
  - 물리적 접근법(Physical approach)
  - 통계적 접근법(Actuarial approach)
- 소프트웨어 신뢰도(Software reliability)
- 인간 신뢰도(Human reliability)

하드웨어 신뢰도는 다시 물리적 접근법과 통계적 접근법으로 나누게 되는데, 물리적 접근법의 가장 대표적인 예가 구조 신뢰성 해석이다. 즉, 시스템에 가해지는 하중(Load)과 시스템이 견디는 강도(Strength)를 확률적으로 고려하는 방식이다. 예를 들어, 해양 플랫폼과 같은 구조 요소는 파도, 바람, 해류 등의 환경 하중에 노출 되게 된다. 이러한 방향성을 가진 하중과 구조 해석을 위해 3차원 구조 해석이 일반적이다.

이에 비하여 통계적 접근에 기반을 둔 시스템 신뢰성 공학은 전혀 다른 방식으로 접근하는데, 특징을 정리하면 다음과 같다.

- 하중과 강도를 모델링 하지 않고 시스템 및 구성 요소의 고장을 확률로 표현한다.
- 고장 시간의 분포를 시간의 함수로 구한다. 따라서, 고장률(Failure Rate), 평균고장시간(MTTF: Mean-Time-To-Failure) 등이 신뢰도를 나타내는 지표가 된다.
- 시스템을 다수의 부품(Component)로 나누고, 각 부품의 신뢰도와 부품들의 기능적 연결(Functional Configuration)을 통해 시스템의 신뢰도를 예측하고 분석한다.

이러한 통계적 및 구성적 접근은 유연한 접근을 가능하게 한다. 다양한 방법론들(FMECA, ETA, FTA 등)이 개발되어 있다.

3.2.2 신뢰성 공학의 개요

고장은 발생하기 마련이므로, 다음과 같은 대처 방안이 필요하다.

- 고장 빈도에 대한 예측
- 고장이 시스템(특히 신뢰도 및 가용도)에 미치는 영향 분석
- 고장 감지 방안
- 요구되는 신뢰도 결정
- 신뢰도 추산 방법
- 요구되는 신뢰도를 달성하기 위한 설계 방안
- 신뢰도를 지속적으로 유지하는 방안(유지보수 방안)

이 장에서는 위의 주제에 대해서 다룬다. 일단, 기초적인 용어에 대해서 알아보고, 가용도와 안전무결도에 대해서 설명한다. 마지막으로, 가용도와 신뢰도가 비용에 미치는 영향에 대해서 개괄한다.

3.2.3 신뢰도와 가용도

제품이 작동을 시작하여 고장 날 때까지를 시간을 고장 도달 시간(Time-To-Failure)이라고 한다. 같은 종류의 제품이라도 각 개체마다 고장 도달 시간이 다르므로, 다수 제품의 고장 도달 시간을 평균한 값을 평균 고장 도달 시간(Mean-Time-To-Failure, MTTF)라 한다. 고장 속도가 시간에 따라 일정하다고 가정하면 주기와 빈도의 역수 관계로부터, 1/MTTF는 평균 고장 빈도가 된다.

$$\lambda = 1 \ / \ \mathrm{MTTF} \qquad (3\text{-}1)$$

신뢰성 공학에서는 고장 빈도보다 고장 속도(Failure Rate)라 부르고, 대개 λ로 표시

한다.

신뢰도(Reliability)는 주어진 운전 조건에서 정해진 시간 동안 요구되는 성능을 나타낼 확률을 말한다. 따라서, 신뢰도는 [0, 1] 범위의 값을 갖는다. '운전 조건', '임무 시간', '요구되는 성능'이 반드시 주어져야 신뢰도를 결정할 수 있다. 예를 들어 전구에 대해서 정의해 보자면, '실내에서 6개월 동안 1미터 거리에서 0.1 룩스(Lux)를 낼 확률'이 된다. 즉, 다음과 같은 대응 관계가 된다.

- 운전 조건 = 실내
- 임무 시간 = 6개월
- 성능 = 1 미터 거리에서 0.1 룩스

고장률이 작으면(같은 말로 MTTF가 크면) 신뢰도는 커진다. 임무 시간이 늘어나면 신뢰도는 감소하다가 결국은 영이 된다. 성능은 고장을 결정하는 가장 중요한 지표가 된다. 여기에서는 '1 미터 거리에서 0.1 룩스'를 나타내지 못하는 전구의 성능 변화가 고장이 된다.

전구와 같이 한 번 쓰고 버리는 제품에서는 신뢰도가 중요하다. 하지만, 고쳐 사용하는 제품에서는 수리 시간이 다른 중요한 지표가 된다. MTTF와 마찬가지로, 수리 시간에 대해서도 평균 수리 시간(Mean-Time-To-Repair, MTTR)를 정의한다. 아래의 두 제품 중 어느 것이 더 유리할지 고려해 보자.

- 제품 A. 자주 고장 나지만 수리 시간이 짧음(MTTF와 MTTR 모두 작음)
- 제품 B. 가끔 고장 나지만 수리 시간이 김(MTTF와 MTTR 모두 큼)

엄밀한 비교는 가용도(Availability)를 정의함으로써 가능하다. 여기서 가용도는 전체 시간 중에 정해진 성능을 나타내는 시간의 비율이다. 단순화해서 생각하면 다음과 같은 시나리오와 같이 작동, 고장, 수리가 반복된다.

- 대상 시스템을 작동하기 시작하면, MTTF 지나서 고장
- MTTR 만큼 걸려 수리
- 다시 작동을 시작하면 MTTF 지나서 고장
- MTTR 만큼 걸려 수리
- …

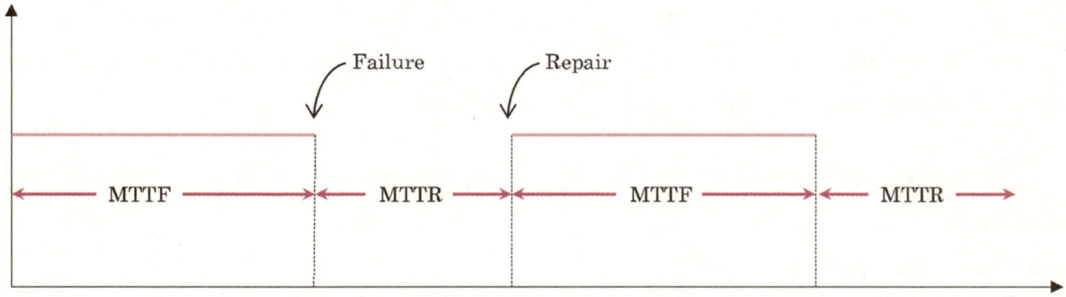

그림 3-1 간략화된 MTTF 및 MTTR의 주기

따라서, 가용도는 다음과 같이 나타낸다.

$$A = \frac{MTTF}{MTTF + MTTR} \tag{3-2}$$

수리 시간 중, 순수하게 수리에 소비되는 활성 수리 시간(Active Repair Time)은 전체 수리 시간 중의 일부분인 경우가 많다. 부품 조달 시간이나 엔지니어 도착 시간 등도 수리 시간에 포함되어야 한다. 따라서, 어떤 사람들은 정지 시간(Down Time)과 작동 시간(Up Time)으로 정의하기도 한다. 이 때, 작동 시간은 MTTF와 같다.

$$A = \frac{\text{Up Time}}{\text{Up Time} + \text{Down Time}} \tag{3-3}$$

엄밀하게는 신뢰도와 가용도를 비롯하여 관련된 용어들은 다음과 같이 정의한다.

- **Quality(품질)**: The totality of features and characteristics of a product or service that bear on its ability to satisfy stated or implied needs [ISO8402]
- **Reliability(신뢰도)**: The ability of an item to perform a required function, under given environmental and operational conditions and for a stated period of time [ISO8402]
- **Availability(가용도)**: The ability of an item(under combined aspects of its reliability, maintainability, and maintenance support) to perform its required function at a stated instant of time or over a stated period of time [BS 4778]
- **Maintainability(유지보수도)**: The ability of an item, under stated conditions of use,

to be retained in, or restored to, a state in which it can perform its required functions, when maintenance is performed under stated conditions and using prescribed procedures and resources(BS4778)

아래 그림에 정리된 바와 같이 가용도는 신뢰도, 유지보수도, 유지보수 지원에 영향을 받게 된다.

Availability = f(Reliability, Maintainability, Maintenance Support)

예를 들어 신뢰도가 동일한 두 제품을 사용하여도 어떻게 유지보수 및 유지보수 지원 활동을 하느냐에 따라 각각의 가용도는 달라진다.

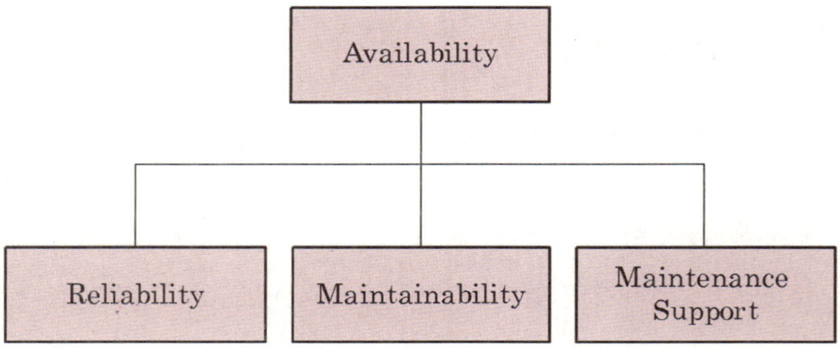

그림 3-2 가용도 구성 요건

3.2.4 수학적 관계

시스템의 신뢰도를 이해하기 위해서는 다음과 같이 네 가지 함수를 고려한다.

- F(t): 고장 확률 함수(Failure Probability Function)
- f(t): 고장 확률 밀도 함수(Failure Probability Density Function)
- R(t): 신뢰도 함수(Reliability Function)
- z(t): 고장률 함수(Failure Rate Function)

F(t)는 제품이 [0, t] 시간 사이에서 고장날 확률이다. 따라서, R(t)와는 다음 관계에

있다.

$$R(t) + F(t) = 1 \tag{3-4}$$

이런 의미 때문에 R(t)는 생존자 함수(Survivor Function)라고도 한다.

확률과 확률 밀도 함수 사이의 관계로부터 F(t)와 f(t)는 다음 관계를 만족한다.

$$F(t) = \int_0^t f(u)\,du \quad \text{또는} \quad f(t) = \frac{d}{dt}F(t) \tag{3-5}$$

통상적인 밀도 함수와 마찬가지로 다음과 같은 의미를 가지고 있다.

$$[t,\ t+\Delta t]\ \text{사이에 제품이 고장날 확률} \approx f(t) \times \Delta t \tag{3-6}$$

t 시간까지 고장 나지 않았던 제품이 t + Δt 시간에 고장날 조건부 확률을 z(t)라 한다.

$$z(t) = \frac{f(t)}{R(t)} \tag{3-7}$$

여러 가지 관계를 조합하면 다음과 같은 관계가 있다.

$$R(t) = \exp\left(-\int_0^t z(u)du\right) \tag{3-8}$$

MTTF는 평균 시간이므로 다음과 같다.

$$MTTF = \int_0^\infty t\,f(t)\,dt \tag{3-9}$$

고장 확률 밀도 함수 f(t)와 고장률 함수 z(t)는 혼동하기 쉽다. 사람의 수명으로 비교하면 다음과 같다. 100명의 사람이 있다고 하자. 수명이 50세(50세 이상이고 51세 미만)인 분율이 f(50)이 된다. 50세까지 산 사람 중, 다음 1년 동안 죽을 사람의 분율이 z(50)이다. 그러니까, z(t)는 t 시간까지 고장(이 경우에는 사망)나지 않은 분율에 대한 이후의 생존 확률이다.

예제: 안전 밸브의 평균 고장 시간 및 신뢰도

안전 밸브의 고장률이 1.75×10^{-5}/hr일 평균 고장 시간과 3개월 후에도 고장나지 않을 확률은 다음과 같다.

(1) 평균 고장 시간(MTTF) = $1/(1.75 \times 10^{-5}/\text{hr}) \approx 2380$ days

(2) 3개월 후의 신뢰도 R(t = 3 months) = $e^{-\lambda t} \approx 0.963$

3.2.5 고장 모델

위의 수학식이나 실제적인 상황을 감안하면, 시간에 따라서 고장률이 어떻게 달라지는지를 알아내는 것이 신뢰도를 추산하는 것이 가장 중요한 작업이라고 할 수 있다. 고장률은 시간에 따른 함수이며, 작동 개시 시점(Burn-In Period)이나 수명이 다한 시점(Wear-Out Period)에서는 고장률이 높다. 그 중간 영역에서는 대체로 고장률이 크게 변하지 않는데, 많은 경우 이 중간 영역은 시간에 따라 비교적 일정한 고장률을 보이는 경향으로 고장 모델에 널리 이용된다.

중간 영역에서의 경향을 고장 모델에 적용하여 시간에 따라서 고장률이 변하지 않는다고 가정하면 고장률은 지수 함수 모델(Exponential Model)로 정의 된다.

$$z(t) = \lambda \tag{3-10}$$

이로부터 다른 함수들도 구해보면 다음과 같다.

$$R(t) = \exp\left(-\int_0^t z(u)du\right) = \exp(-\lambda t) \tag{3-11}$$

$$f(t) = \lambda \exp(-\lambda t) \tag{3-12}$$

$$MTTF = \frac{1}{\lambda} \tag{3-13}$$

MTTF까지 제품이 고장 나지 않을 확률은 R(t=MTTF)과 같으므로 다음과 같다.

$$R(MTTF) = \exp(-1) \approx 0.3679 \tag{3-14}$$

지수 함수 모델 이외에도 다음과 같은 고장 모델 함수가 있다.

- Weibull 모델
- Gamma 모델
- Normal 모델
- Lognormal 모델
- Birnbaum-Saunders 모델
- Gumbel Smallest Extreme 모델
- Inverse Gaussian 모델

위의 모델은 지수 함수 모델에 비해 실제 고장 패턴을 잘 반영할 수 있으나, 이를 뒤받침할 수 있는 고장 정보를 수집하기 힘든 문제가 있다.

3.2.6 고장, 고장 상태, 고장형태

IEC 60050에 의하면, 고장은 "요구되는 기능을 수행할 능력의 손실(the termination of the ability of an item to perform a required function)"이라고 정의된다. 이 정의에 따르면 고장을 정의하기 위해서는 주어진 기능을 정의해야 한다. 예를 들어, 어떤 펌프의 기능 중, '토출 유량이 1.0 ~ 1.2 ton/hr 범위 이내'라고 정의하면, 유량이 0.9 ton/hr나 1.3 ton/hr가 나오게 되면 고장이다.

고장(Failure)과 혼동되는 어휘로 고장 상태(Fault)가 있다. 고장은 '사건(Event)'을, 고장 상태는 '상태(State)'를 의미한다. 다음 그림의 펌프 유량 제어를 예로 들자. 기본공정제어시스템(Basic Process Control System, BPCS)인 펌프유량제어시스템은 펌프의 유량을 1.0 - 1.2 ton/hr 영역 이내에서 조절하고자 한다. 1.1 ton/hr가 적절한 설정치(Set-Point)가 될 것이다. 기본공정제어시스템이 적절히 잘 작동하여 제어에 성공하면, 펌프의 유량은 시간이 지남에 따라 설정치로 수렴하게 된다. 기본공정제어시스템이 제어에 실패한 경우, 유량은 하용 영역을 벗어나게 된다. 펌프의 유량이 점점 감소하여 1.0 ton/hr 이하로 내려가거나 1.2 ton/hr 이상으로 올라가는 그 순간을 고장이라 일컫고, 펌프가 유량에 대한 기능을 회복하지 못하는 상태를 고장 상태라 한다.

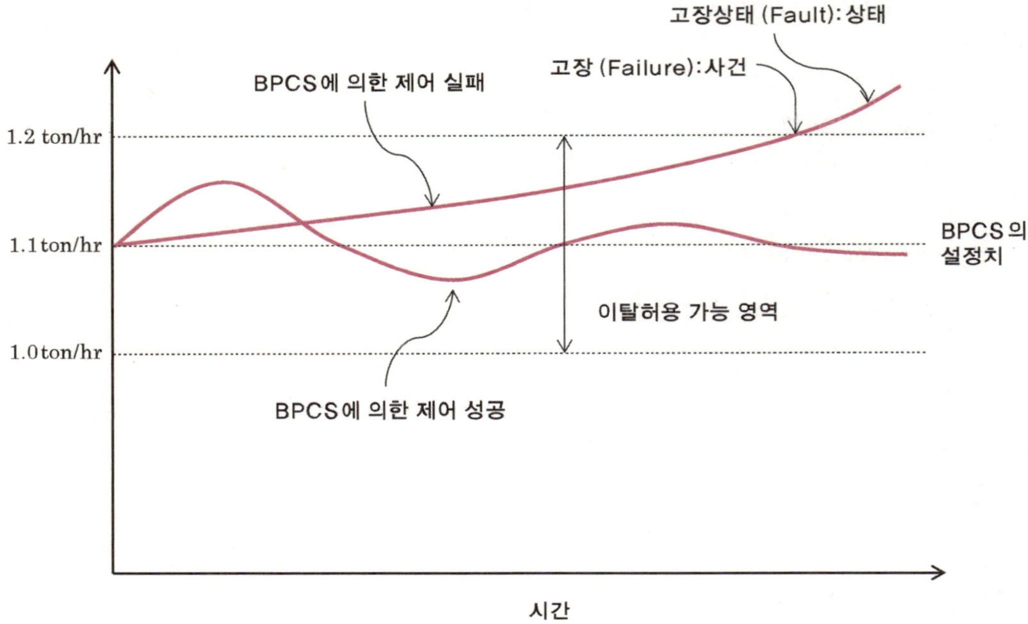

그림 3-3 고장(Failure)과 고장 상태(Fault)의 구분

혼동되는 다른 어휘로 고장형태(Failure Mode)와 고장 메커니즘(Failure Mechanism)이 있다. 고장형태는 "고장난 부품에서 고장이 발견되는 변화(the effect by which a failure is observed on a failed item)"로 정의된다. 요구되는 기능을 더 이상 수행하지 못함(즉, 고장)을 알아챌 수 있는 증상이나 변화로 이해하면 된다. 이에 반하여, 고장 메커니즘은 고장이 일어나는 원인이다. 예를 들어, 압력 용기가 부식이 되어 누출이 발생했다고 하자. 이 경우에는 압력이 떨어지는 현상이 누출의 고장형태가 되며, 부식이 고장 메커니즘이 된다. 사람의 질병에 대해서도 비유해 보자. 바이러스가 걸려서 체온이 올랐다고 하면, 체온 상승이 고장형태가 되고, 바이러스 감염이 고장 메커니즘이 된다.

고장형태는 관찰 가능하지만, 고장 메커니즘은 그렇지 않을 수도 있다. 위의 예를 고려하면, 압력 하강은 관찰 가능하다. 반면에, 부식은 관찰될 수도 아닐 수도 있다. 고장 메커니즘이 부식임을 확정 짓기 위해서는 관찰 이상의 노력이 필요하다. 여기에서 관찰이 사람에 의한 육안 관찰만을 의미하지 않는다. 전계장을 비롯하여 모든 모니터링 방법에 의한 관찰을 의미한다.

고장형태와 고장 메커니즘이 반드시 일대일 대응되지는 않는다. 위의 예에서 명확하듯이 누출이 생기는 원인 부식 이외에도 과도한 압력 상승, 낙하물에 의한 파손, 구조적 결함 등 여러 가지 다른 원인이 존재한다.

3.2.7 고장의 종류

사람을 어떤 기준으로 분류할 수 있을까? 피부색, 인종, 연령, 성별, 직업, 소득 등등. 무수한 기준이 있다. 고장의 분류도 마찬가지로, 여러 가지 기준이 있으며, 가장 흔히 사용하는 기준은 다음과 같다.

1) 고장이 나타나는데 걸리는 시간

- 급격한 고장(Sudden Failure)
- 점진적 고장(Gradual Failure)

2) 감지 가능성(Delectability)

- 감지 가능 고장(Evident or Detectable Failure)
- 감지 불가 고장(Hidden or Undetectable Failure)

3) 고장의 파급 영역(Scope of Failure)

- 부분 고장(Partial Failure)
- 전체 고장(Complete Failure)

4) 고장의 원인(Failure Causes) - 인간적 측면

- 일차적 고장(Primary Failure): 설계자의 오류에 의한 고장
- 이차적 고장(Secondary Failure) 사용자의 오용에 의한 고장

5) 고장의 원인(Failure Causes) - 기계적 측면

- 물리적 고장(Physical Failure): 사용 시간(Aging)이나 부하(Stress)가 원인에 의한 고장
- 체계적 고장(Systematic Failure): 설계 오류나 상호 작용에 의한 고장

6) 고장의 영향

- 위험 고장(Dangerous Failure): 위험한 결과가 초래되는 고장
- 안전 고장(Safe Failure): 심각한 결과가 초래되지 않는 고장

어떤 분류를 따르면 좋을까? 대부분 이런 종류의 질문이 그렇듯이, 경우마다 다르다. 어떤 제품에 어떤 이유로 고장을 분류하는가에 따라 달라진다. 소비자로부터 소송을 당할 수 있는 자동차 회사의 고객 서비스팀이라면, 4번과 5번 분류를 택하고자 할 것이다. 해양 플랜트의 화재 감지기라면, 우선 6번 분류를 우선 고려할 것이다. 전체 시스템의 통합을 다루는 엔지니어라면 3번 분류에 관심이 많을 것이다. 하지만, 어느 하나의 분류 기준을 따르더라도 만족스러운 분류 체계를 얻을 수 없다.

실제로는 서 너 개의 분류 기준을 혼용해서 사용한다. 다음 그림들을 보자. 첫 번째 분류는 5번 기준을 충실히 따른 고장 분류 체계인 반면에, 다음 그림은 최상위 수준은 6번 분류를, 다음 수준은 2번 분류를 따른 고장 분류 체계를 나타낸다.

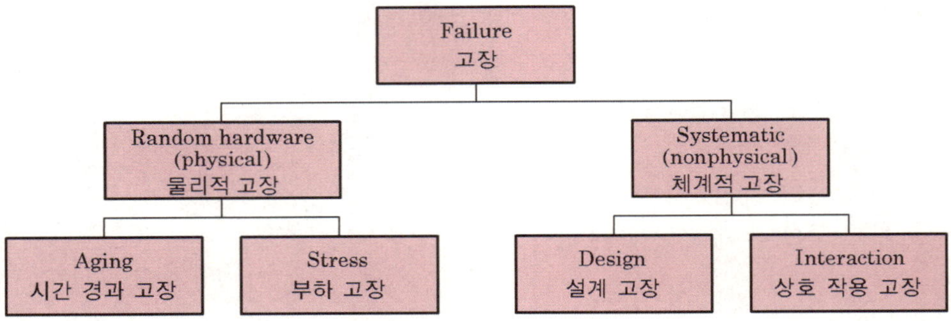

그림 3-4 원인에 의한 고장 분류

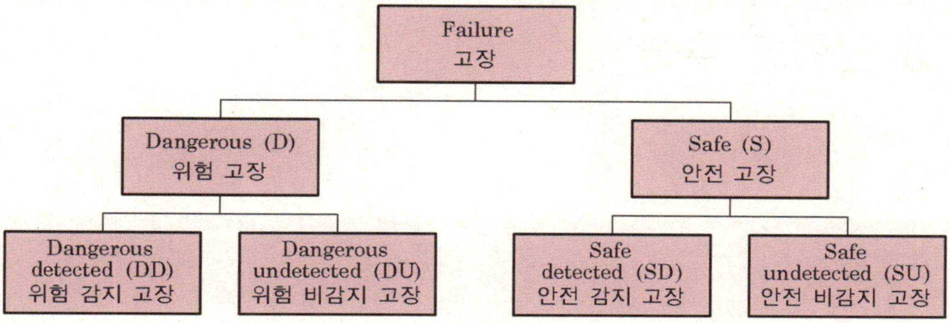

그림 3-5 영향 및 감지 가능성에 의한 고장 분류

고장시 위치와 고장시 안전(Fail-Safe)

외부 에너지원(전원, 유압, 공압)이 차단되었을 때, 밸브의 위치가 잠기면 고장시 닫힘(Fail-Closed), 열리면 고장시 열림(Fail-Open), 현 위치를 고수하면 고장시 고정(Fail-Locked)이 된다. 고장시 밸브 위치는 스프링의 위치로 결정된다. 예를 들어, 공압으로 작동하는 밸브는 공압 공급이 중단되면, 스프링의 작용으로 닫히거나 열리도록 되어 있다.

이와 관련된 의미로 고장시 안전(Fail-Safe)라는 말이 있는데 오해될 소지가 많다. 이 말은 안전 시스템이 고장나더라도 안전한 상황(더 이상의 사고 확산이 되지 않는 상태)이 되는 고장 상태를 의미한다. 예를 들어, 비상 감압 밸브(BDV)의 고장시 안전한 위치는 고장시 열림이 될 가능성이 높다. 만약, 비상 감압 밸브가 고장나서 닫혀버리면, 비상 감압 기능이 완전히 없어져 버린다. 하지만, 고장시 열림이 항상 안전하지는 않다. 고장시 열림은 비상 감압의 기능면에서는 긍정적이지만, 예고 없는 비상 감압(대개 비상정지시스템 이후에 작동)이 전후 공정에 심각한 위험을 초래할 수 있기 때문이다. 결론적으로, 고장시 절대적으로 안전한 위치는 없다. 여러 가지 위험요소와 피해 규모를 고려하여 조금 더 안전한 고장시 위치가 있을 뿐이다.

3.3 신뢰도 추산

3.3.1 단일 구성품의 신뢰도

고장 모델이 지수 함수를 따르는 경우, 단일 구성품의 신뢰도 추산에는 다음 관계식들이 사용된다.

$$R(t) = \exp(-\lambda t) \quad (3\text{-}15)$$

$$f(t) = \lambda \exp(-\lambda t) \quad (3\text{-}16)$$

$$MTTF = \frac{1}{\lambda} \quad (3\text{-}17)$$

3.3.2 직렬 연결의 신뢰도

직결 연결은 구성 요소의 고장이 전체 시스템의 고장으로 연결되는 구성을 일컫는다. 단위 공정 연결과 같은 의미이다. 예를 들면, 압축기와 후단 냉각기(After-Cooler)의 연결이 이에 해당한다. 압축기나 후단 냉각기 둘 중의 하나가 고장나면 다른 것의 고장에 상관없이 전체 시스템이 운전 정지된다.

다음과 같은 2 요소의 직렬 연결을 고려하자.

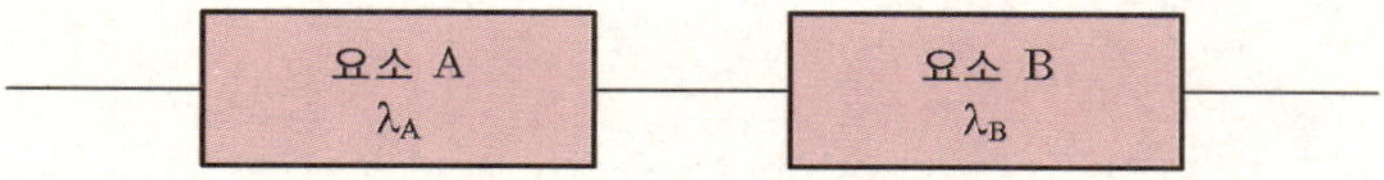

그림 3-6 2 요소 직렬 연결

(시스템의 고장 확률) = (요소 A의 고장 확률) + (요소 B의 고장 확률) (3-18)
− (요소 A와 B가 동시에 고장날 확률)

이를 수식으로 표현하기 위하여 다음과 같은 기호들을 정의한다.

$$R_A(t) = \exp(-\lambda_A t) \tag{3-19}$$

$$F_A = 1 - R_A(t) = 1 - \exp(-\lambda_A t) \tag{3-20}$$

$$R_B(t) = \exp(-\lambda_B t) \tag{3-21}$$

$$F_B = 1 - R_B(t) = 1 - \exp(-\lambda_B t) \tag{3-22}$$

따라서, 전체 시스템의 고장 확률은 다음과 같이 표현된다.

$$\begin{aligned} F(t) = 1 - R(t) &= F_A + F_B - F_A \cdot F_B \\ &= (1 - R_A) + (1 - R_B) - (1 - R_A) \cdot (1 - R_B) \\ &= 1 - R_A \cdot R_B \end{aligned} \tag{3-23}$$

따라서, 시스템의 신뢰도는 다음과 같다.

$$R(t) = R_A \cdot R_B = \exp[-(\lambda_A + \lambda_B)t] \tag{3-24}$$

즉, 시스템의 신뢰도는 두 요소의 신뢰도의 곱과 같으며, 시스템의 고장률은 두 요소의 신뢰도를 더하면 된다.

요소의 개수가 늘어나더라도 신뢰도 추산식은 변하지 않는다. 시스템의 신뢰도는 모든 요소의 신뢰도의 곱과 같으며, 시스템의 고장률은 모든 요소의 신뢰도를 더하면 된다.

3.3.3 병렬 연결의 신뢰도

하나의 구성 요소가 고장나더라도 전체 시스템이 고장나지 않는 구성을 병렬 연결이라고 한다. 아래 그림과 같이, 100% 용량의 펌프를 2개 설치하면 병렬 연결이 된다. (만약, 50% 용량의 펌프를 배관상 병렬 연결하였다면, 신뢰도 관점에서는 직렬 연결이다.)

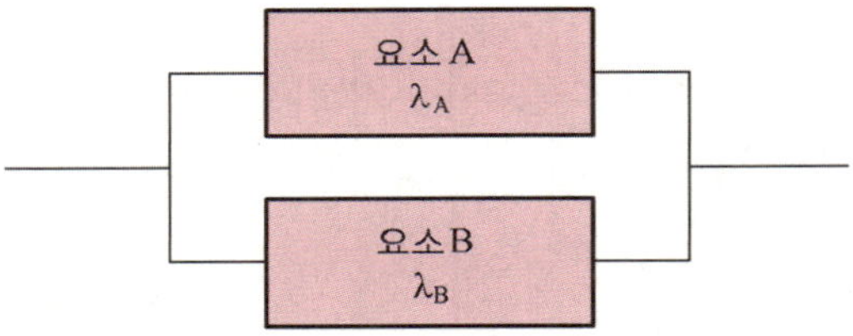

그림 3-7 2 요소 병렬 연결

두 요소 중 하나만 작동하더라도 시스템이 제대로 작동하므로 다음과 같이 표현된다.

(시스템의 작동 확률) = (요소 A의 작동 확률) + (요소 B의 작동 확률)
− (요소 A와 B가 동시에 작동 확률)

앞서 정의한 기호들을 사용하여 표현하면 다음과 같다.

$$R(t) = R_A + R_B - R_A \cdot R_B$$
$$= \exp(-\lambda_A t) + \exp(-\lambda_B t) - \exp[-(\lambda_A + \lambda_B)t] \qquad (3\text{-}25)$$

두 요소의 고장률이 같다면 다음과 같이 간략화된다.

$$R(t) = 2\exp(-\lambda t) - \exp[-2\lambda t] \qquad (3\text{-}26)$$

해양플랜트의 안전시스템(가스 및 화재 감지기, 차단밸브 등)의 신뢰도는 위에서 설명한 직렬연결과 병렬연결 개념을 적용하면 쉽게 구해진다. 예를 들어 신뢰도 90%을 갖는 동일한 가스 감지기를 설치할 때 이를 직렬로 연결할 경우 전체 시스템의 신뢰도는 다음과 같다.

$$R(t) = 0.9 \times 0.9 = 0.81 \qquad (3\text{-}27)$$

반면 동일한 감지기 두 개가 설치되어 1개가 고장 날 경우에도 다른 감지기가 작동할 경우 전체 시스템의 성능에는 문제가 없도록 병렬로 연결된 전체 시스템의 신뢰도는 다음과 같다.

$$R(t) = 1 - ((1 - 0.9) \times (1 - 0.9)) = 0.99 \quad (3\text{-}28)$$

위 예에서 볼 수 있듯이 병렬 설계는 대부분의 경우 직렬 설계에 비해 우수한 신뢰성을 보장해 준다. 이에 따라 해양플랜트의 안전시스템 설계에 병렬 연결이 많이 고려된다. 다만, 병렬 연결은 직렬 연결에 비해 추가적인 장비 구매를 필요로 하므로 비용 상승을 유발한다. 안전향상과 비용상승의 문제는 시스템 설계에서 항상 동반되는 문제로 설계 엔지니어들이 항상 부딪히고 해결해야 할 숙제이다.

병렬 연결을 일반화해 보자. 3개의 요소를 설치해서 1개의 요소를 작동시킬 수도 있고 (100% × 3), 2개의 요소를 작동시킬 수도 있다(50% × 3). 따라서, 설치 요소 개수와 작동 요소 개수에 따라 단위 요소의 용량이 달라진다. 일반적으로 병렬 연결은 다음과 같이 표기한다.

$$kooN = k \text{ out of } N = \text{설치된 N개 요소 중 k개 요소가 작동} \quad (3\text{-}29)$$

당연히 단위 요소의 용량은 100%/k가 된다. 2oo3 연결에서는 3개의 요소를 설치하고 이중 2개 장치가 작동하면 시스템은 정상 작동이라고 간주한다.

병렬 연결 kooN에서 각 구성 요소의 고장률이 같다면, 시스템의 신뢰도는 다음과 같이 추산한다.

$$\begin{aligned}
\text{시스템의 신뢰도} &= \text{k개 이상이 작동할 확률} \\
&= \text{k개가 작동할 확률} + \text{(k+1)개가 작동할 확률} \\
&\quad + \cdots + \text{N개가 작동할 확률} \\
&= \sum_{x=k}^{N} {}_{N}C_{x}(t)\ e^{-\lambda tx}\ (1 - e^{-\lambda t})^{N-x} \quad (3\text{-}30)
\end{aligned}$$

여기에서 ${}_{N}C_{x}$는 N개에서 x개를 뽑을 조합의 수이다.

3.3.4 복잡한 시스템의 신뢰도 추산

유체역학이나 구조역학에서와 마찬가지로, 복잡한 시스템의 신뢰도 추산은 상용 프로그램을 통해 이루어진다. 가장 흔히 사용되는 상용 프로그램은 Relex, AvSim, Maros 등이다. 특히, Maros는 다음 장에 설명한 생산가용도 추산에 이용된다. 프로그램은 계산기일 뿐이므로, 정보 입력과 시스템 구성은 사용자의 몫이다.

시스템 구성을 표현하기 위해 흔히 신뢰도블록도(Reliability Block Diagram, RBD)와 고장상태도분석(Fault Tree Analysis, FTA)을 사용한다. 공정 구성에 친숙한 사람들에게는 신뢰도블록도가 편리하다. 직렬 연결은 배관 연결과 비슷하게 생각하면 된다. 직렬 배관 연결은 직렬 신뢰도 연결이 된다. 하지만, 병렬 배관 연결은 꼭 병렬 신뢰도 연결은 아니다. 100% 펌프를 2개 병렬로 연결하면, 신뢰도 측면에서도 *1oo2*이다. 반면, 펌프 용량이 50%이면 최대 용량을 내기 위해서 *2oo2* 연결이다.

고장상태도분석은 고장을 체계적으로 분석하는데 유리하며, 고장형태 및 영향분석(FMEA)와 자주 연관된다. 예를 들어, 고장형태 및 영향분석에서 파악된 주요 고장형태에 대해 해당 고장형태가 발생하는 원인과 발생 확률을 정량적으로 평가할 경우, 고장상태도분석이 활용된다. 따라서, 상세한 분석을 위해서는 고장상태도분석으로 시작하는 것이 유리하다. 정보는 크게 고장 종류, 고장간격, 수리시간을 포함한다.

3.4 가용도 추산

3.4.1 단일 구성품의 가용도

가용도는 고장 속도와 수리 속도에 의해서 결정된다. 즉, 긴 시간 동안 고장과 수리의 균형이 가용도로 표현된다. 정상 운전인 상태에 있을 확률(가용도)을 A(t), 고장 상태에 있을 확률(비가용도)을 U(t)라 하자. 시스템은 고장 또는 정상 운전 상태에 있으므로, 다음 관계를 만족한다.

$$A(t) + U(t) = 1 \tag{3-31}$$

정상 상태가 늘어나는 속도는 정상 상태가 생기는 속도(즉, 고장이 고쳐지는 속도)에서 정상 상태가 없어지는 속도(즉, 고장으로 이행하는 속도)를 빼면 된다. 고장나는 속도를 λ, 고장이 수리되는 속도를 μ 라 하면, 정상 상태가 늘어나는 속도는 다음 식으로 표현하면 다음과 같다.

$$\frac{d}{dt}A(t) = \mu \cdot U(t) - \lambda \cdot A(t) \tag{3-32}$$

초기에 시스템이 정상 상태라고 하고(A(0)=1), 위의 두 식을 연립하여 풀면 A(t)가 다음과 같이 얻어진다.

$$A(t) = \frac{\mu}{\mu+\lambda} + \frac{\lambda}{\mu+\lambda}\exp[-(\mu+\lambda)t] \tag{3-33}$$

두 번째 항은 시간이 증가함에 따라 지수적으로 감소하므로, A(t)는 첫 번째 항에 접근하게 된다. 아래 그림은 시간에 따른 가용도를 나타낸 것이다.

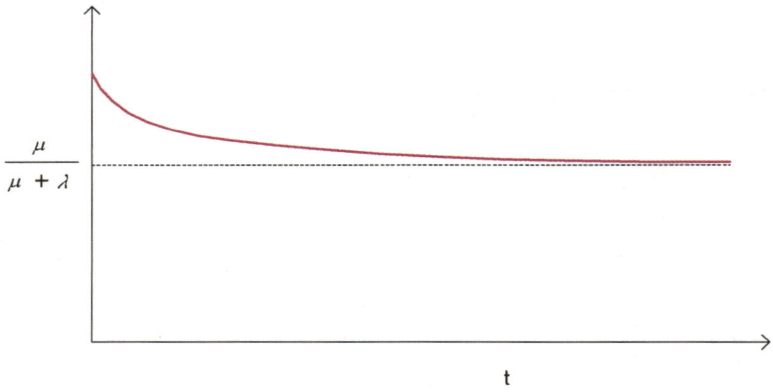

그림 3-8 시간에 따른 단일 부품의 가용도

3. 4.2 다중 구성의 가용도

구성 요소가 늘어나면 해석적인 해를 구하기가 쉽지 않으며, 상용 프로그램을 사용해야 한다. 상용 프로그램들은 Markov 해석이나 Monte Carlo 해석을 사용한다. 시스템의 상태는 요소 상태의 조합이므로, 요소의 상태가 여러 개이면 시스템의 상태 개수가 기하급수적으로 늘어난다. 가장 일반적으로 사용되는 방법이 Monte Carlo 해석이다. Monte Carlo는 난수를 발생시켜 고장 확률 함수 F(t)와 비교하는 방식을 취하게 된다.

사용자가 해석 방법론에 익숙하지 않더라도 상용 프로그램 사용에는 전혀 지장이 없다. 다만, 방법론에 대한 이해는 이론적 배경지식이 요구되는 입력들과 출력들의 이유를 이해하는데 도움이 된다. Monte Carlo 방법을 사용하면 해석마다 결과가 조금씩 다르며, 시간에 따른 가용도가 매끄럽지 않게 나오기도 한다.

3. 4.3 생산가용도

생산가용도(Production Availability)는 다음과 같이 정의된다.

$$\text{생산가용도} = \frac{\text{실제적인 생산량}}{\text{이상적인 생산량}} \tag{3-34}$$

종종 생산가용도와 시스템의 가용도를 혼동하여 사용하는 경우가 있다. 아래 그림에서 볼 수 있듯이 신뢰도, 가용도 등과 생산가용도는 차이가 있다. 생산가용도는 단순히 시스템의 운전, 고장, 유지 보수만을 고려하는 것이 아니고 이에 더하여 해양플랜트의 운전 방법까지 함께 고려된 개념이다. 생산가용도는 생산성을 평가하는 신뢰성 지표로서, 모든 이해 당사자에게 가장 중요한 성능 지표 중의 하나이다. 해양플랜트에서 생산가용도는 발주처와 공사 수행사간의 중요한 계약 관리 지표가 된다.

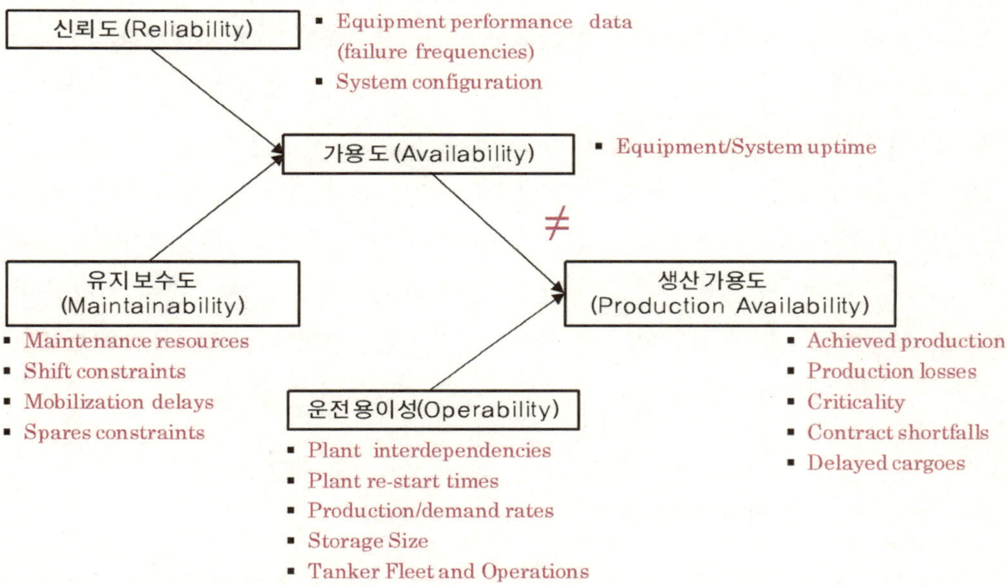

그림 3-9 생산가용도 개념

이상적인 상황에 비해서 100% 생산이 되지 않을 사건을 예로 들면 다음과 같다.

1) 공정 장비의 고장 및 수리
2) 유틸리티 설비의 고장 및 수리
3) 안전시스템의 고장 및 수리
4) 예방 정비 및 안전시스템 성능 검사를 위한 정기적인 운전 중지
5) 시간에 따른 유입 흐름의 감소(예: 유전 압력의 감소, 물 성분의 증가)
6) 수리의 지연(부품 조달 지연, 수리 인력 부족 등)
7) 대형 중대 사고(화재, 폭발)

통상적인 생산가용도 추산은 처음 네 가지 항목만을 고려한다. 유틸리티들을 신뢰도가 아주 높은 시스템으로 간주하여 무시하기도 한다. 실제로 유틸리티들의 가용도가 상당히 낮은 경우가 많으므로, 생산가용도 추산에 유틸리티들을 반드시 포함시켜야 한다. 안전시스템이 고장 난 경우, 안전이 보장되지 않으므로 대부분 생산이 중지된다. 예를 들어, 가스/화재 감지 시스템이 고장 나게 되면, 생산은 중지되어야 한다.

나머지 항목들의 수학적 계산에는 어려움이 없다. 정기적인 운전 중지(항목 4)는 대개 연간 일수가 정해져 있으므로 고려에 어려움이 없다. 특히, 해양플랜트에서 설치되는 대형 설비들은 연차별 정기적인 보수 계획을 가지고 있다.

유입 흐름의 감소(항목 5)는 구해진 가용도에 곱하면 된다. 수리 지연은 대개 무시된다. 물론, 정확한 정보가 있다면 수리 시간에 더해준다. 대형 중대 사고는 생산에 장기적인 중지를 의미하므로, 생산가용도보다 위험도 관리 측면에서 고려하는 것이 적당하다.

생산을 저해하는 이러한 사건에도 불구하고, 운전자들은 생산가용도를 최대한으로 상승시키고자 노력한다. 이러한 노력들은 크게 2가지로 나누어진다.

- 사건 발생시 가용도를 최대화시키는 운전 시나리오 선택
- 사건 처리를 위한 유지 및 보수 우선 순위 결정

첫 번째 노력의 한 예를 들면, 전원이 부족할 때(가스터빈 발전기 고장이나 변전 시설의 부분 고장 등으로), 어느 단위 장치부터 정지시킬 것인가를 선택해야 한다. 특정 단위 공정(예: 가스 재주입 공정)을 모두 정지시킬 수도 있고, 특정 단위 공정 중 일부 장치만(예: 가스 재주입 공정의 압축기 3대중 2대)을 정지시킬 수도 있다. 따라서, 고장이냐 정상이냐를 따지는 앞 절의 가용도와 달리, 생산가용도는 부분 부하(Part Load)를 고려해야 한다.

두 번째 노력은 확보하고 있는 유지 보수 인력이나 자원이 한정되어 있기 때문에 발생한다. 여러 단위 장치가 고장났을 때, 어느 장치부터 고치는 것이 생산가용도를 최대화시키는지 결정해야 한다.

해양플랜트의 생산가용도를 해석적으로 구하는 것은 불가능하며, 상용 프로그램을 사용한다. 즉, 기본적인 장비가 수백 개 이상이고, 여기에 몇 가지 운전 또는 유지보수 시나리오를 결합하면 해석적 해석이 불가능할 정도로 많은 경우의 수가 나온다. 이에 따라 확률론적 접근(Stochastic Approach) 방법이 사용된다. 대표적인으로 몬테카를로 모사(Monte Carlo Simulation)와 페트리네트(Petri-net) 방법이 사용된다.

상용 프로그램마다 지원하는 수준이 약간씩 다르다. 단위 장치의 고장과 수리를 고려하는 생산가용도 추산은 대부분의 프로그램에서 지원한다. 운전 시나리오 선택과 유지/보수 우선 순위는 실제 운전에서도 중요한 역할을 수행하므로 발주처로부터 정보를 공급받아야 한다.

3.5 안전무결도(SIL)

3.5.1 전기전자 안전시스템

전기전자 방식의 안전시스템은 항상 작동 오류의 가능성을 안고 있으므로 신뢰도가 중요한 성능 지표가 된다. IEC 61508은 전기전자 안전시스템에 대한 신뢰도를 안전무결도(SIL: Safety Integrity Level)로써 정의한다. 이 표준은 전기전자 안전시스템의 신뢰도를 안전 전과정(Safety Life Cycle) 측면에서 규정한다. 공정 분야에 대해서는 IEC 61511이 별도로 나와 있다. 대개 표준이 그렇듯이 IEC 61508/61511 또한 단박에 이해하기 어렵다. 이 표준들에 익숙하지 않는 독자들에게 참고 문헌 [Smith & Simpson, 2004]를 추천한다.

원유 및 가스 산업에서는 다양한 전기전자 안전시스템들이 설치된다. 예를 들면 다음과 같다.

- 화재 및 가스 감지 시스템(F&G System)
- 비상정지시스템(ESD System)
- 공정 정지 시스템(PSD System)
- 비상 감압 시스템(EDP System)

장치 수준에서 비상정지시스템(PSD)은 여러 가지를 의미한다. 분리기를 예로 들면, 다음과 같은 안전시스템이 장착될 수 있다.

- 수위가 너무 높을 때, 유체 입구 차단
- 압력이 너무 높을 때, 유체 입구 차단

• 수위가 너무 낮을 때, 액체 출구 쪽 펌프 라인 차단

평상시에 작동하는 기본공정제어시스템(Basic Process Control System, BPCS)은 안전시스템으로 간주되지 않는다.

안전무결도(SIL: Safety Integrity Level)는 전기전자 안전시스템에만 적용된다. 전기전자 안전시스템들은 대개 다음과 같이 3가지 요소로 구성된다.

감지자(Sensor) — 논리연산자(Logic Solver) — 실행자(Final Element)

1) **감지자** (Sensing Element)

• 위험요소의 감지(가스, 화염, 온도, 압력, 수위)
• 대개 트랜스미터나 감지기 종류

2) **논리 연산자**(Logic Solver)

• 감지자의 결과로부터 위험 영역인지 판단
• 실행자에 실행 여부의 신호 전달
• 대개 PLC(Programmable Logical Controller)

3) **실행자**(Final Element)

• 시스템의 일부를 개폐하거나 다른 시스템으로 신호 전달
• 대개 차단 또는 배출 밸브류

경우에 따라서는 감지자나 실행자가 없다. 이 경우에는 운전자나 다른 안전시스템들이 그 역할을 대신한다.

3.5.2 안전무결도 정의

IEC 61508은 안전시스템의 신뢰도를 결정해 두었는데, 이를 안전무결도(Safety Integrity Level, SIL)라고 한다. 다음 표를 참조한다.

표 3-1 IEC 61508에서 SIL의 정의

Safety Integrity Level	High demand rate (Dangerous failures/hr)	Low demand rate (PFD, Probability of Failure on demand)
4	$\geq 10^{-9}$ to $< 10^{-8}$	$\geq 10^{-5}$ to $< 10^{-4}$
3	$\geq 10^{-8}$ to $< 10^{-7}$	$\geq 10^{-4}$ to $< 10^{-3}$
2	$\geq 10^{-7}$ to $< 10^{-6}$	$\geq 10^{-3}$ to $< 10^{-2}$
1	$\geq 10^{-6}$ to $< 10^{-5}$	$\geq 10^{-2}$ to $< 10^{-1}$

다음과 같은 사항에 주목한다.

- 안전시스템의 신뢰도에 따라 SIL을 4단계로 구분한다.
- 안전시스템의 요구되는 작동 빈도(연간 1~2회)에 따라 상시적 작동 시스템과 간헐적 작동 시스템(High & Low Demand System)의 2종류로 나눈다.
- 간헐적 작동 시스템(Low Demand System)의 SIL은 PFD(작동이 요구될 때, 안전시스템이 작동하지 않을 확률)로 SIL을 나눈다.
- 상시적 작동 시스템(High Demand System)의 SIL은 시간당 고장 빈도로 SIL을 결정한다.
- 신뢰도가 너무 높거나 낮은 경우, SIL을 정의하지 않는다. 간헐적 작동 시스템의 경우, PFD가 0.1(10^{-1}) 이상이면(고장률이 너무 높으면) SIL을 부여하지 않는다. 반대로, PFD가 10^{-5} 이하이면(고장률이 너무 낮으면) SIL을 부여하지 않는다. 즉, 현재 기술로 달성이 불가능하거나 무시할만한 위험도를 규정한 셈이다.

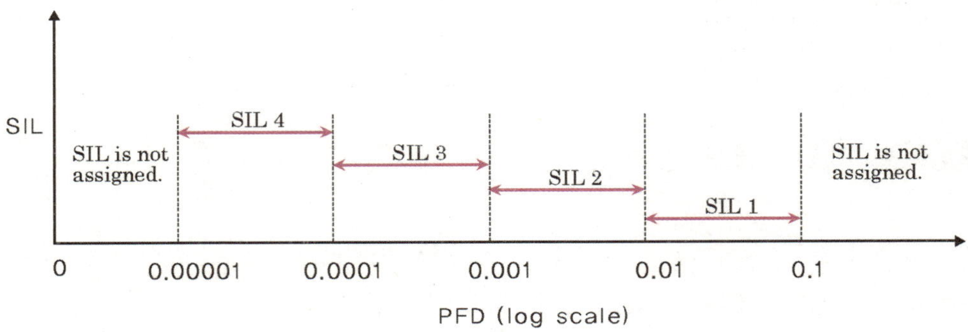

그림 3-10 PFD에 따른 안전무결도의 영역

두 번째 주의 사항은 약간 애매하다. 현실적으로 안전시스템은 항시 작동하거나 연간 1~2회 작동하는 시스템으로 이분된다. 연간 10~20회 작동하는 안전시스템은 개념적으로는 가능하지만 현실적으로는 흔하지 않다. 하지만, '연간 1~2회 작동'이 엄밀한 정의는 되지 못한다. 많은 사람들이 성능시험주기(Functional Test Period)보다 긴 주기로 작동하는 시스템을 간헐적 작동 시스템으로 규정해야 한다고 생각한다. 예를 들어, 가스 감지 시스템이 일년에 1회 성능 실험을 하는데, 작동하는 회수는 2~3년에 1회이므로, 간헐적 작동 시스템으로 분류해야 한다.

상시적 작동 시스템의 연간 고장 확률을 환산하면, 간헐적 작동 시스템의 PFD와 유사하다. 1년이 8760 시간이므로, SIL 1인 상시적 작동 시스템의 연간 작동 확률은 0.008 ~0.08/yr이 된다. 간헐적 작동 시스템의 작동 회수가 연간 1회 정도이면, 두 시스템의 고장 속도는 비슷한 셈이다.

다음 절에 보인 바와 같이, 대부분은 안전시스템의 구성 요소들의 고장률이 10^{-3} 내지 10^{-2} 이다. 대부분의 안전시스템이 3개 요소(감지자, 논리연산자, 실행자)로 구성되므로 SIL 2 수준이 된다. SIL 3를 달성하기 위해서는 병렬 연결이 불가피하며, 이는 장치의 증가를 의미한다. 달리 말하자면, SIL 2와 SIL 3 사이에는 장치 개수(궁극적으로는 비용과 설치 면적)에서 2~3배 차이가 나게 된다.

3.5.3 간단한 시스템의 안전무결도

안전시스템의 안전무결도, 즉 PFD를 계산해 보자. PFD(Probability of Failure on Demand)는 말 그대로 작동해야할 상황에서 작동하지 않을 조건부 확률이며, 안전시스템의 평균적 비가용도(Unavailability)를 의미한다. 평균적 비가용도는 시간에 대한 함수인데, 안전시스템에서 관심 있는 것은 성능시험주기 내의 평균값이다.

$$PFD = \frac{1}{\tau}\int_0^{\tau} UA(t)dt = 1 - \frac{1}{\tau}\int_0^{\tau} A(t)dt \qquad (3\text{-}35)$$

UA(t): 시간 t에서 비가용도

$A(t)$: 시간 t에서 가용도

τ: 성능시험주기

구성 요소가 1개이며 지수 함수 고장 모델을 따르면 다음과 같이 간략화된다.

$$\text{PFD of 1oo1} = 1 - \frac{1}{\lambda\tau}(1 - e^{-\lambda\tau}) \approx \frac{\lambda\tau}{2} \tag{3-36}$$

이 식의 의미는 안전시스템이 작동하지 않을 확률(PFD)이 고장률뿐만 아니라, 성능시험주기에도 비례함을 의미한다. 따라서, PFD를 줄이는 한 방법은 성능시험주기를 단축하는 것이다. 물론, 현장 운전자들은 선호하지 않은 대책이다.

구성 요소가 병렬 연결된 경우에는 PFD는 급속히 감소하여 신뢰도가 상승한다. 예를 들어, 2oo3의 PFD는 다음과 같다.

$$\text{PFD of 2oo3} = 1 - \frac{3}{2\lambda\tau}(1 - e^{-2\lambda\tau}) + \frac{2}{3\lambda\tau}(1 - e^{-3\lambda\tau}) \approx (\lambda\tau)^2 \tag{3-37}$$

대표적인 안전시스템의 PFD값을 가늠해보자. 요소의 고장률과 이에 대한 PFD를 나타내보면 다음 표와 같다. 고장률과 PFD는 최대/최소로 나타내었다. 성능시험주기는 통상적인 값으로 선정하였다.

표 3-2 구성 요소의 고장률과 PFD

Component	Test Interval, Month	Failure Rate per 10^6 hr		PFD	
		Max	Min	Max	Min
Transmitter for Pressure, Level and Temperature	12	0.6	0.3	2.63E-03	1.31E-03
Detectors for Gas, Flame, Heat, and Smoke	6	1.8	0.5	3.94E-03	1.10E-03
Logic Solver(PLC)	12	5	1	2.19E-02	4.38E-03
Valve for ESD & EDP including Actuator & Solenoid Valves	12	2.9	1.5	1.27E-02	6.57E-03

다음과 같이 5개 안전시스템에 대한 PFD와 SIL을 산출해 보자

1) Segregation

- 논리 연산자(Logic Solver, 대개 PLC)에 ESD 명령이 입력된다.
- 논리 연산자는 입출구에 설치된 3개의 밸브(입구, 기상 출구, 액체상 출구)를 모두 닫는다.

2) PSD(PAHH, LAHH or LALL)

- 압력 또는 수위가 위험 수준에 다다르면 트랜스미터가 신호를 발생한다.
- 이 신호는 논리 연산자에 입력된다.
- 논리 연산자는 입구 또는 출구에 설치된 1개의 밸브를 닫는다.

3) One-Valve ESD

- 논리 연산자에 ESD 명령이 입력된다.
- 논리 연산자는 하나의 ESDV를 닫는다.

4) One-Valve EDP

- 논리 연산자(Logic Solver, 대개 PLC)에 ESD 명령이 입력된다.
- 논리 연산자는 BDV를 닫는다.

5) F&G Detection

- 감지기가 가스나 화재를 감지한다.
- 논리 연산자가 가스나 화재임을 판단한다.

다음 표는 위의 표에서 사용된 PFD값과 앞서 설명한 구성을 바탕으로 PFD와 SIL을 산출해 본 것이다.

표 3-3 안전 기능별 PFD 추정치(예)

Safety Function	Component	PFD	
		Max	Min
Segregation	Logic Solver ESDV for Inlet ESDV for Liquid Outlet ESDV for Gas Outlet Total SIL	2.19E-02 1.27E-02 1.27E-02 1.27E-02 6.00E-02 2	4.38E-03 6.57E-03 6.57E-03 6.57E-03 2.41E-02 2
PSD(PAHH, LAHH or LALL)	Transmitter Logic Solver ESDV Total SIL	2.63E-03 2.19E-02 1.27E-02 3.72E-02 2	1.31E-03 4.38E-03 6.57E-03 1.23E-02 2
One-Valve ESD	Logic Solver ESDV Total SIL	2.19E-02 1.27E-02 3.46E-02 2	4.38E-03 6.57E-03 1.10E-02 2
One-Valve EDP	Logic Solver BDV Total SIL	2.19E-02 1.27E-02 3.46E-02 2	4.38E-03 6.57E-03 1.10E-02 2
F&G Detection	Detector Logic Solver Total SIL	3.94E-03 2.19E-02 2.58E-02 2	1.10E-03 4.38E-03 5.48E-03 2

대부분의 시스템이 SIL 2를 만족하는데, SIL 3을 달성하기에는 어렵다. 예를 들어, 논리 연산자만 하더라도 그 자체가 SIL 2 수준이다. 대부분의 안전시스템들이 논리 연산자를 기본적으로 포함하므로, SIL 2를 초과하는 사양을 구성하기 위해서는 특별한 사양의 PLC가 필요하다.

본 절에서 정리 하였듯이 시스템의 SIL은 PFD값과 밀접한 관계를 가진다. 이에 따라 해양플랜트 설계시 시스템의 PFD 결과에 따라 SIL을 평가한다. 하지만, 아래 그림과 같이 시스템의 안전무결도는 단순히 PFD값만으로 결정되는 것이 아니며 구조적 제한(Architectural Constraints), 시스템 무결성(Systematic Integrity), 소프트웨어 안전무결성(Software Safety Integrity) 등도 함께 고려되어야 한다.

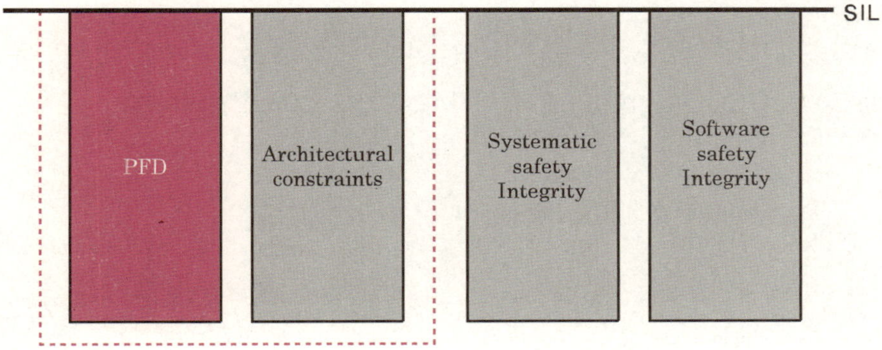

그림 3-11 SIL의 구성 요소

3.5.4 안전무결도 결정

안전무결도는 안전무결도 회의(SIL Allocation Workshop 또는 SIL Assignment Workshop)을 개최하여 결정된다. 안전무결도 회의는 대개 계약 행위 이후에 이루어지므로, 시행사에는 큰 부담이 된다. 따라서, 다음 사항을 염두에 둔다.

1) 계약 행위 이전에 안전무결도에 대한 사양을 잘 검토한다.
2) 안전무결도 회의에서는 단위 안전시스템 범위(결국은 포함되는 요소의 개수)가 크지 않도록 해야 한다.
3) SIL 3 이상은 달성하기가 매우 어려우므로, 특별한 시스템(HIPP)이 아니면 SIL 3 지정에는 매우 신중한 고려가 필요하다.
4) 성능시험간격(Functional Test Interval)을 줄이면, PFD를 선형적으로 줄일 수 있으므로 이 방안을 검토해 본다.
5) 모든 제품 공급자와 계약시, 신뢰성 관련 정보 제공 의무를 명기한다.

완전 무결도를 정하는 방법은 크게 3가지 정도이다.

1) 위험도 그래프 (Risk Graph)
2) 안전계층법(LOPA: Layer Of Protection Analysis)
3) 정량적 방법

위험도 그래프

위험도 그래프는 위험도가 높을수록 SIL이 높아야 한다는 원칙에 기반을 둔다. 다음은 UKOOA [UKOOA, 1999]에서 제시한 위험도 그래프 방법이다.

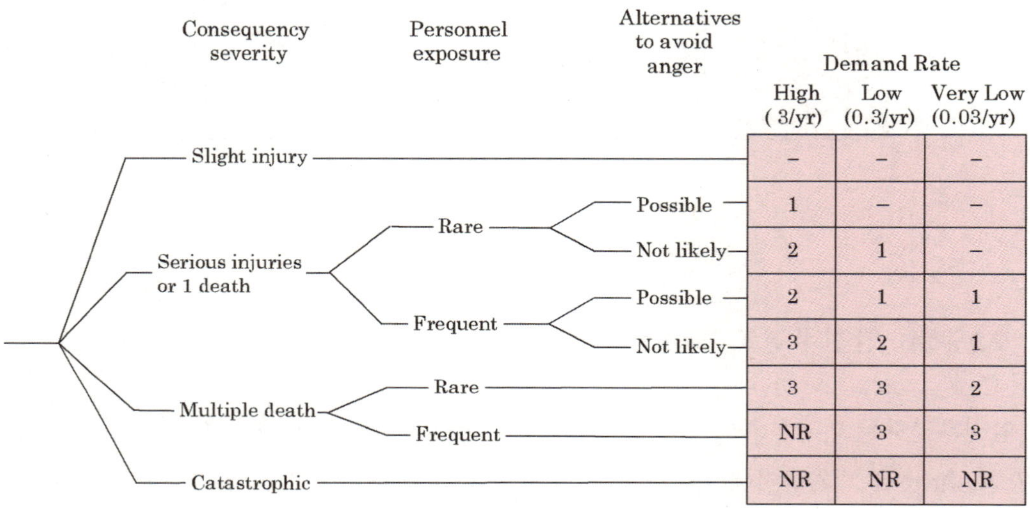

– : No safety features required
NR : Not recommended. Consider alternative.

그림 3-12 UKOOA의 위험도 그래프 방법

이 기준은 발생 빈도(Demand Rate)를 연간 0.3회를 중간 발생 빈도로 선정했다. 발생했을 때 사상자 수, 사람에게 노출되는 정도, 보호 대안 여부 등으로 피해 규모를 세분화했다. 가스송출압축기 주위에 설치되는 화재감지기를 예로 들자. 분사 화재는 방향성이 있으므로 발생시 중상내지 1명 사망 정도(Serious injuries or 1 fatality)가 예상된다. 이 압축기는 전체 운전에 중요해서 운전자들이 자주 점검해야 하는 영역이므로, 노출빈도가 높다(Frequent). 대비한 보호 대안 여부를 따져 보면, 가스감지기와 개인 보호구가 있다. 전자는 가스의 존재를 미리 알려주고, 후자는 화재 속에서 개인이 대피할만한 여유를 제공한다. 따라서, 보호 대안 여부는 가능(Possible)이 적절하다. 분사 화재 발생 빈도는 인명 피해를 일으킬만한 크기의 누출이 발생하는 빈도나 통상적인 화재 사고 발생 빈도를 고려하면 중간 정도(Low 또는 0.3/yr) 정도가 적절하다. 따라서, 화재감지기는 SIL 1이면 된다.

각 의사 결정 갈림길에서 판단이 적절하지 못하면 SIL 2가 되기 싶다. 운전자 입장에서는 높은 SIL을 당연히 선호하기 때문에, 실제로 SIL 회의에서 운전자 측에서 보수적으로 의사 결정을 선호한다.

최근 해양플랜트의 SIL 결정을 위해 사용되는 위험도 그래프는 그림 3-12에 정리된 것보다 그림 3-13과 같이 IEC에 제시된 위험도 그래프가 널리 사용된다. IEC의 위험도 그래프 역시 원리면에서는 UKOOA의 위험도 그래프와 유사하다.

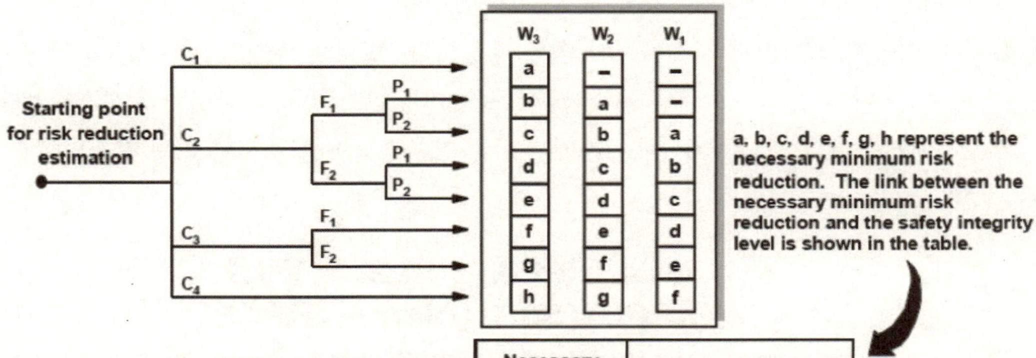

C = Consequence risk parameter
F = Frequency and exposure time risk parameter
P = Possibility of avoiding hazard risk parameter
W = Probability of the unwanted occurrence
a, b, c ... h = Estimates of the required risk reduction for the SRSs

Necessary minimum risk reduction	Safety integrity level
–	No safety requirements
a	No special safety requirements
b, c	1
d	2
e, f	3
g	4
h	An E/E/PE SRS is not sufficient

그림 3-13 IEC의 위험도 그래프 방법

안전계층법(LOPA : Layer Of Protection Analysis)

그림 3-14과 같이, 사고 예방 및 사고 발생시 피해를 최소화하기 위해 해양플랜트는 다중의 보호계층(Protection Layer)을 가지고 있다. 또한 이들 보호계층들은 서로 독립적으로 작동해야 하므로 이를 독립적 보호계층(Independent Protection Layer, IPL)이라 한다. 안전계층법은 그림 3-14과 같이 계층에 따라 위험도가 줄어드는 원리를 이용한다. 위험요소는 각 계층을 통과할 때마다 위험도(발생 빈도 또는 피해 규모)가 줄어든다.

계층을 배치할 때, 수동적 시스템을 앞에, 전기전자 안전시스템을 나중에 두어야 한다. 수동적 시스템은 수동적 화재 보호, 방화벽, 방폭벽 등을 포함하며, 신뢰도와 유지보수 측면에서 전기전자 시스템보다 훨씬 우월하다. 방화벽이 작동할지 걱정하지 않아도 되며, 특별한 경우가 아니면 보수할 필요도 없다. 앞 계층에서 줄이지 못한 위험도를 목표 위험도 이하로 낮추기 위해 전기전자 안전시스템의 안전무결도가 결정된다.

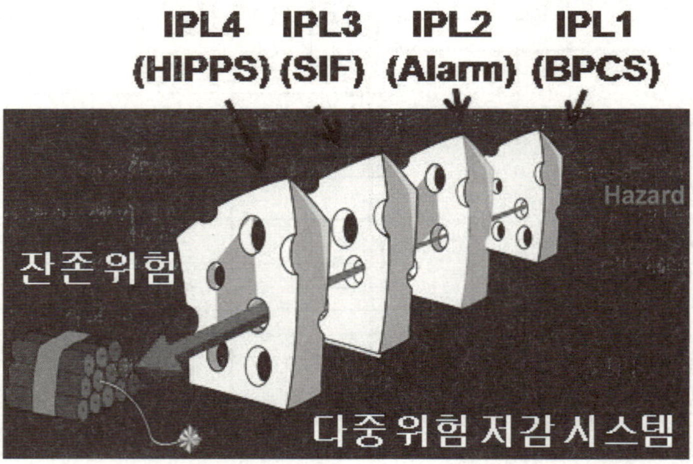

그림 3-14 LOPA 개념도

QRA(Quantitative Risk Assessment)를 통한 방법

모든 안전시스템은 적절성 여부는 QRA를 통해 검증된다. 적어도 원칙적으로는 그렇다. QRA를 통하여 안전시스템들이 실행 가능한 위험도 최소화(ALARP) 원칙을 만족했는지를 검증해야 한다. 실제적으로는 검증하는데 다음과 같은 어려움이 있다.

1) 개개 안전시스템이 전체 위험도에 미치는 영향을 파악하기 힘들다.

QRA는 다수 위험요소 발현과 안전시스템의 대응을 시나리오에 따라 분석한다. 이 분석은 많은 양의 업무를 수반하므로, 개개 안전시스템의 상세 사양을 정확히 고려하기보다는 통상적인 가정을 도입한다. 예를 들어, '누출 가스가 감지되는데 걸리는 시간은 30초'로 가정한다. 하지만, 가스 감지에 소요되는 시간은 누출의 크기, 바람의 방향, 가스 감지기의 위치, 감지기의 민감도 등에 의존한다. 이론적으로는 자세한 상황을 고려하는 것이 가능하지만, 대부분 QRA는 그렇게 수행되지 않는다. 게다가, 발주사나 시행사의 강력한 기술적 의사 표현 없이, QRA 수행 주체(제 3자인 엔지니어링사)가 그런 성의까지 보일 동기도 없다.

2) 다른 안전시스템과의 우선 순위를 맞추기 어렵다.

안전시스템을 보강할 필요가 대두될 때, 어떤 안전시스템을 증가시켜야 하는지 판단하기가 쉽지 않다. QRA 결과, 개인 위험도가 상당히 높고 화재가 가장 큰 원인이다는 것까지는 유추하기 쉽다. 화재에 의한 개인위험도를 줄이기 위해, 여러 가지 화재 보호 시스템 중에서 어떤 것을 강화시켜야 하는지는 복잡한 문제가 된다. 특정 화재 보호 시스템을 증가시킨 후 QRA를 수행하여 개인 위험도가 충분히 낮아 졌는지, 가장 효율적인 화재 보호 시스템은 어떤 것인지 파악해야 한다.

3) 실행 가능한 설계의 채택 여부를 판단하기 어렵다.

QRA 결과가 실행 가능한 위험도 최소화(ALARP) 원칙을 만족했는지 자체를 검증하기가 쉽지 않다. 개인 위험도가 일단 ALARP 영역에 들어가면, 논쟁의 대상이 된다. 기본 설계가 통상적인 규정 기반 설계를 만족하기 때문에 실행 가능한 여부의 조건은 만족된 셈이며, 추가적인 안전시스템 설계가 효율적인지 여부의 문제가 된다. 위에서 설명한 바와 같이 효율성 검증이 어렵기 때문에 대개 설계 추가로 결말내기 쉽다.

3.5.5 안전무결도 검증(SIL Verification)

안전무결도 검증은 2가지 의미로 사용된다.

1) 설치된 전기전자 안전시스템에 대한 실제 시험(신호 입출력 포함)
2) 결정된 안전무결도 사양을 안전시스템들이 만족하는지에 대한 계산적 확인

첫 번째 사항은 IEC 61508 7.5와 7.9가 규정하는 사항이다. 실공사에서는 대부분 두 번째 사항을 의미한다. 시행처는 다음과 같은 정보를 모아서 안전무결도를 계산하고 결정된 사양과 만족 여부를 확인한다.

이 작업을 위해서 필요한 정보는 다음과 같다.

1) 안전시스템의 경계 및 요소(부품)
2) 안전시스템별 안전무결도 설정치
3) 요소별 고장률 정보
4) 기능 시험 주기 (Functional Test Interval)
5) 시스템별 기능 시험에 의해 시스템 고장 진단율
6) 중복 구조(Redundancy) 시스템에서의 β값

정보 1)과 2)는 안전무결도 회의(SIL AllocationWorkshop)에서 이미 결정되어 있다. SIL 확인 단계에서는 단계 3)과 4)에 대한 정보를 수집하여 계산하게 된다. 안전무결도 계산은 PFD(Probability of Failure on Demand) 값을 단순히 추산하는 작업이므로, 이들 정보에 오류가 있다면 피할 수 없는 결과를 낼 뿐이다.

PFD 값은 고장률과 기능 시험 주기에 비례한다. 같은 장치나 부품을 가정하면, 고장률은 이들 장치나 부품의 개수에 비례한다. 안전시스템의 경계를 너무 넓게 잡으면 장치나 부품 개수가 많아지며, 이에 따라 고장률이 높아지고 PFD 값이 크게 된다. 안전시스템의 경계를 적절하게 잡는 방법은 하나의 안전시스템 루프(감지자 — 논리연산자 — 실행자)를 설정하는 것이다. 2개나 3개의 안전시스템 루프를 하나의 안전시스템으로 설정하지 않도록 한다.

장치의 안전무결도?

흔히 안전제어장치의 신뢰도 및 성능을 의미한다. 예를 들어, SIL 2 Pressure Transmitter나 SIL 3 PLC라는 용어를 사용한다. SIL은 안전 기능(예: ESD)에 부여되므로, 엄밀한 의미에서 장치에 안전무결도를 부여하는 것은 틀리다. 하지만 많은 엔지니어들이 이러한 표현을 사용하는데, 2가지를 의미할 가능성이 있다.

1) 언급한 SIL을 갖는 안전 기능에 사용 가능하다.
2) 고장률을 환산하면 언급된 SIL에 해당하는 고장률을 갖는다.

예를 들어, SIL 2 PLC라면 SIL 2 ESD에 사용될 수 있는 PLC라는 의미일 수 있다. 아니면, 시간당 고장 확률이 SIL 2의 고장률($\geq 10^{-7}$ to $< 10^{-6}$)이다는 의미일 수 있다. PLC와 같은 장치에 대해서 TUV와 같은 기관에서 인증을 주기 때문에 [Smith & Simpson, 2004의 10.4절] 혼동이 있는 듯하다. 문서에서는 반드시 피해야 하며, 대화에서도 쓰지 않는 편이 좋다.

3.6 해양플랜트 유지 보수(Maintenance)

3.6.1 신뢰성기반유지보수(RCM) 기법 소개

신뢰성기반유지보수(Reliability-Centered Maintenance, RCM) 기법은 시스템의 고장과 이에 따른 인명, 환경, 자산의 손실을 예방하기 위하여 시스템의 최적 유지보수 방법을 제공하는 기법이다. RCM 기법은 다음과 같은 문제에 대한 해결책 제시한다.

1) RCM 적용이 필요한 주요 대상 시스템 성능과 이와 관련된 기준은 무엇인가?
2) 시스템의 운전 중 발생 가능한 주요 고장들은 무엇인가?
3) 주요 고장 원인은 무엇인가?
4) 주요 고장이 인명, 환경, 자산 등에 미치는 영향은 무엇인가?
5) 고장 발생 시 피해 결과는 어떠한가?
6) 주요 고장을 막기 위한 적절한 방법은 무엇이고 그 주기는 어떻게 결정하는가?
7) 만약 적절한 보수 방법이 없을 경우 대비책은 무엇인가?

위의 7개 항목 중 항목 1)에서 5)까지는 앞서 소개한 FMEA를 통해 해결 가능한 것이다. 즉, RCM은 상당부분 FMEA의 결과를 활용하게 된다. 마지막 두 항목인 6)과 7)에 해당되는 최적 유지 보수 방법 및 주기 결정 단계가 RCM의 고유한 핵심 단계이다. 전 단계에서 파악된 주요 아이템들의 고장 특성에 따라 적절한 유지보수 방법과 주기를 결정하는 단계이다.

적절한 유지보수 방법과 주기를 결정에 아래 그림과 같은 RCM 업무 결정 논리도(RCM Task Decision Logic Diagram)가 사용된다. 업무 결정 논리도를 이용한 해석을 통해 적절한 사전 유지보수 방법이 결정된다.

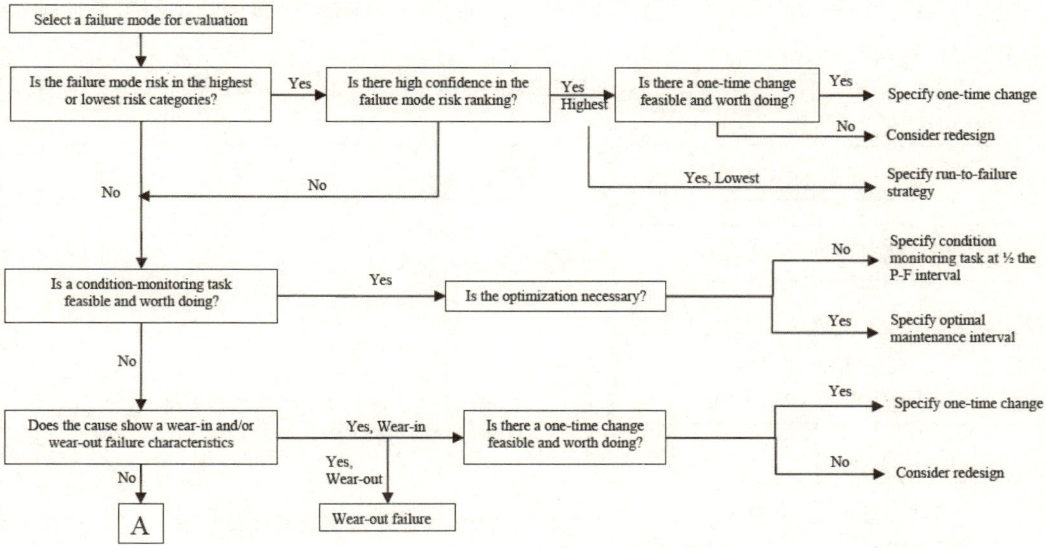

그림 3-15 RCM 업무 결정 논리도

3.6.2 RCM 해석 기법 및 현황 소개

일반적으로 시스템의 유지보수 방법은 계획정비(Preventive/Planned Maintenance)와 사후정비(Corrective Maintenance)로 나뉜다. 사후정비는 대부분 고장으로 인한 피해가 발생한 경우이므로 RCM 해석에서 제시하는 방법에서 제외된다. 즉, RCM은 기본적으로 예방 및 계획정비에 의한 시스템의 유지 보수 방법을 제공한다.

RCM 해석 방법은 대상 시스템에 따라 각 수행 방법이 달라진다. 최초로 항공기 산업에 적용된 RCM 해석 기술은 이후 다양한 분야에 적용되고 있다. 주요 적용 사례를 정리하면 다음과 같다.

1) **항공기**: 1978년 미 국방부에 의해 RCM 기법이 개발된 후 군용기는 물론 민간 항공기에도 성공적으로 적용되고 있다. MIL-STD-2173(AS), NAVAIR 00-25-403 등이 이와 관련된 대표적인 기준서이다.
2) **원자력발전소**: 현재 전기 생산을 목적으로 운전되는 원자력발전소 중 400개 이상이 시스템의 안전성과 신뢰성 향상을 위해 RCM 기법을 이용하고 있다. OMF(Optimisation de la Maintenance par la Fiabilité) at EDF(France)와 Nuclear Regulatory Commission(NRC, 미국)에서 RCM 기법의 사용을 의무화하고 있다.

위에서 언급한 두 분야는 그 동안 많은 자료의 축적과 적용을 통해 RCM 기법의 적용이 상당 부분 정형화 되어있다.

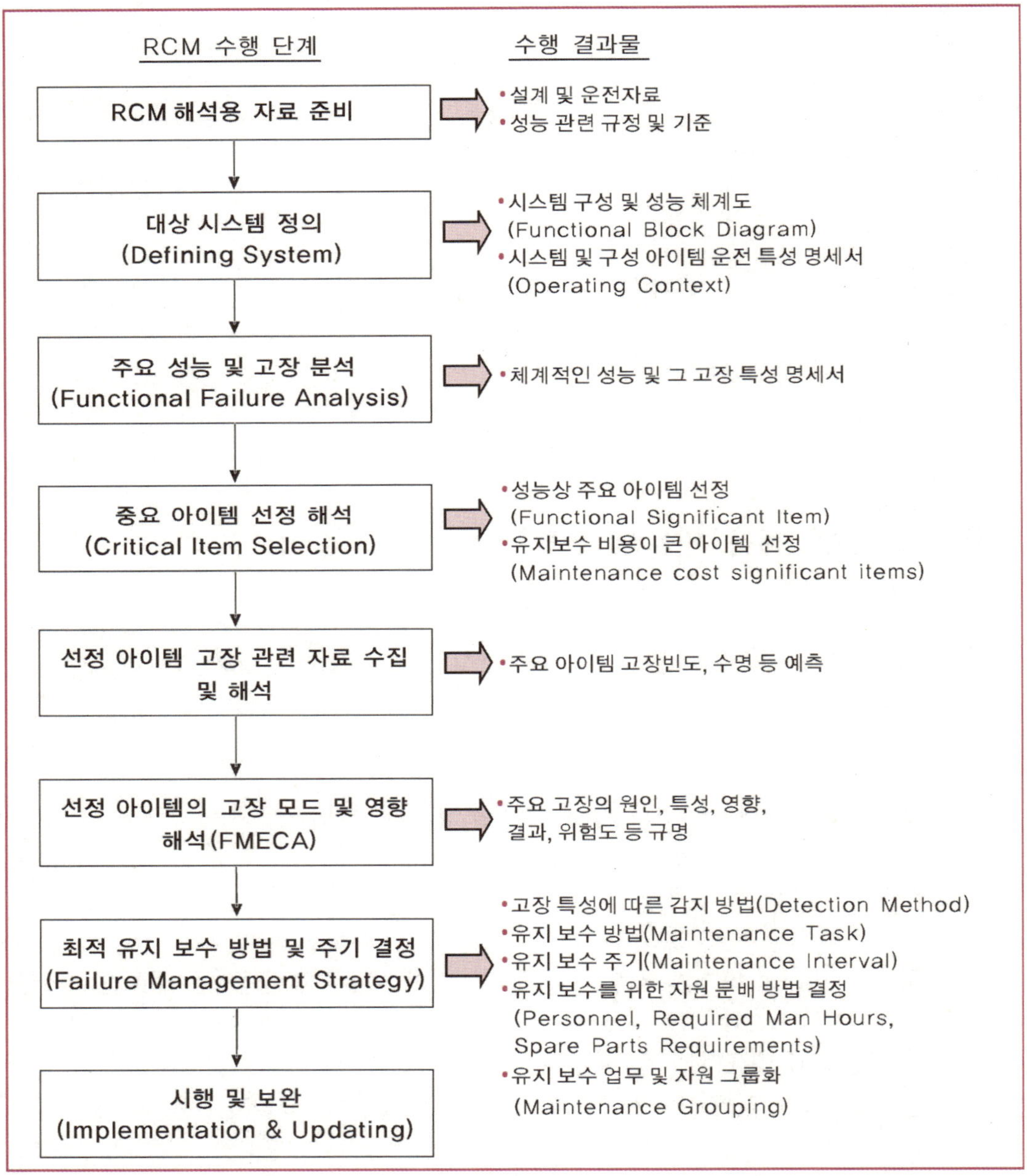

그림 3-16 RCM 수행 절차와 결과물

일반적인 RCM 각 수행 단계와 그 결과물을 정리하면 그림 3-16과 같다. RCM 수행의 첫 단계인 해석 자료 준비부터 세 번째 단계인 주요 성능 및 고장 분석 과정은 기존의 HAZID, HAZOP, FMEA 등에서 고장 또는 위험요소 파악에 공통적으로 사용되는 기법이다.

중요 아이템 선정은 위에서 파악된 시스템의 고장과 밀접한 연관이 있는 부품 또는 장치를 선정하는 단계이다. 중요 아이템 선정 해석에 사용되는 기법들은 설계단계에서 시스템의 고장에 가장 큰 영향을 줄 수 있는 아이템 또는 유지보수가 우선적으로 필요한 아이템 선정 등에 이용될 수 있다. 따라서 이 해석 기술은 시스템의 개념 및 기본설계 단계에서 설계 최적화에 적용 가능하다. 선정된 중요 아이템에 대해서는 고장률 등 신뢰성 자료의 수집 및 해석이 필요하다. 선정된 중요 아이템에 대해서 그 고장형태, 원인, 영향, 고장 특성 등을 파악하는 FME(C)A를 수행한다.

최적 유지 보수 방법 및 주기 결정 단계는 RCM의 핵심 단계이다. 전 단계에서 파악된 주요 아이템들의 고장 특성에 따라 적절한 유지 보수 방법과 주기를 결정하는 단계이다. 이때 사용되는 기법이 RCM 업무 결정 논리도(RCM Task Decision Logic Diagram)이다. 업무 결정 논리도를 이용한 해석에서 "수행 가능성"과 "경제성 평가"를 거쳐 적절한 유지 보수 방법이 결정된다. 마지막 단계는 작성된 RCM 프로그램을 수행하면서 지속적인 보완을 하는 단계이다.

위에서 검토한 바와 같이 RCM 기법은 기존의 정성적 위험성 해석기술, 확률적 시스템 신뢰성 해석기술, 통계학적 자료 처리 기술, 경제성 평가 기술 등의 다양한 기술요소들이 복합적으로 필요하다. 각각의 기술요소만으로도 시스템의 위험성, 안전성, 경제성 해석에 적용 가능한 특징이 있다. 또한 특정 한 두 전문가 집단의 노력만으로도 훌륭한 결과를 얻기 힘들며 관련된 다양한 집단의 기술과 노력이 필요한 분야이다.

3.6.3 조건기반유지보수(CBM) 소개 및 현황

조건기반유지보수(Condition-Based Maintenance, CBM)은 다음 그림과 같이 대상 시스템의 성능을 기존 운전 자료와 신뢰성 기법을 이용해 예측을 한 후 운전 중 수집된 시스템의 성능을 분석하여 적절한 유지보수 방안을 결정하게 된다. 즉, 크게 3 단계의 절차로 구성된다.

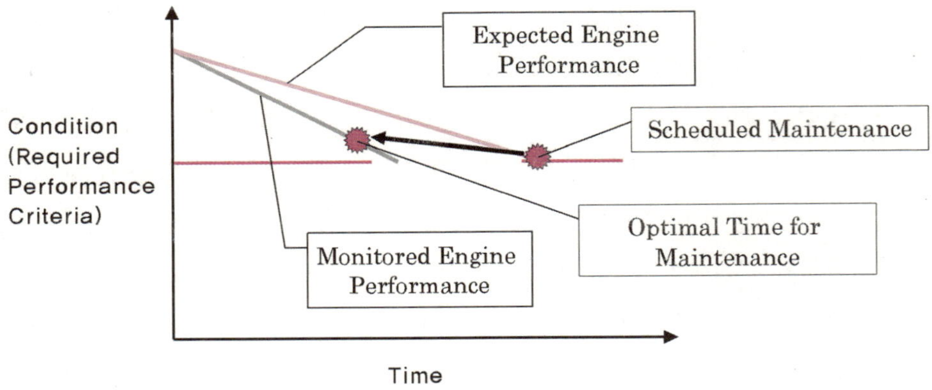

그림 3-17 CBM 운전 개념도

1) 운전 중 시스템의 주요 운전 인자의 거동 변화를 측정, 수집, 해석
2) 시스템의 주요 고장에 이르는 시간 등을 예측(수명주기 예측)
3) 심각한 고장이 발생하기 전 적절한 유지 보수 수행

CBM을 위해 수집되는 자료는 대상 시스템의 운전 특성, 수집의 용이성, 시스템의 고장과의 연관성 등에 의해 결정된다. 엔진의 경우 보통 다음과 같은 자료들이 수집 대상이 된다.

- 진동 자료(Vibration Data)
- 음향 자료(Acoustic Data)
- 오일 분석 자료(Oil Analysis Data)
- 온도, 압력, 습도 자료
- 배출 자료(Emission Data)

다음 단계는 수집된 자료 해석이다. 자료 해석은 이론적으로 수집된 자료 중 오차를 생기게 할 수 있는 자료를 제거하는 단계와 이를 해석하는 두 단계로 구성된다. 자료 해석을 통해 대상 시스템의(잔여)수명을 예측한다.

- 자료 정리(Data Cleaning): 무결점(Error-Free) 자료 수집
- 자료 해석(Data Analysis): 수명 예측(Lifetime Prediction)

CBM의 마지막 단계는 자료 해석을 통해 얻은 결과를 통해 적절한 유지보수 방안을 결

정하는 것이다. 즉, 해석된 자료와 기준 자료와의 비교 등을 통해 유지보수가 필요 유무를 결정한다. 고장형태에 따라 필요한 유지보수 방안 결정은 RCM 해석 결과에 의존한다.

3.7 신뢰도와 전과정 비용 평가

3.7.1 전과정의 평가

부분적인 비교 평가는 잘못된 결론에 도달하기 쉽다. 바이오 연료와 화석 연료를 이산화탄소 배출 측면에서 비교해 보자. 생체 연료는 대기 중의 이산화탄소를 원료로 만들어지고 이를 배출하는 반면, 화석 연료는 고정화된 이산화탄소를 배출시킨다. 따라서, 화석 연료가 훨씬 많은 이산화탄소를 배출한다. 과연, 그럴까? 생체 연료 물질을 재배하기 위해서는 각종 농기구를 작동시켜야 하며, 많은 비료를 주어야 한다. 또한, 원료 물질을 생체 디젤로 바꾸기 위해서는 에너지를 소모하는 공정이 필요하다. 이러한 것들은 결국은 화석 연료에 의존한다. 두 물질의 이산화탄소 배출 수준이 애초에 생각한 것보다 상당히 줄어든다.

많은 제품 공급자들이 자사 제품의 우월성을 증명하기 위하여 부분적인 비교 평가에 의한 오류를 의도적으로 이용한다. 다음은 전형적인 방법들이다.

1) 부분적인 설치 비용만 고려
2) 부분적인 운전 비용만 고려
3) 운전 비용에서 유지 보수 비용의 제외
4) 운전 용이성 무시
5) 시스템이 영향을 미치는 영역의 제한

특히, 3)~5)는 감지하기 어려운 오류이다. 신뢰도가 낮아 고장이 잦다면 그만큼 유지 보수 비용이 증가하게 된다. 또한, 개시 운전에 많은 시간과 에너지가 소비되든지, 비상 상황에 대처하기 위하여 많은 추가 설비가 필요하다면 추가적인 비용 증가를 유발한다. 영향을 미치는 영역은 시스템에 대한 전체적인 감각이 없으면, 간과하기 쉽다.

부분적인 비교에 의한 오류를 방지하기 위해서는 전과정 측면에서 비교해야 한다. 일반적으로 전과정은 제품이 생산되는 시점에서 폐기되는 시점까지를 의미한다. 포괄적인 의미의 전과정은 사용자 관점에서 너무 복잡한 경우가 많다. 사용자 측면에서는 제품이 자신의 관리 영역으로 유입되는 시점에서 시작하여 벗어나는 시점까지로 정의하는 것이 유용하다.

3.7.2 전과정 비용의 구성 요소

산업에 따라서 전과정 비용 요소는 다양하게 정의된다. 원유 및 가스 산업에서 전과정 비용은 다음과 같이 3가지 비용의 합으로 정의하는 것이 타당하다[NORSOK O-CR-001].

$$LCC = CAPEX + OPEX + P_{Loss} \qquad (3-38)$$

LCC: 전과정 비용
CAPEX(Capital Expenditure): 초기 투자 비용
OPEX(Operating Expenditure): 운전 비용
P_{Loss} (Production Loss): 생산 손실 비용

각 비용 요소는 다음과 같이 세부 항목으로 이루어진다. 각 비용 요소는 다시 하부 항목으로 세분화된다.

1) 초기 투자 비용

가) 장비 구입비(Equipment Purchase Cost)
나) 설치 비용(Installation Cost)
다) 인수 비용(Commissioning Cost)
라) 보험 비용(Insurance spares Cost)

2) 운전 비용

가) 에너지 소모 비용(Energy Consumption Cost)

나) 사후 정비 재료비 및 인건비(Corrective Maintenance Spare Parts Cost & Manhour Cost)

다) 예방 정비 재료비 및 인건비(Preventive Maintenance Spare Parts Cost & Manhour Cost)

라) 부품 조달 비용(Logistic Cost)

3) 생산 손실 비용

치명적인 고장이 발생하면 생산이 중단되어 수익이 감소한다. 생산 손실 비용은 이러한 수익 감소를 반영한다. 7.3.3절에서 정의한 생산가용도를 이용하면 다음과 같다.

$$\text{연간 생산 손실 비용} = (1 - A_P) \cdot M \cdot R \tag{3-39}$$

A_P : 비가용도 AC = 1 - A_P

M : 완전 시스템(A_P = 1)의 연간 생산량(ton/yr)

R: 단위 중량당 생산물의 수익(Won/ton)

생산물의 수익은 생산물의 판매로 인한 수익에서 제반 비용(운전비용 및 세금)을 제외해야 한다.

전과정 비용에 바탕을 둔 정책 결정은 전과정 비용 추산시 수반되는 불확실성을 고려해야 한다. 설계 대안 A가 설계 대안 B보다 우월하다고 판정하기 위해서는 다음 관계를 만족해야 한다.

$$LCC_A + \sigma_A < LCC_B - \sigma_B \tag{3-40}$$

즉, 불확실성을 고려한 설계 대안 A의 최대 비용이 불확실성을 고려한 설계 대안 B의 최소 비용보다 작아야 한다. 전과정 비용의 표준 편차는 비용 요소의 표준 편차와 다음과 같은 관계가 있다.

$$\sigma^2 = \Sigma\sigma_i^2 \tag{3-41}$$

3.7.3 비교 전과정 비용 평가 (Comparative LCC Assessment)

간단한 제품이라도 전과정 비용을 산출하는 것이 간단하지 않다. 자세한 비용 구성 요소를 알아야 하며, 세금이나 인플레이션 등이 미치는 영향도 파악해야 하기 때문이다. 많은 경우에 전과정 비용 자체를 산출하는 것 보다, 더 적은 전과정 비용을 갖는 설계 대안을 찾아서 설계 결정하는 것이 의미가 있다. 이런 경우에 비교 전과정 비용 평가를 수행한다.

비교 전과정 평가는 다음과 같은 방식으로 수행한다.

1) 시스템이 영향을 미치는 영역을 정의한다.
2) 공통 비용 항목은 제외한다.
3) 작은 크기의 비용은 무시한다.
4) 시스템의 신뢰도와 가용도를 고려한다.

[상황] 13 ton/hr로 가스를 송출하는 압축 시스템을 설계한다. 50% × 2(50% 용량으로 2대)로 설계하였다. 가용도를 추산해 보니, 0.95였다. 압축기를 여분으로 1대 더 설치하면(50% × 3) 가용도가 0.99로 상승한다. 대당 구입 및 설치 비용이 2억 원인 압축기를 1대 더 설치해야 할까? 가스 판매 가격은 215,000원/ton이고, 세금 및 운전비을 제하고 난 후 톤당 순익은 판매가의 5%(10,750 원/ton)이다. 이 시스템은 설치 후 10년 동안 운전할 계획이다.

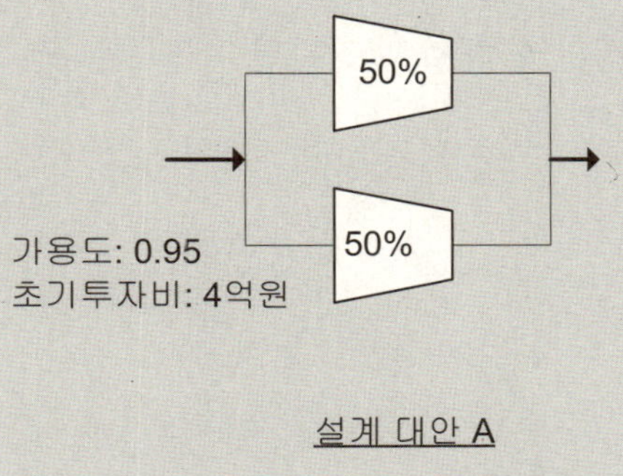

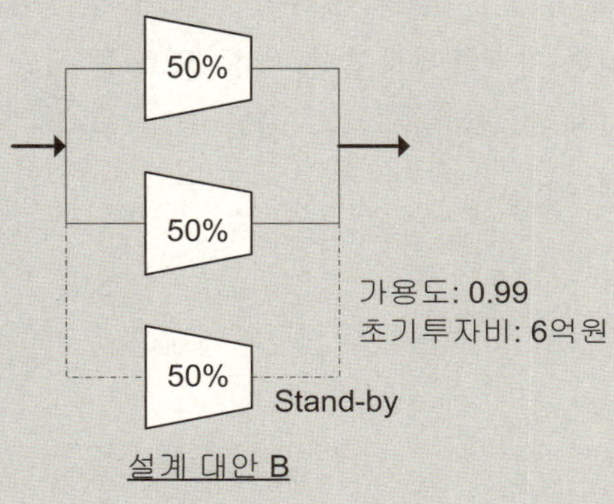

[해결] 50% × 2를 설계 대안 A, 50% × 3을 설계 대안 B라 하자. 일단, 설계 대안 B의 초기투자비가 2억원 많다. 연간 손실 시간(365 day/yr × 24 hr/day × (1−가용도))에 생산량을 곱하면 연간 생산 손실(가스 질량)이 산출된다. 톤당 순익을 고려하면 각 설계 대안의 연간 손실은 다음과 같다.

항목	단위	설계 대안 A	설계 대안 B
압축기 대수		2	3
대당 용량	%/대	50%	150%
구입 및 설치 가격	원/대	200,000,000	200,000,000
가용도		0.95	0.99
연간 손실 시간	hr	438	87.6
연간 손실 금액	원/yr	61,210,500	12,242,100

설계 대안 B가 48,968,400원/yr 덜 손해 보게 된다. 10년 정도 운전하면 약 5억원 정도 설계 대안 B가 이득이 된다. 초기 투자비 2억원을 감수할만하다. 따라서, 설계 대안 B을 택한다.

위의 해결 방안은 중요한 2가지를 무시하였다.

1) 수리 및 유지 비용: 압축기 개수가 많은 설계 대안 B가 더 많은 수리 및 유지 비용을 필요로 한다.
2) 시간에 대한 현금 흐름: 초기 투자비는 시초에 1번 투자되는 반면, 연간 순익은 해마다 들어오게 된다.

첫 번째를 해결하기 위해서는 고장 빈도, 수리시 인건비 및 부품비를 알아야 한다. 연간 손해에 비해서 크지 않다면 무시해도 된다. 두 번째 요소는 미래의 현금을 현재의 가치로 환산해야 한다. 1년 후의 48,968,400원을 현재 가치로 환산하면 48,968,400원/(1 + 이자율)이 된다. 그런데, 1년 후에 가스 판매 가격이 상승(인플레이션)하기 때문에 문제가 복잡해진다. 경험적으로 이자율만큼 물가가 상승하기 때문에 두 효과는 서로 상쇄된다. 위의 계산이 크게 틀리지는 않는다.

이런 가정하에서 많은 비용 요소 중 상당 부분을 추산할 필요가 없다. 어떤 항목이 추산 대상에서 제외되는지는 상황마다 다르다. 다음 상황과 해결은 간단한 비교 전과정 평가 수행 예이다.

제4장

위험도 기반 설계

4.1 기초 용어

4.1.1 위험 요인, 위험도 및 사고

다음과 같이 용어를 정의한다. 위험도 관리 및 해석을 관통하는 개념이니, 꼭 구분해야 한다.

- **위험 요인**(Hazard): 잠재적인 사고가 발생할 가능성이 있는 요인 또는 상황
- **사고**(Accident 또는 Mishap): 안전, 재산, 환경 등에 피해를 유발할 수 있는 사건
- **위험도**(Risk): 사고의 발생 빈도와 피해 규모의 조합으로 대개 곱으로 표현

$$\underset{\text{(Risk)}}{\text{위험도}} = \underset{\text{(Frequency)}}{\text{발생 빈도}} \times \underset{\text{(Impact)}}{\text{피해 규모}} \tag{4-1}$$

그림으로 나타내면 다음과 같다. 위험 요인이 사고로 발현될 가능성은 '빈도'가 되고, 발현된 사고가 안전과 재산 및 환경에 미치는 영향의 크기가 '피해 규모'가 된다. 용어가 통일되지 않아 빈도는 Frequency, Likelihood, Probability, Possibility 등으로, 피해 규모는 Impact, Consequence, Severity 등으로 나타낸다. 하지만, 위험도는 공통적으로 Risk로 표기한다.

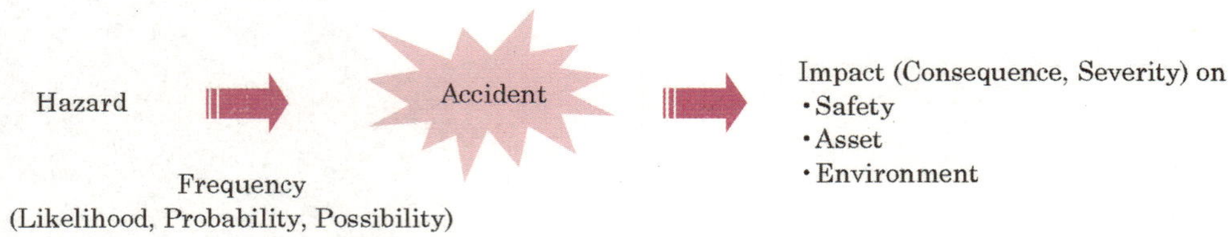

그림 4-1 위험요소, 사고, 발생 빈도 및 피해 규모

사고와 위험 요인을 구분하는 것이 혼동스러울 때가 있다. 위험 요인은 가능성을, 사고는 그 가능성의 현실화로 이해하면 된다. 예를 들어, 크레인에 물건이 매달려 있고 작업자가 그 아래에서 작업 중이면 안전을 위협하는 위험 요인(Hazard)이다. 그 물건이 떨어져서 작업자가 다치면, 사고(Accident)가 된다.

그림 4-2에서 이해할 수 있듯이 사고의 원인(즉, Hazard)이 꼭 하나가 아니며, 사고의 결과도 하나가 아니다. 다음 그림과 같이, 여러 개의 원인 중의 하나가 사고로 이어지며, 사고는 가능한 여러 개의 피해를 유발할 수 있다.

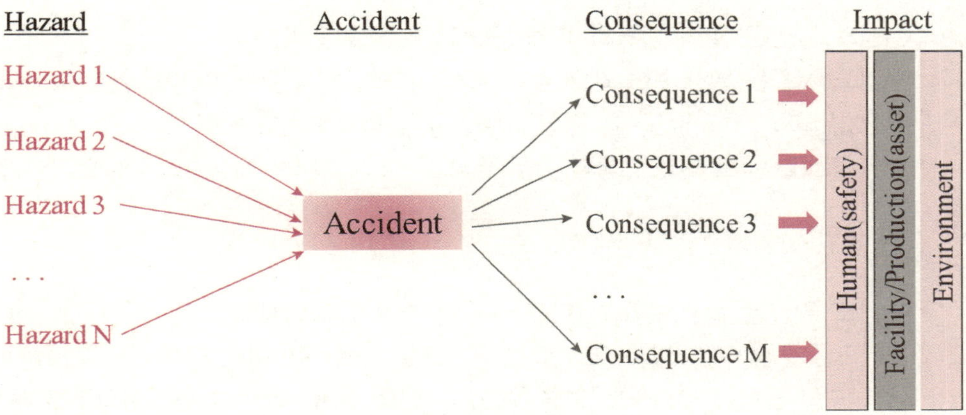

그림 4-2 다중 위험요소와 다중 피해

가장 중요한 개념이 위험도(Risk)이다. 위험도는 위험한 정도를 나타내는 숫자이다. 온도, 밀도, 점도 등이 특정 숫자를 나타내듯이, 위험한 정도를 나타내는 것이 위험도이고 숫자로 표현된다. 예를 들어, 어떤 설비에서 개인이 사망할 확률을 개인위험도(Individual Risk)라 하며, 대개 0.01/year(백년에 한 번 사망할 확률)보다 크면, 개인위험도가 과도하게 커서 허용불가 수준으로 여겨진다. 숫자로 나타내지 못하면 수준으로라도 나타내서 순위를 정하며, 순위라도 정해야 어떤 위험도를 먼저 제거할 것인지가 결정된다.

해양플랜트 설계시 다양한 위험성 해석을 수행하는데, 일반적으로 피해 규모에만 초점을 맞추는 경우가 있다. 발주측에서는 종종 피해 규모를 강조하면서 설계 보강을 요구한다. 이렇게 큰 사고가 나면 인명과 재산 피해가 크니 이렇게 설계를 바꾸어 달라는 논리이다. 수행처는 발생 빈도가 낮으므로 불필요하다고 방어할 수 있다. 양측의 입장이 좁혀지지 않으면, 정량적인 위험도 분석을 해 보아야 한다. 정량적 위험도 분석 전에 어느 정도의 위험도는 허용 가능한지에 대해 미리 합의해야 한다.

4.1.2 위험도의 의미

위험도(Risk)가 발생 빈도와 피해 규모의 곱이라는 간단한 정의는 중요한 함축적 의미를 갖는다.

- 위험도 추산은 발생 빈도와 피해 규모의 추산을 의미한다.
- 위험도 저감은 발생 빈도의 저감과 피해 규모의 저감을 의미하며, 안전시스템들은 발생 빈도와 피해 규모 둘 중의 하나를 저감하도록 설계된다.
- 해석 기법들 또한 발생 빈도와 피해 규모 둘 중의 하나를 해석하도록 발달되어 있다.

항목별로 설명하면 다음과 같다.

- 위험도 추산은 발생 빈도와 피해 규모의 추산을 의미한다.
  위험도를 구성하는 2가지 요소가 발생 빈도와 피해 규모이므로, 각각을 해석한 이후에 단순히 곱하면 위험도를 얻을 수 있다. 예를 들어, 특정 사고의 위험도를 추산하기 위해서는 그 사고가 얼마나 자주 발생하는지, 발생하면 피해 규모가 얼마나 되는지 추산하면 된다.
- 위험도 저감은 발생 빈도의 저감과 피해 규모의 저감을 의미하며, 안전시스템들은 발생 빈도와 피해 규모 둘 중의 하나를 저감하도록 설계된다.
  위험도가 두 항의 곱이므로, 위험도를 줄이기 위해서는 적어도 발생 빈도(Frequency)와 피해 규모(Impact) 둘 중의 하나를 줄이면 된다. 여기에 맞추어 안전시스템들이 개발되어 있다. 둘 다를 줄이는 안전시스템은 매우 드물다. 예를 들어, 자동차의 브레이크는 충돌 사고의 발생 빈도를 줄이며, 에어백은 충돌 사고 발생 이후에 이어지는 충격을 완화해 준다.

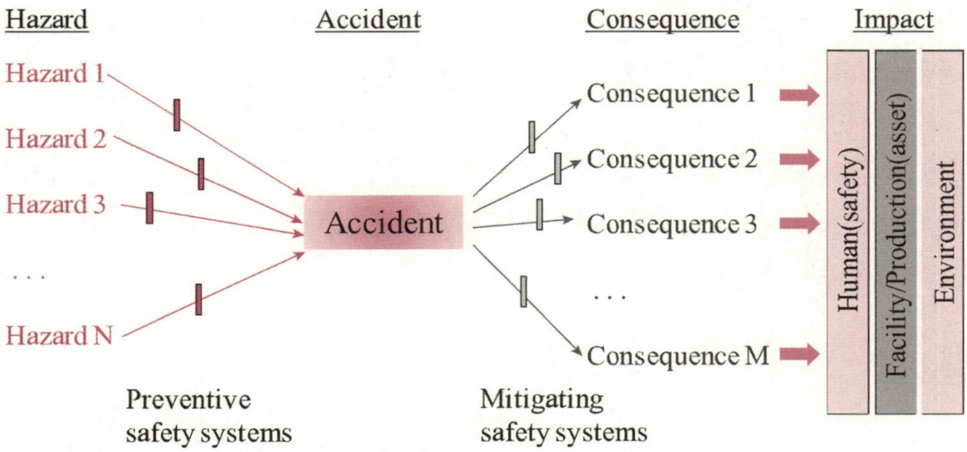

그림 4-3 예방적 안전시스템과 저감적 안전시스템

즉, 어떤 안전시스템들은 위험 요인(Hazard)이 사고(Accident)로 이어지는 것을 막아주고, 어떤 안전시스템은 사고(Accident)가 피해로 이어지는 것을 막아준다. 전자를 예방적 안전시스템(Preventive Safety System), 후자를 저감적 안전시스템(Mitigating Safety System)이라 한다. 그림 4-3을 참조한다.

해양플랜트 안전시스템 설계, 설치 및 운전의 기본 지침서인 API RP 14C에 따르면 해양플랜트는 다음과 같은 안전설계 지침을 따라야 한다.

1단계: 비 누출 및 비 오염(No Containment)
2단계: 비 점화(No Ignition)
3단계: 비 확산(No Propagation)
4단계: 대피, 구조 및 구난 가능(Escape, Evacuation & Rescue)

이 기본 지침은 매우 단순하지만 강력한 지침이다. 즉, 해양플랜트 설계의 기본은 플랜트 내 유체의 누출이 되지 않도록 해야 한다. 설령 누출 사고가 발생하여도 이에 따른 오염이 되지 않도록 해야 한다. 해양플랜트는 그 특성상 인화성 유체를 취급하므로 유체가 누출이 되어도 점화가 되지 않도록 설계 되어야 한다. 또한 누출된 유체가 점화가 되어도 더 큰 사고로 확산되지 않도록 해야 한다. 마지막으로 누출된 유체가 점화되어 안전시스템이 적절히 작동하지 않아 사고가 확산된 경우에도 적절한 대피, 구조 및 구난이 이루어져야 한다.

해석 기법들 또한 발생 빈도와 피해 규모 둘 중의 하나를 해석하도록 발달되어 있다.

위험 요인(Hazard)이 사고(Accident)가 되는 발생 빈도를 해석하는 기법을 원인 해석 방법론(Causal Analysis)라 하며, 대표적으로 FTA(Fault Tree Analysis), RBD (Reliability Block Diagram), FMECA(Failure Modes, Effects and Criticality Analysis) 등이 사용된다. 대조적으로, 피해 규모 해석 방법론은 사고가 어떤 피해를 유발하는지 분석한다. 사건의 확률적 확산은 ETA(Event Tree Analysis)로 분석이 가능하며, 개개 사건의 전개는 전산유체해석이나 구조해석을 이용한다.

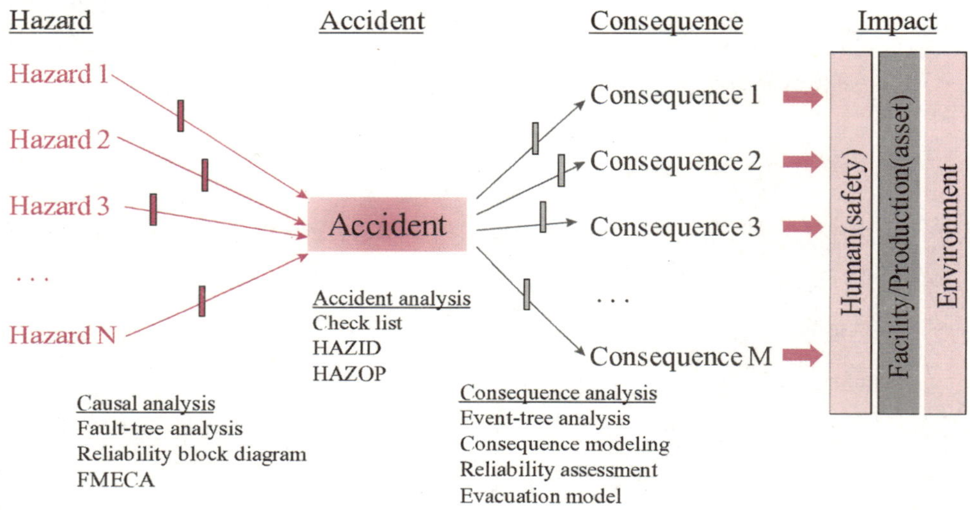

그림 4-4 원인 해석 방법론과 피해 규모 해석 방법론

4.1.3 위험도의 표현

관심사에 따라서 위험도는 다르게 표현된다. 교통 사고 사망자를 예로 들면 다음과 같다.

- 우리 도시에서 발생하는 사망 사고를 수반하는 교통 사고는 연간 몇 건인가?
- 인구 10만 명당 사망 사고 수준의 교통 사건은 연간 몇 건인가?
- 초등 학생이 교통 사고로 사망할 연간 확률은 얼마인가?
- 개인이 교통 사고로 사망할 연간 확률은 얼마인가?

위에서 얻어진 위험도는 각기 다른 의미로 사용된다. 첫 번째 위험도는 해당 도시의 입장에서는 유용한 정보이지만, 도시간의 비교에는 크게 쓸모가 없다. 사망자수가 당연히 도시 규모에 비례하기 때문이다.

두 번째 위험도가 도시간의 위험도를 비교하는데 적절한 척도가 될 것이다. 대부분의 도시가 10만명 수준이므로, 10만명당 사망자수는 도시간의 교통 위험도를 비교하는 좋은 척도가 된다. 물론, 1,000명당 사망자수로 하더라도 마찬 가지의 비교 척도가 된다. 다만, 어떤 편리한 의미를 갖느냐의 문제일 뿐이다.

초등 학생의 교통 사망 위험도는 그룹에 따른 위험도를 따져보는 좋은 예이다. 특정 그룹이 확연히 높은 위험도를 가지게 된다면, 대책도 그룹에 따라 달라져야 한다. 만약, 초등 학생의 위험도가 성인보다 높다면, 학교 주변의 사고 빈도가 많을 가능성이 높으므로, 여부를 확인하고 대책을 세워야 할 것이다.

마지막의 개인 위험도는 다른 위험요소와 교통 위험요소를 비교해 보는 척도가 된다. 교통 사고에 의한 개인 사망 위험도가 암으로 인한 것보다 10배 크다면, 개인적으로 교통 사고가 10 배 더 중요한 셈이다. 개인적으로는 교통 사고를 줄이는 것이 발암을 줄이는 것보다 10배 중요한 셈이며, 사회 전체적으로도 비슷한 의미를 갖게 된다.

해양플랜트에서도 유사하지만 약간은 다양한 방법으로 위험도를 표현한다. 우선 대상에 따라 다음과 같이 3가지로 구분한다,

- 인적 위험도(Personnel Risk)
  - 사망(Fatality)
  - 주요 안전시스템의 손상(Impairment of major safety functions)
- 환경 위험도(Environment Risk)
- 재산 위험도(Asset)
  - 물질적인 손상(Material Damage)
  - 생산 손해 또는 지연(Production Loss or Delay)

인적 위험도(Personnel Risk) 중 사망(Fatality) 위험도는 다음과 같은 지표로 나타낸다.

- 잠재적 생명 손실(PLL: Potential Loss of Life) 또는 플랫폼 연간 사망자(FPPY: Fatalities Per Platform Year)
- 개인 위험도(IR: Individual Risk)

- FAR(Fatal Accident Rate) = Fatality / (10^8 exposed hours)
- AIR(Average Individual Risk)

• 집단 위험도(Group Risk)

개인위험도에서 혼동될 수 있는 지표가 FAR와 AIR이다. FAR는 근무자들의 시간을 모두 고려하여 10^8 시간으로 환산한 것이다. 반면에 AIR는 개인별 연간 사망확률이다. 전체 해양플랜트의 위험도로서 적절한 지표가 FAR이다. 같은 FAR 값이라도 교대 근무 빈도가 많아지면, 개인 위험도는 줄어든다. 따라서, 개인 입장에서는 중요한 값이 AIR이다.

환경위험도는 대개 원유에 의한 수질 오염만을 대상으로 한다. 복구하는데 장기간이 필요하기 때문이다. 재산 위험도에 대해서는 대개 별도의 규정이 없다. 소유자들이 추가적인 투자와 이에 따른 이득을 적절히 판단할 수 있기 때문이다.

4.2 위험도 관리 방법

4. 2.1 위험도 관리 시스템

해양플랜트에 대한 위험도 관리 시스템에 앞서, 일반적인 회사의 안전보건환경경영(HSE: Health, Safety & Environment)에 대해 살펴 보자. 경우에 따라 다른 이름(안전환경경영시스템, HSE 경영 시스템, Safety Management System 등)이 사용되기도 하지만, 모든 회사들은 안전보건환경 관리 시스템을 가지고 있다. 기본 골격은 다음과 같다. 이 골격들은 한 번에 지나가면서 끝나는 것이 아니고, 순환적인 성격을 가져야 한다. 일반적으로, 매년 HSE 경영에 대해 성과를 평가하고 감사하게 된다.

- 정책 및 목표
- 조직 및 인원
- 위험도 파악 및 평가
- 작업 계획(작업 허가, 비상 대처 방안)
- 실행 및 모니터링
- 평가 및 감사
- 평가 및 감사 결과의 반영

세계 일류 기업들의 홈페이지에 가면 'HSE' 관련 탭이 반드시 있다. 위의 내용이 전부는 아니더라도, 정책 및 목표 부분에 최고 경영자의 다짐이 나와 있으며, 연례 보고서(Annual Report)에 HSE 결과가 어떠했는지 나와 있는 경우도 있다. 그들의 관심은 자기 회사뿐만 아니라, 자기 회사가 발주한 공사의 수주처의 안전환경까지 책임져야 한다는 소명 의식이 강력하다.

해양플랜트의 위험도관리시스템으로 다시 돌아오자. 수주처(국내 건설 업체, 엔지니어링사, 조선사) 입장에서 보면, 해양플랜트는 제품 중의 일부이다. 해당 공사가 끝나고 나면, 더 이상 지속적인 관계는 없다. 발주처의 입장은 다르다. HSE 관리 입장에서 발주처는 크게 2가지 분야에 대해서 결정한다.

- 해당 플랜트를 수주처가 제작/설치할 때 발생하는 HSE 관리(제작 HSE 관리)
- 해당 플랜트를 자신들이 운전할 때 발생하는 HSE 관리(운전 HSE 관리)

운전 HSE 관리에 관심을 갖는 것은 당연하다. 하지만, 세계 일류 기업들은 자신들의 인적 및 물적 손해가 없는 제작 HSE 관리에 대해서도 같은 정도의 관리와 관심을 갖는다. 그들은 자신들의 안전뿐만 아니라, 자신들의 플랜트를 만드는 시행사의 안전까지 책임져야 한다고 굳게 믿으며, 성과 평가의 중요 부분으로 설정한다. 통상적으로 제작/설치시 HSE 관리 시스템을 어떻게 유지해 나갈지에 대한 계획(HSE Management Plan)을 요구하는데, 시행사는 위의 7가지 내용을 포함하는 문서를 제출하면 된다.

위험도관리시스템은 운전 HSE 관리에 대한 체계적인 접근/평가/관리 시스템이다. 체계적인 위험도관리시스템이 있어야 위험요소들이 효과적으로 분석되고, 이에 대한 안전설계들이 이루어진다. 해양플랜트에는 수많은 위험요소가 산재해 있다. 이들이 어디에 있는지, 얼마나 자주 발생하는지, 얼마나 큰 피해를 주는지에 대한 분석이 되어야 한다. 분석이 끝나면 대책을 수립해야 할지를 결정하고, 대책이 적용되었을 때 남아있는 위험도는 얼마나 되는지 평가해야 한다. 이러한 작업들이 여러 설계 단계와 운전 단계에서 수 많은 관련자(관리자, 엔지니어, 운전자)들에 의해서 이루어진다. 체계적인 위험도관리시스템이 없으면, 이러한 작업들이 효과적이고 효율적으로 진행될 수 없다.

보건이나 환경은 인명보다 중요도가 훨씬 작다. 게다가, 인명 사고에 대한 위험도가 줄면, 대개 보건 악화나 환경 오염에 대한 위험도가 함께 낮아진다. 따라서, 위험도관리시스템의 대부분은 안전에 초점이 맞추어지며, 작성되는 문서나 수행되는 해석의 대부분도 인명 사고에 대한 위험요소가 된다.

4.2.2 관련 주요 문서

대부분의 해양플랜트 공사에는 다음과 같은 문서들이 포함된다.

- 위험도 관리 철학(Risk Management Philosophy)
- 배치도 평가(Layout Assessment)
- 위험요소 파악(HAZID: Hazards Identification)
- 위험요소 및 운전(HAZOP: Hazards & Operability)
- 위험요소 목록(Hazard Register)와 SHEAMS(SHE or HSE Action Monitoring System)
- 개별 안전 및 위험도 해석
- 생산가용도 해석(Production Availability Study)
- 안전무결도 해석(SIL Study)

위험도 관리 철학에는 위험도 관리에 대한 골격을 제시한다. 이하의 문서나 시스템은 이 철학에 의해 생성되어야 하며, 부합하여야 한다.

배치도 평가(Layout Assessment)는 장치나 설비들의 배치가 적절한지에 대한 평가이다. 부적절한 배치에 안전시스템을 구비하는 것보다, 적절한 배치가 훨씬 효과적이며, 효율적이며, 경제적이다. 더 적은 비용으로 더 높은 안전도를 달성할 수 있는 셈이다. 적절한 배치는 본질적인 안전(Inherent Safety)를 구현하는 한 방식인 셈이다.

위험도 파악(HAZID: Hazard Identification)은 개념 설계나 기본 설계 단계에서 회의를 통해서 이루어지며, 회의 결과물로 위험요소 목록(Hazard Register)이 만들어 진다. HAZID 회의(HAZID Meeting)에는 관련 회사(발주처, 시행사, 장비 납품사)의 각 분야 대표 엔지니어들이 참석하여, 위험요소를 파악한다. 위험요소는 원인, 빈도, 피해 규모, 대책 등의 측면에서 평가된다. 많은 경우에 위험도(발생 빈도 × 피해 규모)를 바탕으로, 추가적인 안전 대책이 필요한지를 판단한다. 판단이 어려운 경우, 책임자(대개 시행사)를 선정하여 추가적인 해석을 요구한다.

위험요소 및 운전(HAZOP: Hazards & Operability)은 HAZID보다 자세하며 좀 더 정형화되어 있다. HAZID는 layout을 근간으로 하고, HAZOP은 P&ID를 근간으로 수행하는 것이 큰 차이이다. 지시어(Guideword)에 따라서 플랜트의 상황을 가상해 보고, 이에 대한 원인, 빈도, 피해 규모, 대책 등을 검토한다. HAZOP을 이끄는 사회자는 HAZID에 미해결로 남은 위험요소까지 적절히 다루어지도록 해야 한다. 당연히, HAZID

보다 훨씬 많은 개수의 위험요소들이 다루어진다. 대개, 상세 설계가 끝난 단계에서 수행되는데, 설계 수정 사항이 많은 경우 비용과 공기 지연에 직격탄이 된다.

HAZID나 HAZOP에서 다루어진 모든 위험요소는 하나의 목록으로 모아지는데, 이를 위험요소 목록(Hazard Register)이라고 한다. 각 위험요소는 고유 번호가 부여되고, 위험요소 목록에 그 역사가 기록된다. 대부분의 발주처는 위험요소 목록이 체계적으로 관리되어 현황을 쉽게 알 수 있기를 바라는데, 이러한 시스템을 SHEAMS(SHE or HSE Action Monitoring System)이라 부른다.

HAZID나 HAZOP의 한계는 개별 위험요소에 한정된다는 단점을 가지고 있다. 여러 가지 위험요소를 종합화하는 것은 개별적인 개별 안전 및 위험도 해석을 통해 이루어진다. 대개 다음과 같은 개별적인 안전 및 위험도 해석이 이루어진다.

인명 보호만큼이나 관심 있는 것이 생산가용도(Production Availability) 해석이다. 사고는 HSE에 영향을 줄 뿐만 아니라, 원유나 가스의 생산을 지체 시킨다. 덧붙여 장비의 고장이나 수리도 생산가용도를 떨어뜨린다. 따라서, 발주처는 해당 설비가 어느 정도 가용도를 달성하도록 요구한다. 생산가용도는 본질적 안전(Inherent Safety)과 유사한 어려움이 있다. 즉, 개념 설계나 기본 설계에서 잘못 선정되고 설계된 공정이 상세 설계를 통해서 생산가용도가 크게 향상되지 않는다. 따라서, 생산가용도를 보증해야 한다는 계약은 면밀한 검토 후에 이루어져야 한다.

안전시스템의 품질을 직접으로 규정하는 것이 안전무결도(SIL: Safety Integrity Level)이다. 즉, 가스 감지 시스템은 SIL 2을 가져야한다는 식으로 설정하는 것이다. 안전무결도는 대개 관련사의 관련자들이 참석하는 안전무결도 회의(SIL Meeting)을 통해 결정된다. 결정된 안전무결도를 달성했는지 추후에 검증하게 되는데, 이를 안전무결도 검증(SIL Verification)이라 한다. 안전무결도를 적절히 결정하기 위해서는 신뢰성 공학에 대한 지식뿐만 아니라, 안전시스템 및 전계장에 대한 기본 지식이 있어야 한다. 안전무결도 회의에서 안전시스템의 경계를 너무 크게 설정하거나 안전무결도를 너무 높게 설정하면 추후에 해결이 어려워진다.

4.2.3 ALARP 영역

산출된 개인 위험도(IRPA)는 크기에 따라 3 가지 영역으로 나누어지며, 소위 '위험도 삼각형(Risk Triangle)'에 표시하면 다음과 같다.

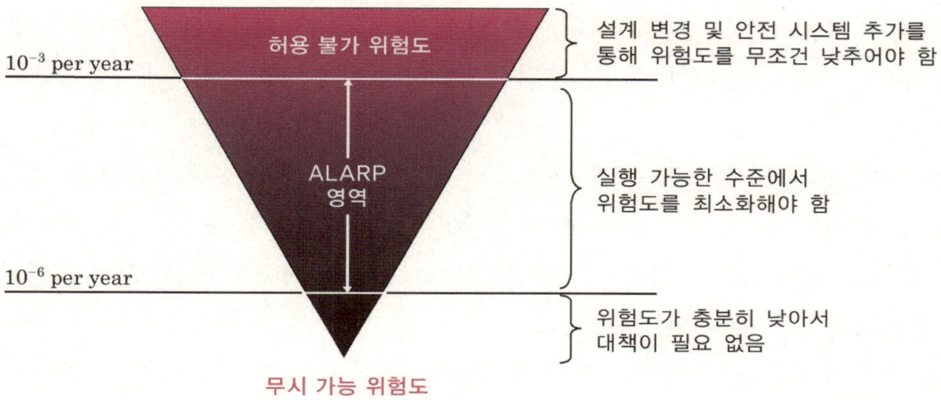

허용 불가 위험도 영역:	위험도가 너무 높아 허용 불가하다. 대책을 수립(설계 변경이나 안전시스템 추가)하여 대상 위험도를 무조건 낮추어야 한다.
무시 가능 위험도 영역:	위험도가 너무 낮아 무시할만하다. 별도의 안전 대책이 필요 없다.
ALARP 영역:	위험도를 실행 가능한 한도에서 최소로 낮추어야 한다. 허용 불가 위험도와 무시 가능한 위험도 영역 사이에 존재한다.

그림 4-5 위험도 삼각형에서 ALARP 영역

어느 정도의 위험도가 허용 불가할까? 산업마다 회사마다 공사마다 받아들이는 허용 불가 위험도가 다를 수 있다. 원유 가스 산업에서는 공통적으로 대부분의 회사가 대부분의 공사에서 10^{-3}/year를 허용 불가한 위험도로 설정한다. 배경은 대략 다음과 같다.

인간의 평균 수명을 대략 80세, 길게 잡아서 100년이라고 하자. 따라서, 인간의 평균 위험도는 1/100년 = 0.01/year가 된다. 100년에 한 번 죽으므로, 연간 사망 위험도는 0.01회가 되는 셈이다. 근로자 층이 두터운 30~40 대 중년들은 어떨까? 고령에 사망 확률이 높으므로, 중년의 사망 확률은 평균 사망 확률의 1/10인 0.001/year 또는 10^{-3}/year정도가 된다. 이 확률은 사고나 질병 그리고 자연 재해 등을 모두 포함한 값이다. 많은 발주처가 해양플랜트 설계시 이 값을 허용 불가 개인 위험도로 상정한다. 즉,

해양플랜트에서 근무하여 발생하는 위험도가 일생 생활의 위험도보다 크게 높지 않아야 한다는 주장이다.

어느 정도의 위험도는 무시할만 할까? 여기에 대해서는 공감대가 형성되어 있는데, 10^{-6}/year가 경계점이 된다. 즉, 개인 위험도가 이 값보다 작으면 무시할만하다고 평가된다. 이 위험도는 일상 생활에서 자연 재해(지진이나 번개)에 의해 죽을 확률과 유사하다. 이 정도의 위험은 무시할만하여, 이에 대한 안전 대책은 필요 없다. 길을 가다가 번개 맞아 사망할 수 있지만, 이에 대한 대비를 개인적으로 하지는 않는다. 유사하게, 이 정도로 낮은 위험도는 안전 대책 없이 감수한다.

허용 불가 영역과 무시 가능 위험도 영역 사이의 중간 영역을 ALARP(As Low As Reasonably Practicable) 영역이라 부른다. '이성적으로 실행 가능한 수준에서 최소로' 위험도를 낮추어야 되는 영역을 의미한다. 어떻게 하면 이성적으로 실행 가능한 한도일까? 이에 대해서는 2가지 관점이 있다.

첫 번째는 업계에서 통상적으로 시행되고 있는 최고 기술 수준의 안전시스템을 장착해야 한다는 시각이다. 예를 들어, 플랫폼에서 대형 누출 사고가 발생할 것을 대비하여, 해저 안전밸브 (Subsurface Safety Valve)를 설치하는 기술이 있는데, 대형 누출 사고가 발생할 가능성이 있으면 이 밸브를 장착해야 한다는 관점이다.

다른 시각은 비용/효용 분석(또는 편익 분석)을 실시하여, 설계를 정하고자 한다. 비용은 당연히 안전시스템을 추가로 설치/운전하는 비용이며, 효용은 인간 생명이 된다. 따라서, 이 분석을 위해서는 인간 생명을 금액적으로 환산해야 한다. 이러한 접근법은 당연히 감성적인 장벽으로 작용하여, 대부분의 발주사들은 이러한 접근법을 따르지 않는다.

인간의 생명을 금액으로 환산하면 어느 정도일까? 선진국에서는 대개 20억 내지 200억 정도를 고려한다. 이 금액은 사고 발생시 회사가 입는 금전적 피해(보상금, 벌금, 보험 금액 상승)를 산정한 것은 아니다. 이 금액은 경제적 관점에서 정해진다. 즉, 당사자가 사망하지 않았을 경우, 발생시키는 국민 생산량을 의미한다. 간단히 예를 들면, 소득이 5000만원이면서 노동 가능 기간이 20년 남은 사람이 사망하면 약 10억원의 손실이 발생한 셈이다.

4.3 위험도 분석 방법

4.3.1 위험도 분석 단계

다양한 방식들이 존재하지만, 위험도 분석은 다음과 같이 3단계로 나누어진다.

단계 1. 위험요소 파악 (HAZID)	- 시스템 분석 - 위험요소 파악 - 안전시스템/장치 파악
↓	
단계 2. 위험도 추산 (Risk Assessment)	- 발생 빈도(Frequency) - 피해 규모(Consequence)
↓	
단계 3. 대책 수립 (Decision-Making)	- 위험도 선별(Screening) - 안전 장치 대안(Option) 선정 - 설계에 반영(Implementation)

그림 4-6 위험도 분석 단계

방법에 따라 이 3단계가 모두 수행되기도 하고, 일부분만 시행되기도 한다. 예를 들면 다음과 같다.

- HAZID 회의(HAZID Meeting): HAZID 회의는 단계 1에 집중된다. 단계 2나 3이 부분적으로 수행되기도 하지만, HAZID 회의 특성상 단계 2나 3의 항목들은 정성적으로 다루어지거나 별도의 안전/위험도 해석으로 넘긴다.
- HAZOP 회의(HAZOP Meeting): HAZOP 회의는 단계 1과 단계 3(그 중에서도 안전 장치 대안 선정)에 맞추어진다. 지시어(Guideword)에 따라서 위험요소들이 파악되

며, 위험요소에 대한 안전 대책이 갖추어져 있는지, 그렇지 않다면 어떤 안전 대책을 추가할지 결정한다.

- 개별 안전/위험도 분석: 개별적인 안전/위험도 분석(예: 화재 및 폭발위험도해석)은 단계 2에 집중한다. 개별 위험도 분석은 이미 위험요소(예: 누출, 화재, 폭발)가 정해져 있으며, 정량적으로 발생 빈도와 피해 규모를 산출한다. 몇 가지 대책이 추천 사항으로 주어지지만, 이에 대해서 심각한 고려는 하지 않는다.

1) 위험요소 파악

위험요소 파악(Hazard Identification)은 잠재된 위험요소(Hazard)를 가려내는 것이다. 즉, 위험도 해석의 시작 단계이다. 위험을 자세하게 해석 또는 분석하는 것보다 잠재된 위험요소를 찾아내는 것이 이 단계의 중요한 임무가 된다. 파악된 위험요소는 위험요소 목록(Hazard Register)에 기재한다. 위험요소 목록에는 사고의 원인이나 조건(Hazard)과 그 영향, 가능한 대책 등에 대해서 기술한다.

잠재된 위험요소를 찾아내기 위해 위험요소 파악 회의(HAZID Meeting)가 흔히 사용된다. HAZID는 대개 설계 초반에 효율적으로 이루어지므로 그 특성상 주요 시스템의 배치 및 배관 경로 등 Lay-out Arrangement에 대한 검토와 기본적인 운전방식에 대한 검토가 주로 이루어진다.

잠재된 위험요소를 찾아내는데 선결되어야 할 문제가 대상 시스템에 대해서 잘 아는 것이다. 어떤 설계 기준(Design Basis)이 적용되었는가. 어떻게 제어하는가, 비상시 작동하는 비상시스템은 어떤 것들이 있는가, 다른 시스템들과는 어떤 영향을 주고받는가 등등에 대해서 파악하고 있어야 한다. 시스템에 대해서 능숙한 엔지니어들이 적다는 것이 국내 업계의 당면 문제 중의 하나이다.

2) 위험도 추산

위험도 추산 작업은 두 요소인 사고 빈도와 피해 규모 추산으로 나누어진다. 피해 규모는 정량화가 쉽다. 예를 들어, 특정 중량물이 낙하할 경우 피해 규모, 고압 용기에서 가연성 기체가 누출될 경우 확산 반경, Flare Stack으로부터 받은 최대 복사열 등을 프로그램을 이용하거나 경험에 의지하여 신뢰성 있는 수준으로 추산 가능하다. 하지만,

사고 빈도는 예측하기 어려운 경우가 태반이다. 특정 중량물이 낙하할 빈도, 고압 용기에서 가연성 기체가 누출될 확률, Flare Stack으로부터 최대 복사열이 발생할 빈도 등은 추산이 막막하다. 이 경우에는 대개 과거의 경험치를 이용한다.

3) 대책 시행/평가

대책 시행/평가(Action/Check) 단계에서는 각 위험도에 따라 어떤 대책을 시행할 것인지, 그 대책이 시행되면 위험도가 얼마나 감소할 것인지를 결정한다. 시행할 대책의 경중은 위험도의 대소에 따라 달라진다. 위험도가 사고 빈도와 피해 규모의 곱으로 나타내어지므로, 대책은 사고 빈도를 줄이거나 피해 규모를 줄이는 방안이어야 한다. 대개 다음과 같은 기준을 적용한다.

- 고위험도(허용불가, Unacceptable): 위험도 경감 대책을 무조건 제시한다.
- 중위험도(판단, ALARP): 책임자 또는 관리자가 경감 대책 시행 여부를 결정한다.
- 저위험도(허용가능, Acceptable): 대책을 세우지 않고 위험을 감수한다.

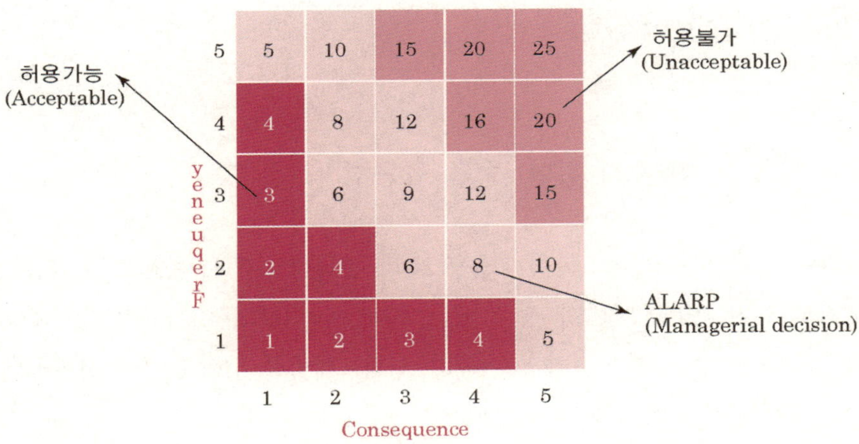

그림 4-7 허용 가능 여부를 위한 위험도 행렬(Risk Matrix)

중위험도 영역을 흔히 ALARP(As Low As Reasonably Practicable) 영역이라고 한다. 글자 그대로, 논리적으로 허용 가능한 최소 위험도가 되도록 한다는 뜻인데, 실제로는 그리 간단하지 않다. 경감 대책의 시행에 소요되는 비용(Cost)과, 얻어지는 위험도 감소 이득(Benefit)을 비교 분석(Cost-Benefit Analysis)하여 시행 여부를 결정해야 한다. 비용과 이득을 산출할 때, 생애 기간에 걸쳐 발생하는 모든 비용(투자비 + 운전비 + 유지보수비)을 산출해야 하고, 위험도 감소로 생기는 이득도 인명, 설비 보호, 환경 오염 감소 등을 고려해야 하므로, 실제로는 매우 어려운 작업이 된다.

저위험도는 감수 수준(Acceptable Level) 이하의 위험도들을 말한다. 위험요소가 존재하는 한, 해당 위험도를 영(Zero)로 만들기는 불가능하다. 위험도를 영으로 만드는 방법은 위험요소 자체를 없애버리는 것인데, 이는 경제적 이득이나 편리를 얻고자하는 대상 자체를 없애는 것이 된다. 예를 들어, 자동차 사고로 죽는 위험도를 영으로 만드는 방법은 자동차를 타고 다니지 않은 것이 된다.

대책 평가는 시행된 대책이 얼마나 위험도를 줄였는지를, 남아있는 위험도(Residual Risk)가 얼마나 되는지 평가하는 것이다. 되풀이 강조하면 위험도가 사고 빈도와 피해 규모의 곱이므로, 시행된 대책은 사고 빈도나 피해 규모를 줄이는 방안이 되고, 그 결과 나타난 위험도는 줄어들게 된다. 이 줄어든 위험도가 고/중/저위험도인지에 따라 추가 대책 여부가 결정되게 된다. 다만, 빈도와 피해 규모를 동시에 줄이는 대책을 찾아내기는 매우 어렵다. 이에 사고 특성에 맞춰 발생빈도를 줄일 것인지 아니면 피해 규모를 줄일 것인지를 결정해야 한다.

4.3.2 위험도 해석을 위한 주요 접근법

다양한 위험도 해석 방법들을 특정 기준에 따라 분류하고자 하는 시도는 실용성이 없는 결과를 낳기도 한다. 이들 방법이 서로 배타적이지 않기 때문이다. 그럼에도 불구하고, 정량적 및 정성적 방법으로 이분하면 이해가 쉽다. 해양플랜트에 대한 전반적인 위험도 해석은 일반적인 문헌을 참고한다(Vinnem 2007).

정성적 위험성 해석 방법론

많은 정성적 위험성 해석 방법론들이 정량적인 접근법을 일부 수용하므로, 정량적 위험도 해석 방법론과 명확히 구분하기 힘들다. 하지만, 정량적 위험성 해석 방법론은 일반적으로 특정 위험요소를 확률론적 접근법과 통계 자료를 이용하여 분석함을 의미한다. 이런 이유로, 정성적인 위험도 해석 방법론들은 대개 전체적인 위험도 해석에 주로 사용된다.

정성적인 위험도 해석 방법론의 대표 주자는 HAZID/HAZOP이며, 이와 유사하게 FMEA, What-if, Checklist 등이 있다. HAZOP은 시스템에서 일어날 수 있는 상황을 지시어(Guideword = Deviation + Process Parameters)에 따라 설정하고, 그 원인과 결과, 거기에 따른 안전 대책이 세워져 있는지 검토한다. 다른 방법들도 나름대로 독특한 접근 방식들이 있지만, 전체적으로는 위험도 분석의 3단계를 벗어나지 않는다.

HAZOP은 HAZID와 달리 공정의 상세설계가 어느 정도 진행되어야 가능하다. HAZOP을 하기 위해 필요한 정보는 다음과 같다.

1) Process Flow Diagrams
2) Piping and Instrumentation Diagrams (P&IDs)
3) Layout Diagrams
4) Material Safety Data Sheets
5) Provisional Operating Instructions
6) Heat & Material Balances
7) Equipment Data Sheets Start-up & Emergency Shut-down Procedures

다음은 흔히 사용되는 HAZOP 수행 양식(Work Sheet)이다.

Guideword	Cause	Consequence	Risk			Safeguard	Recommendation	Responsibilities
			L	S	R			
1. 1 No flow	pump failure	level falling	4	1	4			
	pipe is blocked.	pump damaged level falling	3	3	9			
	valve close	pump damaged, level falling	5	3	15			

그림 4-8 HAZOP Work Sheet

개략적인 단계는 다음과 같다.

1) 지시어에 따라서 위험요소(위험한 상황)를 설정한다.
2) 위험요소의 원인을 찾는다.
3) 위험요소가 사고로 이어질 때, 피해 규모를 추산한다.
4) 위험요소의 원인을 바탕으로 발생 빈도를 결정하다.
5) 사고 발생을 상정하여 피해 규모를 결정한다.
6) 위험도(발생 빈도와 피해 규모의 곱)을 계산한다.
7) 안전 대책(발생 빈도 또는 피해 규모를 낮추는 방안)이 이미 반영되어 있는지 확인한다.
8) 안전 대책이 없으면 안전 대책을 추천한다.
9) 상황이 불분명하면 추가적인 해석을 추천한다.

HAZOP이 시행되고 나면, HAZOP 보고서가 작성된다. 보고서 작성이 HAZOP 완결을 의미하지 않는다. HAZOP에서 파악된 안전 대책이나 추가적인 해석(위의 단계 8과 9)이 마무리되어야 HAZOP이 완결된다. 많은 HAZOP 보고서들이 이 부분만을 별도로 목록으로 만들기도 한다.

HAZID는 HAZOP보다 간단하다. 근래에는 많은 엔지니어들이 HAZOP에 익숙해 있기 때문에, HAZOP에 준하는 방식(예를 들어, 지시어 사용)으로 HAZID가 이루어진다. FMEA는 장비(예: 압축기, 펌프)에 대해서 이루어진다. FMEA의 가장 큰 목적 중에 하나는 고장을 파악하고, 그 고장이 전체나 부분적인 성능에 미치는 연결 고리를 파악하는 것이다. 전체적인 방식은 위험도 분석의 3 단계에서 벗어나지 않는다..

정량적 위험도 해석 방법론

발생 빈도와 사고 피해의 정량화는 기본적으로 확률 및 통계적인 접근법을 의미한다. 예를 들어, 기존 플랜트의 사고 조사를 통해 누출 발생 빈도를 결정한다. 따라서, 정량적 위험도 분석을 확률적 위험도 해석(Probabilistic Risk Analysis)이라고도 부른다.

확률과 통계에 의한 접근법이 정량적 위험도 해석의 장점인 동시에 한계이다. 가장 주요한 위험으로 꼽히는 화재 및 폭발위험도해석을 예로 들자. 일단 화재가 일어나기 위해서는 배관이나 장치로부터 가연성 가스의 누출이 있어야 한다. 점화원에 의해 발화되면 화재가 되지만, 그렇지 않으면 누출된 가스가 바람이나 통풍의 영향으로 퍼져 폭발할 위험이 있다. 이와 같은 사고를 분석하기 위해서는 무수히 많은 경우의 수가 존재한다. 어느 부분에서 얼마나 많이 누출될까? 누출시 비상안전시스템은 작동할까? 점화원은 무엇 무엇인가? 점화될 확률은? 바람은 방향과 세기는? 등등. 따라서, 대부분의 정량적 위험도 해석은 대표적인 시나리오를 상정하고, 이를 간략화된 모델로 해석하게 된다.

가장 관심있는 사고는 가연성 가스의 누출과 이에 따른 화재나 폭발인데, 이를 해석하는 연구가 Fire and Explosion Risk Analysis(FERA)이다. 실제로는 화재나 폭발이 사망 원인의 절대 분율을 차지하지는 않는다. 하지만, 설계 변경에 가장 큰 영향을 받는 항목, 그러니까 설계 변경에 의해 사상자 수를 줄일 수 있는 항목이므로, FERA가 항상 중요하게 인식된다.

국지적으로 끝날 수 있는 많은 사고들이 커지게 되는데(Escalation), 가장 큰 원인은 가연성 기체나 연기의 확산과, 화염(화재에 의한 것이든, Flare Stack에 의한 것이든)에 의한 복사열이다. 이를 해석하는 연구가(Gas & Smoke Dispersion and Heat Radiation)이다.

대형 사고로 인하여 비상 상황이 발생하고, 이에 따라 대피나 탈출이 이루어지는 시점에 사상자가 가장 많이 발생한다. 비상 상황이 발생하면 경보가 울리고, 운전자들은 평상시 훈련받은 대로 특정 지점(Temporary Refuge 또는 Muster Area)에 집결(Escape)하며, 지휘권자의 판단에 따라 필요한 경우 해상 탈출이나 헬리콥터 탈출(Evacuation)을 시도한다. 탈출 과정에서 해상에 조난된 사람들을 구조(Rescue)해야 한다. 이러한 일련의 작업들이 얼마나 효율적으로 수행되는가를 평가는 것이 Escape, Evacuation and Rescue(EER) Analysis이다.

성공적인 대피, 탈출, 구조가 이루어지기 위해서는 비상 시스템이 비상 상황에 잘 견디어야 한다. 대피소인 Temporary Refuge는 화재나 폭발에도 잘 견뎌 대피자들을 보호해야 하며, 비상 감압 시스템들은 Utility가 공급되지 않은 상황에서도 고압 기체나 액체를 지정된 장소로 방출시켜 사고 확산을 방지해야 하며, 비상 전원 시스템은 비상 탈출에 필요한 최소한의 전원 공급을 보증해야 하며, 비상 통신 설비들은 선박이나 해양 설비 내부뿐만 아니라 구조나 상황 전달을 위해 육상과의 의사 소통도 원활하게 유지시켜야 한다. 이렇게 비상시스템이 비상 상황에서 얼마나 잘 견디는지 평가하는 것이 Emergency System Survivability Analysis이다.

이외에도 특정한 위험요소에 대해서 특정 연구를 수행한다. 영국 근해인 북해와 같이 선박의 왕래가 많은 곳에서는 선박과의 충돌에 의한 위험도를 평가해야 한다. 이러한 목적으로 수행되는 것이 Ship Collision Study이다. 무거운 짐을 옮기기 위해 크레인을 사용하는데, 크레인에서 떨어진 물건들이 얼마나 큰 충격을 유발하며 얼마나 자주 떨어지는지에 대한 위험도는 Dropped Object Risk Analysis를 통해 이루어진다. 운전자들이 헬리콥터나 수송선을 이용하여 선박이나 설비에 출입하게 되는데, 이에 대한 위험도는 Transportation Risk Analysis로 이루어진다.

4.4 위험도 기반 설계

4. 4.1 다른 설계 방법론과 대비

흔히 사용되는 설계 방법론은 다음과 같다.

- 규정기반설계(Rule-Based Design)
- 성능기반설계(Performance-Based Design)
- 위험도기반설계(Risk-Based Design)

규정 기반 설계는 각종 규정, 보험 요구 조건, 해당 산업에서 전래, 사내 설계 표준 등에 따라서 실시하는 설계가 된다. 이러한 설계 방식은 궁극적으로 기존 사고를 분석하여, 이에 대비한 규범적인 대응 방안을 미리 마련해 둔 셈이다.

성능기반설계는 달성해야 할 성능을 상정해 두고, 이를 만족하도록 요구하는 방식이다. 예를 들어, 과압이 0.5 기압을 견딜 수 있는 구조물을 설계하도록 규정하면 성능기반설계가 된다. 조건은 이미 주어졌으므로, 성능을 만족하는지가 큰 관심사가 되며, 피해 규모 해석 기법이 중요한 역할을 한다.

위험도기반설계는 위험도를 추산하고 이 위험도를 감수할지 여부(결국은 설계의 수용 여부)를 판단하자는 방식이다. 따라서, 2가지가 꼭 수행되어야 한다. 첫 번째는 위험도를 추산하는 것이고, 두 번째는 위험도 감수 여부를 결정하는 것이다. 두 번째를 위해서 판단 기준이 필수적이다.

위험도기반설계가 꼭 우월하지는 않다. 위험도가 낮거나 간단한 시스템은 규정 기반 설계로 진행하는 것이 현명하다. 위험도기반설계는 많은 시간과 사람들을 필요로 한다. 예를 들어, 같은 화재 보호 시스템이라도 개념 설계, FEED, 상세 설계 단계에서 담당자가 다르며, 화재 보호 시스템은 화재 및 폭발 위험도뿐만 아니라, 배치나 전계장 등 다른 복잡한 사항까지 고려하여 설계되어야 한다. 자칫하면 적정한 설계가 아닌 부족하거나 과도한 설계에 도달할 가능성이 높다.

두 가지 접근법은 상호 보완적이다. 설계를 시작부터 끝까지 위험도 기반 설계 방식으로 수행하기는 현실적으로 불가능하다. 규정 기반 설계를 이용하면 플랜트 설계의 좋은 출발점을 만들 수 있다. 예를 들어, 각 장치별로 안전시스템은 API RP 14C에 따라 설계한 후에, 위험도기반설계를 진행해 나가면 효율적이다.

4.4.2 거시적인 위험도 목표

위험도 기반 설계는 궁극적으로 안전에 관한 목표(또는 허용 기준)를 설정해 두고 위험도 평가 및 경영 기법을 이용하여 체계적인 설계를 수행한 후에 이러한 목표가 만족되었다는 것을 보여주는 설계 철학이다(Kandola 2002). 예를 들어, 표 4-1과 같은 HSE 목표를 설정해 두고, 이 목표를 달성하기 위해 설계 측면에서 어떻게 해야 하는지 체계적으로 반영한다. 바꾸어 말하면, 안전에 관한 목표를 꾸준히 측정하고 설계에 반영하는 셈이다.

표 4-1 HSE 관리 목표(예)

Category	Index	Acceptance Criteria
Personnel Risk	Average Individual Risk of Fatality	0.001/year
Environment Risk	Spurious Liquid Discharge(>16 m^3)	0.1/year
Asset Risk	Loss of Capital Asset	0.01/year for $25 mil
Production Risk	Unavailability	5 %

4.4.3 안전중대요소와 성능

거시적인 목표만을 제시하는 것이 부족할 경우가 많다. 위험도를 산출하는데 워낙 많은 불확정성이 관여하기 때문이다. 이러한 염려를 위해 추가적인 사양이 제시되는데, 안전무결도(SIL)와 안전중대요소(SCE, Safety Critical Element)의 성능이 가장 대표적이다. 안전무결도가 전기전자 안전시스템의 신뢰도를 나타내듯이, 안전 중대 요소에 대해서도 성능을 지정한다.

안전중대요소(SCE, Safety Critical Element)는 고장이나 기능 손실시 대형 사고를 유발할 수 있는 것들을 말한다. 따라서, 구조, 장치, 시스템, 로직 프로그램, 전계장 등이 이에 해당된다. 위험요소 예방부터 비상 대응의 보호계층까지 여러 가지 안전 중대 요소가 지정되며, 각 요소별로 성능이 지정된다. 다음 표는 보호계층별로 안전 중대 요소를 나열한 예이다.

표 4-2 보호계층별 안전 중대 요소(SCE)

보호계층	안전 중대 요소
본질적 안전 (Inherent Safety)	배치도 최적화(Layout Optimization) 내용물 최소화(Inventory Minimization) 누출원 최소화(Leak Source Minimization) 점화원 최소화(Ignition Source Minimization) 사고 확산 최소화(Escalation Minimization)
위험요소 예방 (Prevention)	파이프라인 및 라이저 무결성(Pipeline and Riser Integrity) 구조적 무결성(Structural Integrity): Jacket, Topside, Bridge, Lifting Appliances 기계적 무결성(Machinery Integrity): Vibration, Noise
소형 사고 제어 (Control)	화재 및 가스 감지 시스템(Fire & Gas Detection System) : External Area, Enclosed Space, Rooms(E&I, General, Control) 비상정지시스템(Emergency Shutdown System) : ESD Valves, ESD Control System 비상 감압 및 플레어 시스템(EDP & Flare System) 임시 저류 및 배수 시스템(Bunding & Drainage System) 공기 조화(HVAC)
피해 저감 (Severity Mitigation)	방화수 시스템(Fire Water System) : Fire Water Pump, Fire Water Distribution, Fire Water/Foam Application Facilities 고정식 방화 시스템(Fixed Fire Extinguishing System) 방폭벽(Blast Barrier) 수동적 화재 보호(Passive Fire Protection) 비상 지원 시스템(Emergency Service System) : Power, Lighting, Communication, Power
비상 대응 (Emergency Response)	대피로(Escape Routes) 탈출 장비(Evacuation Equipment) 구조 및 복구 장비(Rescue & Recovery Equipment) 개인 보호 장구(Personal Protection Equipment)

제 5 장

정량적 위험도 해석

5.1 정량적 위험도 해석 개괄

5.1.1 정량적 위험도 해석의 역할

그림 5-1은 위험도 해석의 역할을 도식적으로 보인 것이다. 시스템은 달성해야 할 성능 목표(Goal)가 있으며, 많은 위험 요인(Hazard)들이 성능 목표가 달성됨을 방해한다. 위험도 해석이란, 위험 요인이 성능 목표에 어떤 과정을 통해 얼마나 많이 방해하는지를 해석한다.

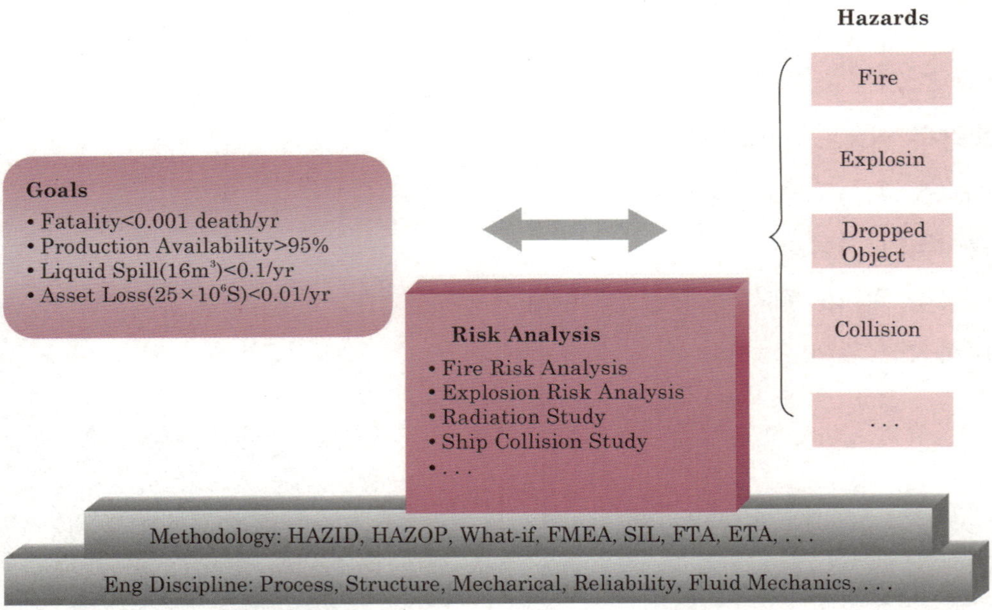

그림 5-1 위험요소와 성능 목표 및 위험도 해석의 역할

성능 목표 중 위험도 해석(Risk Assessment)의 가장 우선적인 관심은 안전(인명 사고)이다. 또한, 인명 사고의 방지가 생산을 방해하는 사고를 방지한다. 따라서, 인명 손실을 유발할 수 있는 대형 사고가 위험도 해석의 관심사이다.

어떤 사고들이 사망 사고를 유발할까? 우선, 화재 및 폭발이 가장 큰 기여를 한다. 독성가스 흡입, 질식, 추락 등도 일상적인 업무 중에 발생 가능하다. 출퇴근에 해당하는 선박이나 헬리콥터에 승선해 있는 상태에서도 사고의 위험이 있다. 장치의 유지 보수를 위하여, 크레인으로 장치를 옮기는 과정도 사망 사고의 위험을 포함하고 있다.

대형 화재나 폭발이 발생하여 대피나 탈출해야 하는 상황도 인명 사고의 가능성이 높다. 대피로가 화재로 인해 손상되어 있거나 연기로 인해 막혀 있으면 운전자는 안전한 장소인 임시 대피소(TR)이나 집결지(MA)로 대피할 수 없다. 위험 상황에서도 비상 시스템들은 자신의 역할을 수행해야만 사망 사고를 줄일 수 있다. 안전한 장소라고 여겨지는 임시 대피소(TR)이나 MA도 연기나 가연성 가스가 유입되면 대피자들의 생명을 위협한다.

설계가 어느 정도 수준으로 진행되면, 인명 사고와 이를 대비한 안전시스템을 평가하는 위험도 해석이 진행된다. 위험도 해석의 역할은 다음과 같다.

- 위험도 추산
- 안전설계의 평가
- 안전 측면에서 설계의 보완

위험도 추산

위험도 해석은 이들 사고가 발생시킬 수 있는 위험도, 즉 사망 가능성을 추산한다. 사망 가능성은 사고별로, 그리고 엔지니어별로 추산한다. 예를 들어, 화재 사고로, 헬리콥터 사고로, 구조적 파괴로 인한 사망 사고 가능성을 추산한다. 제어실에서 근무하는 엔지니어와 현장에서 검사하는 엔지니어는 사고에 노출되는 정도가 다르므로, 사망 가능성이 다르기 때문에 별도로 추산한다. 결국, 다음과 같은 개인 위험도(IR)가 위험도의 지표로 산출된다.

- 업무별 엔지니어의 개인 위험도
- 전체 평균 개인 위험도

• 각 사고 요인별 기여도

산출된 개인 위험도의 수준이 추가적인 해석과 안전설계 변경의 정도를 결정한다(4.2.3절 참조). 원유 가스 설비 중, 무시 가능 위험도 수준으로 나오는 경우는 극히 드물다. 고압 천연가스가 없이 저압 원유만 다루는 설비(예: Tank Farm)는 위험도가 매우 낮기도 하다. 하지만 대개의 경우는 허용 불가 위험도 영역이나 ALARP 영역에 속하게 된다. 허용 불가 위험도 수준이면, 심각한 설계 변경이 요구된다. ALARP 영역에 속하더라도 추가적인 해석이나 설계 변경이 면제되는 것이 아니다(6.1.3절 참조).

안전설계의 평가

위험도 해석은 위험요소에 대한 해석뿐만 아니라, 안전시스템에 대한 해석을 병행하게 된다. 위험도 해석에서 안전시스템이 누락된다면 그만큼 실제 설비의 안전도가 저평가된다. 화재 감지기를 설치했다면, 화재 위험도 평가에서 반영되어야 한다. 방폭벽이 설치되었다면, 폭발 해석에서 폭발 과압을 감소시키는 역할이 폭발위험도해석에서 평가되어야 한다.

화재와 폭발이 안전설계의 가장 큰 부분을 차지한다. 안전설계의 평가는 독립되어 특정 기능을 수행하는 안전시스템(화재 및 가스 감지 시스템, 비상정지시스템, 수동적 화재 보호 시스템 등)에 대한 직접적 평가이다. 예를 들어, 화재 감지 시스템이 얼마나 믿을만한지를 정량적으로 평가한다(7.4절 참조).

안전설계는 또한 별도로 분리되지 않는 안전 요소(본질적 안전설계나 사고 예방 안전계층)에 대한 간접적인 평가를 포함한다. 설비의 배치(Layout)가 적절한지는 직접적으로 평가하는 방법이 없지만, 화재 위험도나 비상 대피 해석을 통해 간접적으로 평가되는 셈이다.

개별적인 안전설계 항목에 대한 평가는 민감도 해석에 의해 가능하다. 사고 시나리오와 안전시스템 사이의 복잡한 관계는 개별적인 항목에 대한 평가가 구체적으로 이루어지는 것을 어렵게 한다. 폭발 위험도 해석을 예로 들자. 폭발 과압이 너무 높게 추산되었다면, 어떤 안전시스템이나 안전설계가 잘못 되었을까? 아마, 다음과 같은 요소들 중 하나 또는 여러 개가 높은 폭발 과압의 원인이었을 것이다.

- 공정이 복잡해서 가능한 누출원이 너무 많다.
- 공정구획이 너무 커서, 누출량이 많다.
- 가스 감지 시스템과 비상정지시스템의 반응이 너무 느리다.
- 회전기기류에 의한 점화원이 너무 많다.
- 장치들 사이의 간격이 너무 좁아 밀집도가 높다.
- 설비 자체가 우세한 풍향에 맞게 배치되지 않아, 환기성이 떨어진다.

일단, 개별적인 항목을 변경해 보고 위험도가 얼마나 감소되었는지를 분석한다. 예를 들어, 공정구획을 1개 더 증가시켜, 폭발 과압이 얼마나 감소하는지, 이에 따라 인명 피해는 얼마나 감소하는지 재계산해 보는 것이다.

안전설계의 변경은 비용의 증가를 반드시 수반한다. 공정구획을 증가시키면, 비상 정지 밸브, 비상 감압 밸브, 플레어 후미 배관(Tail Pipe) 관련 전계장 등의 설비가 추가된다. 일단 설치되면 지속적인 유지 보수에도 비용이 지출된다. 긍정적 측면(인명 피해의 감소)와 부정적 측면(금전적 지출)을 모두 고려해서 안전설계 변경이 결정되어야 한다. 결국, 수정된 설계에 대한 평가를 위해서는 민감도 분석 뿐만 아니라 편익 분석까지 수행되어야 한다.

안전 측면에서 설계의 보완

위험도 해석의 다른 역할은 안전 측면에서 설계 보완을 제시하는 것이다. 안전설계의 평가와 민감도 해석에 의해 자연스럽게 안전설계의 변경이 제시되기도 하며, 엔지니어의 경험으로부터 도출되기도 한다.

설계의 진행과 위험도 해석의 수행은 기본적으로 반복이다. 이상적인 설계 단계와 위험도 분석을 그림 5-2에 나타냈다. 개념설계에 대한 위험도 분석은 위험요소목록(Hazard Register)를 산출한다. 이어지는 기본설계(FEED)에서 작성된 위험요소목록에서 위험요소들이 적절히 처리되어야 한다. 기본설계에 대해서 정성적 및 정량적 위험도 해석이 진행되면, 더욱 자세한 위험요소목록이 만들어진다. 기본설계를 잇는 상세설계는 제작을 위한 마지막 관문이다. 따라서, 위험도가 충분히 낮아져야(As Low As Reasonably Practicable, ALARP) 설계가 승인되며, 그렇지 않으면 설계의 수정과 위험도 해석이 반복된다.

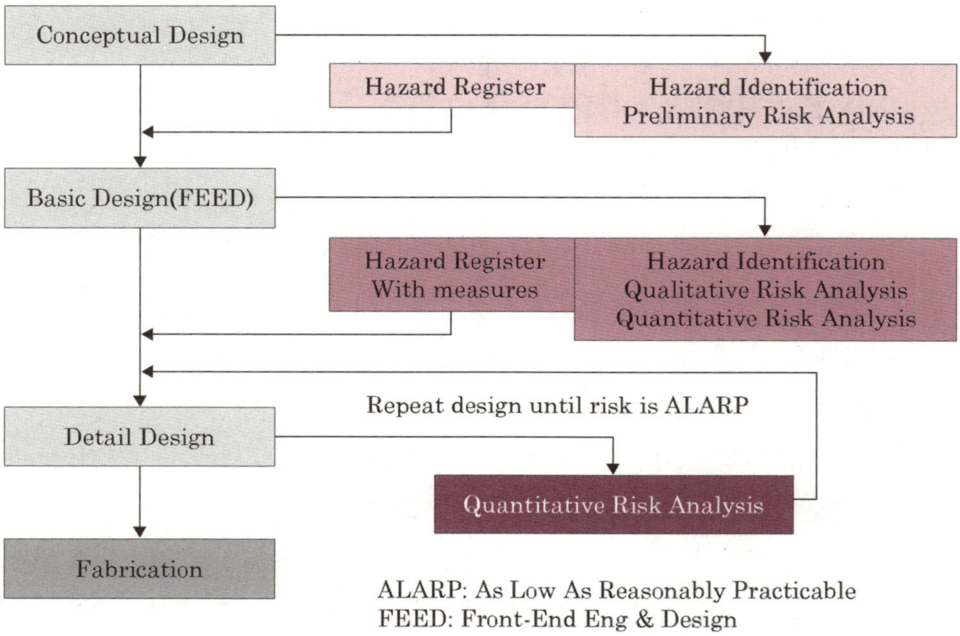

그림 5-2 이상적인 상세 설계와 정량적 위험성 평가

그림 5-3에 보인 바와 같이, 현실적으로 정량적 위험도 해석은 2 차례 정도 반복된다. 개념설계에 대해서는 정량적 해석보다 대부분 정성적 위험도 해석으로 가능한다. 기본설계(FEED)를 바탕으로 공종(Discipline)별 설계가 이루어지며, 동시에 위험성 해석(그림 5-3에서 '위험성 해석1')도 이루어진다. 대부분의 경우, 현실적인 제약으로 위험성 해석 결과가 기본설계에 반영되지 못한다. 상세설계에서 비로서 공종별 상세설계와 위험성 해석 결과가 반영된다. 상세설계에 대한 위험성 해석은 필수이며, 대개 해석 분야별로 문제의 심각성이 파악되며 설계 변경이 시도된다.

설계 변경은 대부분의 경우, 민감도 분석과 편익 분석을 필요로 한다. 또한 안전설계 충돌(Safety Conflict)을 고려하여 설계 보완이 이루어져야 한다. 많은 경우 안전설계가 양팔 저울과 같다. 한 쪽을 누르면, 저울 전체가 내려가지 않고 반대편이 올라가듯이, 한편의 안전도 증가가 다른 편의 위험도 증가로 나타나기 쉽다. 안전설계가 보완될 때는 이러한 오류가 발생하지 않도록 관련 엔지니어들이 충분히 검토해야 한다. 이런 맥락에서 보면, 설계와 위험도 해석을 아울러야 하는 해양플랜트 엔지니어링의 가야할 길이 멀다 하겠다.

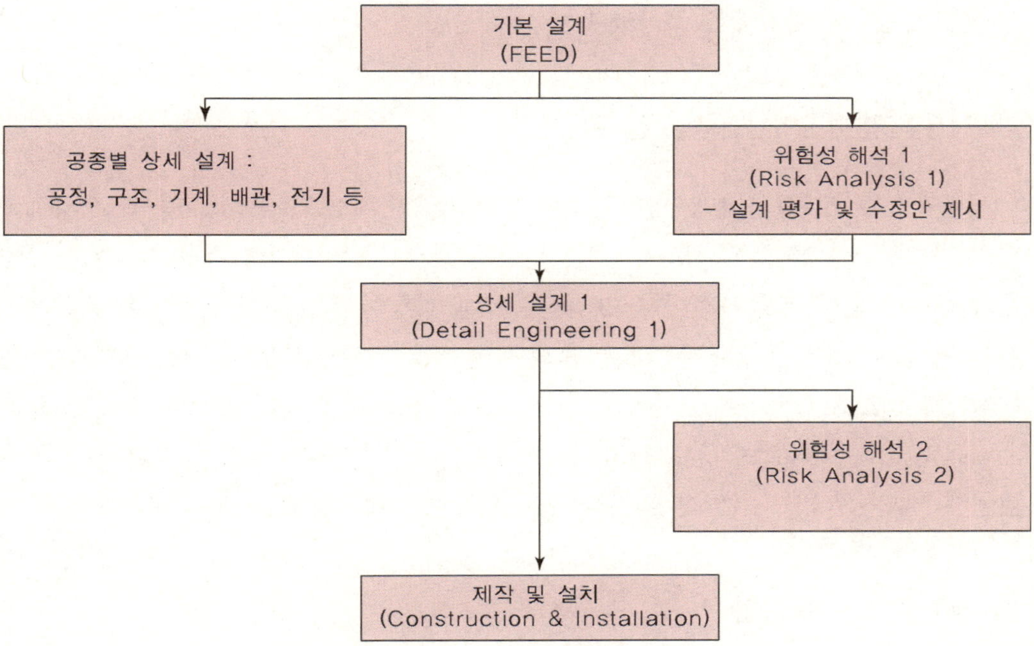

그림 5-3 현실적인 상세 설계와 정량적 위험성 평가

5.1.2 정량적 위험도 해석의 종류

해양플랜트의 특징상, 위험도 해석은 필수적이다. 게다가, 위험도 해석의 종류나 완성도는 매년 또는 공사마다 조금씩 증가하고 향상되는데, 이유는 다음과 같다.

새로운 위험요소에 대한 해석의 필요성

설계와 운전에 대한 경험 축적은 파악되는 위험요소의 개수를 자연스럽게 증가시키게 되며, 이에 대한 정량적 해석의 양과 질을 증가시킨다. 시나리오 기반 해석의 특성상, 고려에 포함되지 않는 위험요소와 안전시스템은 위험도 증감에 영향을 미치지 않는다. 따라서, 새롭게 파악된 위험요소를 기존 시나리오에 포함시키라는 요구로 나타난다. 기존의 시나리오 틀에 맞지 않으면, 새로운 별도의 해석으로 수행되어야 한다. 생산가용도 해석이 여기에 해당한다. 기존에 고장–운전의 이분법적 방식에서 벗어나, 부분 부하를 고려하여 가능한 생산량을 추산한다.

새로운 방법론이나 해석 도구의 개발

이론적으로는 가능하지만, 엄밀한 해석이 어려웠던 위험요소들의 정량적, 정성적 평가가 다양한 방법론과 해석도구의 개발로 가능해지고 있다. 가장 대표적인 예가 전산유체 해석에 의한 폭발 해석이다. 복잡한 현상과 다양한 조건 때문에 정밀한 폭발 해석은 과거에는 시도하기가 어려웠다. 누출되는 가연성 가스, 통풍을 유발하는 대기 속에서 확산, 생성된 가스운(Gas Cloud)의 이동, 점화원의 위치와 시간에 따른 감소, 폭발 가스운과 장치나 배관과의 상호 작용, 폭발 가스의 배출 등등. 하지만, 현재에는 이러한 요소를 모두 고려한 폭발 위험도 해석이 거의 모든 공사에 대해서 수행된다.

새로운 설비의 등장

기술의 발달로 새로운 설비들이 등장하면, 새로운 위험요소들이 파악되며, 이에 대한 위험도 해석이 필요해진다. 해상에서 액화 천연가스를 직접 생산하는 LNG FPSO의 등장은 해양 설비에서 초저온에 의한 위험요소를 동반한다. 기존 설비에서 저온은 대개 영하 수 십도(예: 플레어 시스템의 오리피스에서 감압시)였다. 하지만, 액화 천연가스 설비 등장으로 −160℃ 에 의한 위험요소를 도입하게 될 것이다.

위험도 해석은 크게 공정 위험도, 복사 및 확산 위험도, 비상시 위험도, 비공정 위험도, 통합적 위험도 5가지 분야로 분류 가능하며, 개별적인 보고서로 제출되는 위험도 해석은 다음과 같다.

1) 공정 위험도 해석(Process Risk Analysis)

- 화재 및 폭발 위험도 해석(FERA: Fire and Explosion Risk Analysis)
- 비상 감압 해석(Blowdown Study)
- 파이프라인 및 라이저 위험도 해석(Pipeline and Riser Risk Assessment Study)

2) 복사 및 확산 위험도 해석(Radiation and Dispersion Risk Analysis)

- 설비 배치 위험도 평가(Field Layout Risk Assessment)
- 플레어 복사열 해석(Flare Radiation Study)
- 탄화수소 및 독성 가스 확산 해석(Hydrocarbon and Toxic Gas Dispersion Study)
- 배기 가스 확산 해석(Emission Dispersion Study)

3) 비상시 위험도 해석(Emergency State Risk Analysis)

- 대피, 탈출 및 구출 해석(EERA: Escape Evacuation and Rescue Analysis)
- 비상 시스템 생존 가능성 해석(ESSA: Emergency System Survivability Analysis)
- 연기 및 가스 침투 해석(Smoke and Gas Ingress Study Report)

4) 비공정 위험도 해석(Non-Process Risk Analysis)

- 낙하물 및 중량물 취급 해석(Dropped Object and Material Handling Analysis)
- 헬리콥터 운항 위험도 해석(Helicopter Operations Risk Assessment)
- 선박 충돌 위험도 해석(Ship Collision Risk Assessment)

5) 통합적 위험도 해석

- 정량적 위험도 평가(QRA: Quantitative Risk Assessment)

개별 해석에 대한 자세한 방법론은 [CMPT, 1999]를 참조한다. 위험도 해석은 각개격파(Divide and Defeat)와 통합의 원칙이 적용된다. 위험요소들은 유사한 종류들끼리 분류하여, 한 묶음으로 분류된 것들에 대해서 개별적인 해석을 수행한다. 그리고 나서, QRA를 통하여 통합된다.

우선, 화재 및 폭발에 주로 관련된 공정 설비들에 의한 위험요소가 플랜트의 가장 큰 위험요소이다. 화재 및 폭발 위험도 해석은 가연성 유체의 누출이 화재와 폭발로 이어지는 위험도를 분석(화재 및 폭발위험도해석)한다. 폭발에 대한 전산 유체 해석이나 비상 감압에 대한 해석(비상 감압 해석)은 대개 별도로 이루어진다. 파이프라인이나 라이저는 대량의 가연성 유체를 포함하고 있으며, 단시간에 누출을 중지시킬만한 방안들이 만만하지 않다. 이들에 대한 해석들(파이프라인 및 라이저 위험도 해석)도 별도로 진행된다.

가연성 유체들을 공정 설비에서 외부로 배출시키면 위험도를 줄일 수 있지만, 여전히 복사 및 확산으로 잔여 위험도를 갖게 된다. 비상 감압에 의한 가스들은 플레어 스택에서 연소되는데, 연소에 의해 복사열이 방출된다. 이 복사열은 플레어 스택 주위에 운전자와 장치 및 전계장 설비를 위협하게 된다. 따라서, 거리에 따라 복사열이 어느 수준까지 올라가는지에 대한 분석(플레어 복사열 해석)이 이루어져야 한다.

상압 배출 시스템(Vent System)에 의한 탄화수소 확산도 문제가 된다. 대부분의 경우, 배출된 탄화수소는 운전자에게는 직접적 문제를 유발하지는 않는다. 하지만, HVAC나 연소 공기(가스터빈이나 디젤 엔진용)로 유입되면 대형 사고로 이어질 가능성이 있다. 배출 속도나 풍향 및 풍속에 따라 발생 가능한 위험을 분석(탄화수소 확산 해석)해야 한다.

독성가스(대개 H_2S)의 확산도 문제가 된다. 배출되는 독성 가스가 나타낼 수 있는 농도 한계에 대한 분석(독성 가스 확산 해석)이 이루어져야 한다. 독성 가스의 확산은 설비 내부적인 문제 뿐만 아니라, 이웃하는 설비들에게 악영향을 미칠 가능성이 있다. 이웃하는 설비들이 직접 영향을 미치지 않더라도 설비들을 연결하는 배관에서 누출이 발생하면 독성 가스가 영향을 미치게 되므로, 이에 대한 해석(설비 배치 위험도 평가)이 필요하다.

설비에서 필요한 전원이나 동력을 자체적으로 생산하면, 상당량을 배기 가스가 방출된다. 배기 가스는 특히 헬리콥터나 HVAC에 악영향을 줄 가능성이 크다. 스택 위치나 높이 변경을 판단하기 위한 배가스 확산 해석이 필요하다.

대형 화재나 폭발이 발생하여 대피나 탈출해야 하는 상황에서 작동하는 시스템들은 가장 궁극적인 안전 설비이다. 다양한 손상 원인(화재, 폭발, 복사열, 연기, 가연성 가스, 독성 가스 등)들이 대피로를 위협한다. 복잡한 대피로 구성은 당황한 운전자들의 판단력을 흐리게 한다. 계단은 대피 속도를 낮춘다. 대피 후에도 탈출을 위한 여러 가지 작업들이 필요하다. 이러한 다양한 요소들이 고려되어 대피, 탈출 및 구출 해석이 이루어진다.

위험 상황에서도 비상 시스템들은 자신의 역할을 수행해야만 위험도를 줄일 수 있다. 방화수 펌프는 화재 구역에 방화수를 살포하여 화재 확산을 늦추어야 한다. 비상 전원 공급 시스템은 비상시에 필요한 여러 안전 설비들이 제대로 작동되도록 전원 공급해야 한다. 이러한 시스템들이 제대로 작동하는지에 평가가 비상 시스템 생존 가능성 해석에서 이루어진다. 임시 대피소(TR)와 집결소(MA)는 대피자 안전을 위한 최후의 보루이다. 이 설비들이 연기나 가스 침투에 어느 정도의 강건성을 가지는지 평가(연기 및 가스 침투 해석)되어야 한다.

비공정 위험도 해석은 공정 이외의 분야에서 발생하는 위험도를 평가한다. 유지 보수 작업들은 크레인을 이용한 중량물 이동을 필수적으로 동반한다. 이동중인 중량물이 설비와 충돌하거나, 크레인 줄이 끊어져 낙하할 가능성이 있는지에 대한 분석(낙하물 및 중량물 취급 해석)이 이루어진다. 교통 수단으로 흔히 사용되는 헬리콥터에 의한 위험도 해석도 필수적이다. 선박과의 충돌은 선박의 크기와 동력 추진 여부에 따라 다양하게 분석되어야 한다.

통합적인 사망 위험도는 정량적 위험도 분석(QRA)에서 이루어진다. 사망 위험도는 직종별로 달라진다. 제어실에 근무하는 제어 엔지니어와 현장에서 통상적인 검사를 수행하는 현장 엔지니어의 위험도가 다르다. 위험도에 기여하는 요소에 대한 분석도 이루어져야 한다. 요소별 기여도 분석은 안전 대책이 어디에 맞춰져야 하는지에 좋은 지침을 제공한다. 예를 들어, 화재 사고가 사망 위험도에 가장 큰 원인을 차지하면, 안전 대책은 화재 위험도 저감에 맞추어진다.

사망자 산출 관점에서 나누어 보면, 다음 해석들은 사망자를 직접적으로 산출한다.

- 대피, 탈출 및 구출 해석(EERA: Escape Evacuation and Rescue Analysis)
- 헬리콥터 운항 위험도 해석(Helicopter Operations Risk Assessment)
- 선박 충돌 위험도 해석(Ship Collision Risk Assessment)

정량적 위험도 해석(QRA)는 이 결과들을 직접 인용하여 수고를 덜 수 있지만, 나머지 해석들에 대해서는 해석 결과로부터 사망자를 산출하는 작업을 추가해야 한다. 예를 들어, 화재 및 폭발위험도해석(FERA: Fire and Explosion Risk Analysis) 결과로부터 화염의 특성(길이, 지속 시간, 복사열)을 파악하고, 이를 사망자수로 연관 지어야 한다.

5.1.3 정량적 위험도 해석의 순서

다수의 위험도를 다양한 방법으로 해석해야 하고, 위험도 해석들 사이에도 주고받을 정보가 많기 때문에, 적절한 순서로 위험도를 해석을 수행해 나가는 것이 좋다. 그림 5-4는 가장 일반적인 순서를 나타낸다.

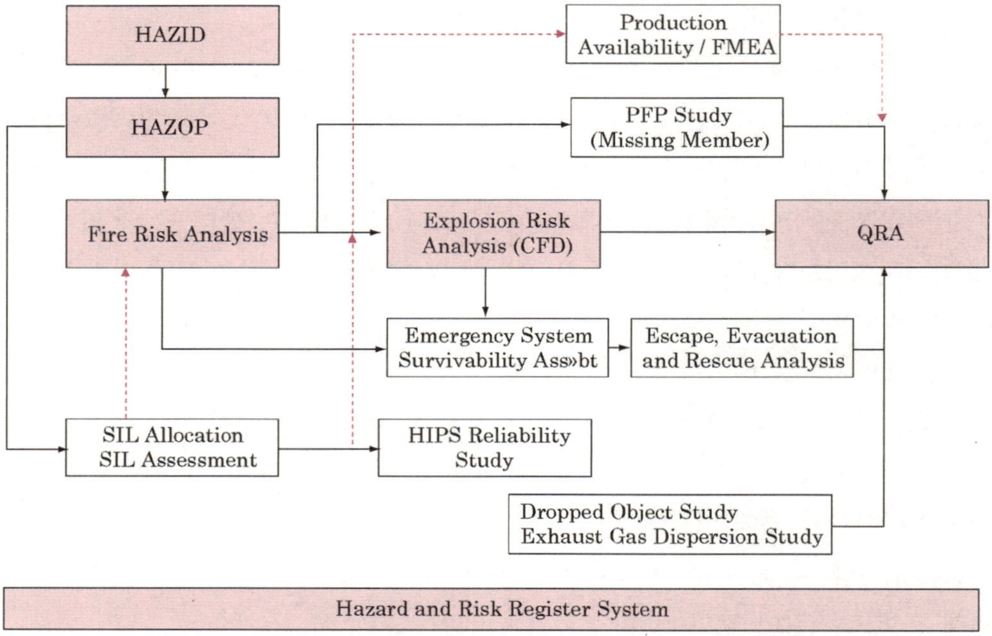

그림 5-4 위험도 해석의 순서

가장 중심이 되는 해석들은 색칠해져 있는 HAZID, HAZOP, Fire Risk Analysis, Explosion Risk Analysis, QRA가 되고, 모든 위험요소나 위험도가 기재되고 관리되는 Hazard/Risk Register이다. 앞서 보인 바와 같이, 개념설계가 완료되면 HAZID가 이루어진다. 해양플랜트에 가장 중요한 위험요소들이 파악된다. 이를 반영하여 기본설계가 완료되면 HAZOP이 수행된다. 전체 설계를 조목조목 따지게 된다. HAZOP이 완료되고 나면, 화재위험도해석(Fire Risk Analysis)를 수행한다.

화재위험도해석은 거시적인 관점에서 수행되는 첫 번째 정량적 해석이라고 할만 하다. 이 해석을 위해서는 공정 정보(공정 구성, 장치 특성, Inventory 성질 및 양 등) 뿐만 아니라, 안전시스템(화재/가스 감지시스템, 비상감압 시스템, 비상정지 시스템)에 대한 정보가 필요하다. 사고가 발생할 확률이나 안전시스템의 작동 확률(안전무결도:SIL)이 해석에 반드시 포함되어야 한다.

폭발위험도해석(Explosion Risk Analysis)는 화재 위험도 해석의 결과를 많이 인용한다. 폭발의 원인(Inventory나 점화원)이 화재의 원인과 같고, 안전시스템(화재/가스 감지 시스템, 비상감압 시스템, 비상정지 시스템)도 많은 부분 겹치기 때문이다.

안전무결도 해석은 안전무결도의 설정(Allocation)과 평가(Assessment) 단계로 나누어진다. 설정 단계에서는 위험도를 고려하여 어느 정도의 신뢰도를 가져야 하는지를 결정한다. 결정된 안전무결도가 설계를 통하여 실제로 구현되었는지를 평가 단계에서 검증한다. 안전무결도가 전기전자적 안전시스템에 관한 신뢰도이므로, 관련 정보가 화재/폭발 해석에 전달되어야 한다.

고신뢰도압력보호시스템(HIPS)는 비상시 해양플랜트로 유정 유체의 진입을 원천적으로 차단하는 시스템이며, 그 중요성 때문에 별도의 신뢰도 해석을 수행한다. 이 해석은 신뢰도 정보뿐만 아니라, 전체적인 시스템 구성과 공정 동특성(Process Dynamics)을 반드시 고려해야 한다.

화재/폭발 위험도가 해석되고 나면, 다른 해석들이 상당히 많은 정보를 가지고 이루어질 수 있다. 화재 시나리오를 분석하면 특정 일차 구조 부재(Primary Structural Member)가 파손될 가능성이 파악된다. 이런 구조 부재의 파손을 가정하고, 구조적 안전성을 검토하는 것이 파손 구조부재 해석(Missing Member Analysis)이다. 이를 피하기 위해 어떤 부분에 단열재(Passive Fire Protection)를 부착해야 하는지 수동적 화재보호 해석(PFP Study)에서 결정한다.

사고와 장치 고장에 의한 생산 손실은 생산가용도(Production Availability) 해석을 통해서 분석한다. 주요 장비들의 고장과 수리에 대한 분석은 FMEA를 통해 이루어진다. 비상시 안전시스템들은 손상되지 않아야 하며, 최악의 상황에서 운전자들이 해양플랜트를 탈출하는데 필요한 최소 시간 동안 만큼은 손상되지 않아야 한다. 실제 상황에서 위와 같은 안전이 확보되는지 분석하는 과정을 비상시스템 생존성 해석(Emergency System Survivability Analysis)이라고 한다. 대피나 탈출, 그리고 구조(Rescue)의 과정에서 문제점은 대피 및 탈출, 구조 해석(EER Analysis)을 통해 알 수 있다. 그 외 비공정적 위험도(Non-Process Risk)를 해석한다. 낙하물, 선박충돌 또는 유해가스가 위험도 해석에 미치는 영향이 중요하기 때문이다. 이 모든 해석이 끝나고 나면, 정량적 위험도 해석(QRA)를 통해서 통합한다. 따라서, QRA를 위해서는 많은 해석들이 미리 수행되어 있어야 한다.

5.2 정량적 위험도 해석 방법론

위험도 해석은 다음과 같은 질문에 답을 해야 한다.

- 어떤 위험요소가 어떤 과정을 통해 사고로 이어지는가?
- 어떤 안전시스템들이 사고의 전개를 어떻게 어느 정도 예방하는가?
- 최종적인 위험도(사고 발생 빈도와 사고 피해 규모)는 얼마인가?

이러한 질문에 효과적인 방법이 위험도 기반 설계의 3 단계에 시나리오 분석과 사건수 분석(ETA)을 적절히 융합시키는 것이다. 위험도 해석 방법론은 다음과 같이 3 가지 축으로 요약된다.

1) 해석 단계

위험도 기반 설계의 3 단계인 위험요소 파악, 위험도 추산, 대책 수립을 따른다(4.2.1절 참조). 경우에 따라서, 특정 단계를 다단계로 세분화할 수 있지만, 전체적인 맥락에서는 위의 3 단계를 따른다.

2) 시나리오 구성

위험요소의 발현, 사고의 발생, 안전시스템의 역할 등을 포함하여 사고 전개의 메커니즘을 구성한다. 시나리오는 대표적인 사고의 발생, 전개, 확산 등을 설득력 있게 보여준다. 또한, 사고에 대항하여 안전시스템이 어떻게 작용해야 하는지를 구체적으로 상정한다.

3) 사건수 분석(ETA)

이분법적인 사고를 통하여 사고 시나리오를 표현하며 확률적 분석 결과를 도입하여 발생 빈도를 정량화 하고, 피해규모를 분류한다. 이분법적 분류 방식은 사고의 전개를 더욱 명확하게 보여준다.

우선, 5.2.1절에서 일반적인 위험도 기반 설계의 3단계를 기준으로, 위험도 해석이 진행되는 방법을 설명한다. 이러한 설명은 이해를 돕기 위한 것으로, 필수적인 방법론은 아니다. 이어지는 절에서 화재 및 폭발위험도해석을 예로 든다.

5.2.1 위험도 기반 설계의 3 단계와 정량적 위험도 해석

위험도 해석은 일반적인 위험도기반설계의 3 단계에 시나리오 분석과 사건수 분석을 추가하여 체계적이며 정량적으로 분석하게 된다. 물론, 사고의 특성(원인, 전개, 결과 모두)이 단순하면, 이러한 단계를 따를 필요는 없다. 만약, 사고의 특성이 복잡해지면, 더 세분화된 접근법을 채택해야 할 것이다.

다음 그림은 위험도 해석을 위하여 일반적인 위험도기반설계에 덧붙여 진행되어야 할 업무들을 나열한 것이다. 자세한 내용은 다음과 같다.

일반적인 위험도 기반 설계		위험도 해석의 추가적 업무
단계 1. 위험요소 파악 (HAZID)	1) 시스템 분석 2) 위험요소 파악	가) 사고 전개 메커니즘 파악 나) 안전시스템/장치 파악 다) 내재적 안전 현상 파악
	↓	
단계 2. 위험도 추산 (Risk Assessment)	1) 발생 빈도(Frequency) 2) 피해 규모(Consequence)	가) 시나리오 구축 나) 사건수 분석(ETA)
	↓	
단계 3. 대책 수립 (Decision-Making)	1) 위험도 선별(Screening) 2) 안전 대책 수립 3) 설계에 반영 (Implementation)	가) ALARP 검증(ALARP Demonstration) 나) 민감도 분석 다) 비용 편익 분석(Cost Benefit Analysis) 라) 안전 대안의 추천 및 역효과 분석 마) 잔여 위험도 분석 (Marginal Risk Analysis)

그림 5-5 위험도 분석의 3 단계

단계 1. 위험요소 파악(HAZID)

다음과 같은 점에서 추가적인 접근이 필요하다.

가) 사고 전개 메커니즘 파악
나) 안전시스템/장치 파악
다) 내재적 안전 현상 파악

사고 전개 메커니즘은 사고가 어떤 식으로 전개되는지에 대한 물리적인 설명이다. 일단, 안전시스템이나 내재적 안전 요소가 없는 상황에서 사고의 전개만을 고려한다. 안전시스템이라는 장애물이 없는 상황에서 위험요소는 잠재적 사고가 되고 다시 대형 사고로 확산된다.

안전시스템이나 장치는 사고 전개 메커니즘 중간에 설치된 장애물이다. 이들은 5개의 보호계층(3.5.4절 참조)에 속하게 되는데, 사고 전개 메커니즘의 어느 부분에 영향을 주는지는 작동 타이밍과 물리적인 현상과 일치해야 한다. 화재 감지기는 화재가 존재한 이후에 작동하며(작동 타이밍), 장비에 가려진 화재는 동물의 눈과 비슷한 화염 감지기로 감지하기는 어렵다(물리적 현상).

내재적 안전 현상은 시스템 자체적으로 위험도를 경감하는 물리적 현상을 일컫는다. 예를 들어, 분사 화재에 의해 공격받는 고압 플레어 헤더(HP Flare Header)를 고려하자. 온도에 따른 금속 재질의 강도는 급격히 감소한다. 따라서, 고압 플레어 헤더가 분사 화재에 노출되면 내압을 이기지 못하고 파괴될 가능성이 높으며, 이를 피하기 위해 수동적 화재 보호(PFP)를 적용해야할 가능성이 높다. 이를 판정하기 위한 해석 시, 플레어 헤더의 열용량만을 고려하면, 온도 상승은 급격하다. 하지만, 다음과 같은 내재적 안전 현상을 고려하면 온도 상승은 그리 높지 않다.

- 내부 유체의 질량 및 열용량
- 내부 유체 흐름에 의한 냉각 효과
- 오리피스 통과를 통한 온도 하강

반대로, 오리피스를 통한 온도 하강 때문에 플레어 헤더의 재질을 저온 사양으로 지정할 것을 요구하는 경우도 흔하다.

단계 2. 위험도 추산 (Risk Assessment)

대부분의 위험도 해석에서는 단순한 발생 빈도(Frequency)와 피해 규모(Consequence)의 산정에 그치지 않는다. 다음과 같은 업무들이 수행되어야 한다.

가) 시나리오 구축
나) 사건수 분석(ETA)

시나리오 구축은 단계 1을 체계적으로 정리한 것이다. 사고 메커니즘에 안전시스템과 장치를 적절히 배치하여 줄거리를 만든다. 내재적 안전 현상은 피해 규모 추산시 적절히 고려되어야 한다. 현상적인 사고 메커니즘을 수치적으로 처리하기 쉽게 사건수 분석(ETA)으로 변환시키면, 피해 규모별로 발생 빈도가 추산된다.

사건수 분석(ETA)은 '정성적인 피해 규모별'로 '정량적인 발생 빈도'를 보여준다. 예를 들어, '대형 폭발 사고의 발생 빈도가 1.2×10^{-5} /yr이다'라는 방식으로 나오게 된다. '대형 폭발 사고'의 폭발 과압이 얼마나 되는지에 대한 분석이 사건수 분석에서는 이루어지지 않는다. 정량적인 피해 규모는 사건수 분석과는 별도의 해석이 필요하다. 위의 예에서는 폭발 과압을 전산 유체 해석(CFD)하는 작업이 필요하다. 따라서, '대형 폭발 사고'의 '과압'이 경우마다 달라진다. 여기에서 경우는 누출 크기 및 위치, 바람 방향, 점화원 밀도 등에 따라서 구분되는 상황이 된다.

단계 3. 대책 수립(Decision-Making)

이 단계에서 추가되어야 작업은 다음과 같다.

가) ALARP 검증(ALARP Demonstration)
나) 민감도 분석
다) 비용 편익 분석(CBA)
라) 안전 대안의 추천 및 역효과 분석
마) 잔여 위험도 분석 (Residual Risk Analysis)

ALARP 원칙은 위험도 기반 설계의 가장 큰 특징(장점이면서 동시에 단점)이다. 가장 큰 단점 중 하나는 정형화된 정의를 하기 어렵다는 점이다. 어떤 설비가 ALARP

원칙을 만족하여 설계되었는지를 정량적으로 평가하는 방법이 없기 때문이다. 사람마다 기관마다 ALARP(As Low As Reasonably Practicable)의 의미가 다르다. 대표적인 의미들을 나열해 보면 다음과 같다.

- 실행 가능한 안전도 최대
- 실행 가능한 수준에서 가장 최신의 기술을 적용
- 실행 가능한 수준에서 이전보다 우수한 안전 수준

ALARP 원칙이 준수되었는지에 대한 검증(ALARP 검증)은 대개 다음과 같이 3가지 관점에서 이루어진다.

- 기본적인 규정이나 법규를 만족
- 좋은 실시 방법(Good Practice)의 채용
- 위험도 감소의 이익 증가가 안전시스템의 비용 증가보다 현저히 작지 않을 때

기본적인 규정이나 법규의 만족은 기초적인 규정 기반 설계를 의미한다(4.3.1절 참조). 대부분의 기존 설계나 공급자들이 제공하는 설계들이 규정과 법규에서 맞게 되어 있다. 기준이 존재하기 때문에 설계 전개와 오류 수정에 큰 문제가 없다.

'좋은 실시 방법'은 위험도를 줄이기 위한 표준들의 지침(Guidance)에 의거한다. 지침은 규정만큼 명확하지 않다. 예를 IEC에서 표명하는 '전과정(Life Cycle)에 걸친 전기전자 안전시스템의 관리' 지침은 광범위하고 자의적인 해석이 가능하다.

비용 편익 분석(CBA)는 안전 대책에 의해 발생하는 비용과 이익을 모두 하나의 단위(금액)으로 산출하여 비교하고자 한다. 안전 대책의 비용은 다음과 같이 전과정 비용을 고려해야 한다(7.5절 참조).

- 초기 투자 비용
- 운전 비용
- 생산 지체 비용의 감소

안전 대책에 의해 생산 지체가 증가할 수도, 감소할 수도 있으므로 마지막 항목은 주의해서 산출해야 한다. 예를 들어, 안전 훈련으로 생산이 지체된다면, 생산 지체 비용은 양의 값(즉, 비용)이 된다. 반대로, 안전시스템에 의해 사고가 줄고 이 때문에 생산 지체가 줄어든다면, 생산 지체 비용은 음의 값(즉, 이익)이 된다.

전 과정의 비용에 걸맞게 이익도 다음과 같이 포괄적이어야 한다.

- 사망, 부상, 질병, 환경 오염의 감소
- 사고 대응 비용(사고 처리반 파견, 부상자 호송 등등)
- 다른 사고 감소에 대한 간접적 기여

이익 중 사망 감소에 의한 이익을 산출하기 위해서는 인명을 금액으로 환산해야 한다. 꺼려지는 일이기는 하지만, 대체로 20억원 내외를 선택한다. (HSE 경우에 대해서는 다음의 인터넷 웹페이지를 참조한다. http://www.hse.gov.uk/risk/theory/alarp.htm)

이 금액이 회사의 변제 금액이나 피해 가족의 보상 금액과는 상관이 없음에 주의한다. 한 가지 방법은 사망에 의한 국민총생산의 감소로 산출하는 것이다. 1인당 국민 소득이 2만 달러인 국가에서 한 직장인이 4인 가족을 부양한다면, 그 사람의 사망은 연간 8만 달러의 손실이 된다. 평균 근로 기간이 30년이라면 240만 달러(약 22억원)의 전과정 손실이 발생하는데, 이 전과정 손실이 인명의 금액이 된다.

비용 편익 분석이 비용과 이익을 일대일로 비교하지는 않는다. HSE 경우는 비대칭적 비례 인자(Disproportion Factor)를 도입한다. 이 인자는 사고 크기와 빈도의 함수이다. 예를 들어, 다음과 같이 2가지 경우를 고려하자.

- 경우 1. 안전시스템의 비용이 1 만불이며, 발생하는 이익 0.9 만불
- 경우 2. 안전시스템의 비용이 1,000 만불이며, 발생하는 이익 900 만불

경우 1의 이익이 작은 이유는 사망 사고가 없어서일 것이며, 대조적으로 경우 2의 이익이 큰 이유는 다수의 사망 사고나 엄청난 환경 오염을 방지하기 때문일 것이다. 경우 1에 대해서는 비용과 이익을 일대일 대응해서 안전시스템을 추가하지 않는 것이 타당하다. 경우 2는 애매해진다. "100만불이 아까워서 대형 사고를 막지 말아야 하는가?"라는 문제가 발생하기 때문이다. 이런 고민을 회피하기 위해, 비용이 이득보다 현저히 커지는 조건에서만 안전시스템을 포기하도록 한다. 즉, 비대칭적 비례 인자를 2 정도로 가정하면, 대형 사고의 경우(이익이 큰 경우) 비용이 이익보다 2배 이상 큰 경우에만 안전시스템을 포기한다.

5.2.2 화재 및 폭발 위험도 분석의 예

화재 및 폭발 위험도를 예를 들어 위에서 설명한 단계를 밟아보자. 단계 3은 내용상 복잡하므로, 단계 1과 단계 2에 대해서만 간략히 살펴보자.

단계 1. 위험요소 파악(HAZID)

1) 사고 전개 메커니즘 파악

가) 부식이나 낙하물에 의해 배관이나 장치에 구멍이 발생한다.
나) 구멍을 통해 가연성 가스가 대기 중으로 분출된다.
다) 분출된 가스가 바로 점화되면 화재가 된다.
라) 분출된 가스가 바로 점화되지 않으면 가스운을 형성한다.
마) 형성된 가스운이 점화되면 폭발하며, 그렇지 않으면 환기로 희석된다.

2) 안전시스템/장치 파악

가) 가스 감지기, 화재 감지기
나) 비상정지시스템, 비상 감압 시스템
다) 수동적/능동적 화재 보호
라) 방화벽, 방폭벽

3) 내재적 안전 현상 파악

가) 내부 액상 유체에 의한 열흡수(대신 증발로 인해 압력 증가)
나) 비상 감압식 유체에 의한 냉각 효과
다) 대기에 의한 희석 효과

단계 2. 위험도 추산 (Risk Assessment)

1) 시나리오 구축

가) 초기 사건을 누출로 선정한다.
나) 누출 후 즉각적 점화 여부로 화재와 폭발을 구분한다.
다) 화재인 경우(즉각적 점화의 경우), 화재 감지는 비상정지시스템을 활성화한다.

라) 폭발의 경우(지연 점화의 경우), 가스 감지는 비상정지시스템을 활성화한다.

마) 비상정지시스템의 활성화 여부로 화재와 폭발의 사고 피해를 재분류한다.

2) **사건수 분석(ETA): 화재 및 폭발에 대한 간단한 사건수 분석은 다음 그림과 같다.**

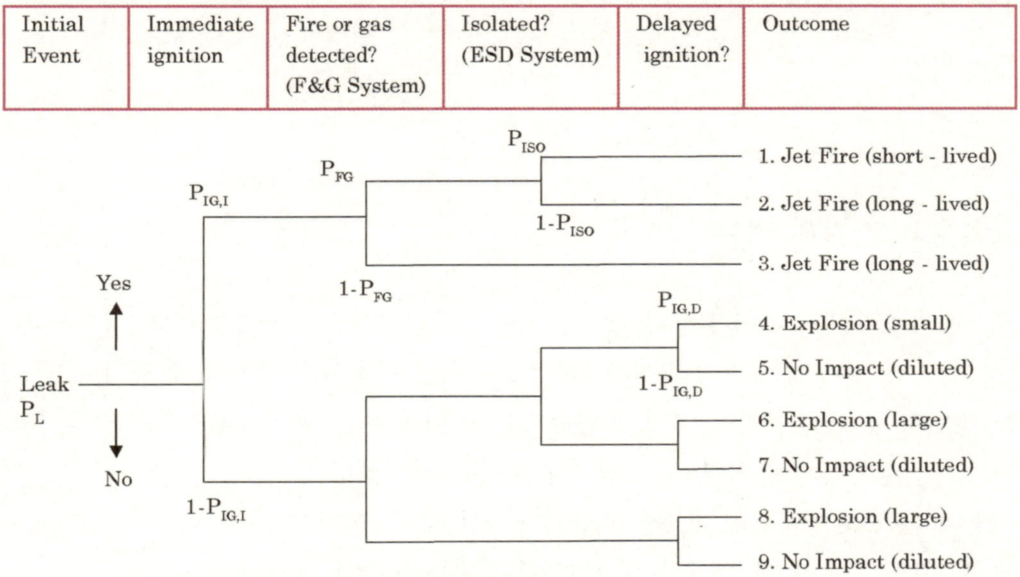

$P_{IG,I}$ = Probability of immediate ignition
$P_{IG,D}$ = Probability of delayed ignition
P_{FG} = Probability of successful detection of fire and gas
P_{ISO} = Probability of successful isolation

그림 5-6 화재 및 폭발을 위한 사건수 분석(ETA)의 예

5.3 통상적인 가정들

5.3.1 가정의 역할

대부분의 모델링과 마찬가지로, 위험도 해석도 나름대로 가정이 필요하다. 필요한 수준을 넘어서, 상당히 많은 양의 가정을 요구한다. 위험도 해석은 가정 위에 세워져 있다고 해도 과언이 아니다. 당연히, 가정에 따라 결과가 달라진다. 시나리오에 따라서 분석하게 되므로, 가정의 변경은 위험도 해석의 재수행을 의미한다.

다음과 같은 분류에 대한 가정이 필요하다. 각 분류는 여러 가지 세부 항목을 포함하고 있으며, 이들 각각에 대한 가정이 정의되어야 한다.

- 빈도에 대한 가정
- 피해 규모에 대한 가정
- 사고 전개에 대한 가정

본격적인 위험도 해석에 앞서 이해 당사자간에 가정에 대한 합의를 한다. 가정 목록(Assumption Register)을 분석 수행자가 작성하고, 발주자와 시행자에 제출하여 승인을 얻게 된다. 발주자는 보수적인 가정을 당연히 선호한다. 시행자가 설계 변경을 책임져야 하는 경우이면(대부분 그렇듯이), 가정이 너무 보수적이지 않도록 주의한다.

실제보다 보수적인 가정에 바탕을 두고 수행된 위험도 해석은 설계 변경이나 안전시스템 추가를 결론으로 도출하기 쉽다. 특히, 공사 수행에 대해 직접적인 책임이 없는 제 3의 기관은 이러한 결론을 제안하는데 큰 고민을 하지 않는다. 심지어, 이러한 제안을 하는 것이 기술 용역에서 담당해야 할 분야라고 여기는 경우도 많다. 일단, 숫자를 동반한 결론이 보고서에 실리고 나면, 그 결론을 반박하거나 무시하기가 쉽지 않다. 그러한 결론을 미연에 방지하는 첫걸음이 가정에 대한 면밀한 검토이다.

5.3.2 빈도에 대한 가정

다음 사건의 빈도에 대한 가정이 필요하다.

- 누출
- 화재 및 폭발의 발생(점화 확률)
- 장치 및 계장의 고장

누출 빈도는 배관과 장치로 이분된다. 배관의 경우에는 단위 길이당 연간 발생 빈도를, 장치의 경우에는 단위 장치당 연간 발생 빈도로 표시한다. 배관의 요소인 플랜지나 밸브는 장치로 간주한다. 어느 경우에나 누출의 크기와 빈도는 반비례한다. 작은 누출은 빈도가 높은 반면, 큰 누출은 빈도가 낮다. 로그 정규 분포(Log Normal Distribution)를 따른다고 가정한다.

점화 확률은 점화원의 밀도와 세기에 따라 달라진다. 회전 기기류, 계장, 심지어 운전자까지 점화원으로 인식된다. 폭발의 경우, 가스운의 크기에 비례하여 가스운 내부에 포함된 점화원의 개수가 증가한다. 즉, 점화 확률이 가스운의 크기에 비례한다. 비상 정지가 활성화되면, 꼭 필요한 전원 이외에는 전원이 차단되므로 점화원의 개수(결국, 점화 확률)가 줄어든다. 따라서, 시간에 따라 점화 확률은 줄어들게 된다.

화재는 즉각 점화(Immediate Ignition)에 의해 발생하므로, 비상 차단에 의한 점화 확률 감소의 혜택을 누릴 수 없다. 화재의 경우에는 누출의 크기와 점화 확률 사이의 상관관계가 적은 것으로 알려져 있다.

장치와 계장의 고장은 일부 자료집으로 정리되어 있으며, 상용 프로그램에 내장되어 있는 경우도 있다. 해양 설비의 경우에는 OREDA 핸드북에 체계적으로 수록되어 있다. 고장을 고려할 때 시스템의 경계와 고장의 종류에 유의해야 한다.

5.3.3 피해 규모에 대한 가정

다음과 같은 피해 규모에 대한 가정이 필요하다.

- 상해 및 사망
- 복사열
- 폭발 과압
- 독성 가스

통상적인 작업 도중 발생하는 업무상 위험도(Occupational Risk)는 지금까지의 평균을 사용한다. 이 때, 대형 사고(예: Piper Alpha 사고)를 포함할지 여부에 따라 업무상 위험도 값이 상당히 많이 달라진다.

복사열에 의한 인명 위험도는 2가지 방법으로 표현이 가능하다. 첫 번째는 한계값을 정하는 것이다. 예를 들어, 15 kW/m^2 이상이면 즉각적 사망으로 간주한다. 다른 방법은 시간에 따른 효과를 고려한다. 복사열 강도와 노출 시간을 곱하여 Probit 함수로 표현한다. 이 접근법에 따르면, 큰 복사열에 짧은 시간 노출되는 경우와 작은 복사열에 장시간 노출되는 경우가 같은 피해를 유발하게 된다. 이러한 접근법은 독성 가스에 대해서도 똑같이 적용된다.

폭발은 순식간에 지나가므로, 폭발 과압의 경우에는 시간에 의한 효과를 고려할 필요가 없다. 물론, 시간 효과를 제외하고, 폭발 과압만으로 Probit 함수로 나타내는 것도 가능하다. 대개 0.7 bar 정도면 50% 정도의 사망 확률을 나타낸다.

5.3.4 사고 시나리오에 대한 가정

사고 시나리오는 다음과 같은 점에 주의해서 가정되어야 한다.

- 물리적인 원리와 현상에 부합
- 안전시스템을 반드시 포함
- 간단한 시나리오

냉정한 의미에서 사고의 전개는 물리적인 법칙에 따라 진행된다. 사고 지점보다 높은 곳에 있는 물체들은 화재나 연기에 의해서 부정적인 영향을 받게 된다. 누출 유체가 원유 종류이면 아래로 흐르기 때문에, 낮은 사고 지점도 부정적 영향을 받게 된다. 바람이 불게 되면, 가스운은 바람에 따라 이동하지만, 분사 화재라면 작은 풍속에는 크게 영향을 받지 않는다. 이와 같이, 사고의 전개가 물리적인 법칙을 충분히 반영하도록 시나리오를 구축한다.

사고 시나리오에 안전시스템이 반드시 포함되어야 한다. 대부분의 사고는 안전시스템이 없으면 악화되는 방향으로만 전개된다. 안전시스템은 악화되는 사고의 전개를 방해하거나 둔화하는 방향으로 인도한다. 실제로 그렇다 하더라도, 안전시스템이 정량적 해석에 포함되어 있지 않으면, 그 안전시스템은 적어도 추산된 위험도에 한해서는 기여한 바와 없는 것처럼 계산된다. 예를 들어, 가스 감지기가 화재 위험도 분석이나 폭발 위험도 분석에서 시나리오상 고려되지 않으면, 가스 감지기는 개인 사망 위험도를 줄이는 기능을 하지 못하는 것처럼 보이게 된다.

폭발 사고와 이에 대한 안전시스템인 가스 감지기를 고려하자. 가스 감지가 폭발 사고보다 먼저 작동할까? 아니면, 나중에 작동할까? 작은 폭발이면 두 경우 모두 가능하겠지만, 사고라고 할만한 중대형 폭발에서는 상당한 구름이 생성되어야 하므로, 가스 감지기가 먼저 알아차린다. 가스 감지기 사이가 멀어서, 가스 감지 전에 큰 가스 구름이 생성될 가능성이 있다면, 가스 감지기 개수를 늘여서 간격을 좁혀야 한다. 따라서, 가스 감지기는 폭발 사고보다 먼저 작동하는 시나리오가 적절하다.

폭발 사고와 비상 감압은 선후 관계가 어떻게 될까? 비상 감압이 개시되기 위해서는 화재 및 가스가 감지되고 비상정지시스템이 작동되어 비상 정지 밸브들이 닫혀야 한다. 따라서, 화재/가스 감지 후 상당 시간(30초 이상)이 지난 후에 비상 감압이 시작된다. 대형 누출이라면, 비상 감압 전에도 큰 구름이 형성되고 폭발이 가능하겠지만, 대부분의 폭발 사고는 비상 감압 이후에 이루어질 가능성이 많다. 대부분에 폭발 사고에 대해서 높은 수준의 화재/가스 감지에 이어 자동적으로 비상 정지 및 감압이 이루어지도록 안전시스템을 설계한다. 즉, 비상 감압은 예방적 보호 시스템이다. 따라서, 시나리오 분석시 폭발 사고보다 비상 감압은 먼저 고려되어야 한다.

사고 시나리오는 간단 명확해야 한다. 모든 사고를 시나리오를 통해서 분석하는 것은 불가능하다. 대표적인 사고들이 고려될 정도면 된다. 그럼에도 불구하고, 안전시스템이 생략되지 않도록 충분하고 상세하게 구성해야 한다. 시나리오를 너무 복잡하게 구성하면 같은 사고를 중복하여 산정하거나 전후 전개 사이에 논리적인 모순이 발생할 가능이 커진다.

5.4 정량적 위험도 해석의 단점 및 한계

확률론과 시나리오 분석에 바탕을 둔 위험도 해석은 현실을 가장 잘 반영하는 해석 방법론으로 받아들여지고 있다. 현실이란 시스템 내부에서 사고의 발생과 전개, 그리고 이에 대한 안전시스템의 반응을 일컫는다. 그럼에도 불구하고, 다음과 같은 단점과 한계 때문에 현실과 괴리를 가지게 된다.

1) 가정의 함정
2) 시나리오에 대한 의존성
3) 세밀한 분석의 한계
4) 부분적인 설계 결정의 어려움
5) 생명에 대한 비용 편익 분석

이러한 단점과 한계에도 불구하고 위험도 해석이 가장 우수한 도구임을 재강조한다. 이러한 점들이 최소화되도록 해석자들은 노력해야 하며, 다른 보조적인 해석들(다음 장에 설명하는 비통상적인 위험성 분석)을 잘 활용하여야 한다. 이러한 노력에 힘입어, 정량적 위험도 분석 방법론과 도구(상용 프로그램)는 나날이 발전하고 있다.

5.4.1 가정의 함정

모든 이론과 모델의 한계는 가정에 있다는 지적이 위험도 해석에도 그대로 적용된다. 정은 다음 세 가지에 대하여 채택된다.

- 발생 빈도
- 피해 규모

• 사고 시나리오

실제의 사고는 가정된 상황에서 벗어나서 발생할 수 있다. 따라서, 해석자의 임무는 실제 사고와 가정된 사고가 최대한 가까워지도록 해야 한다. 즉, 가정이 현실을 최대한 반영하도록 해야 한다. 해석의 오류를 줄이는 방법 중의 하나가 보수적 접근이다. 현실을 적절히 반영하는 가정을 찾기 어려울 때, 안전한 쪽을 택하는 것이다. 하지만, 이러한 접근은 과도한 보수주의, 결국은 안전설계 충돌로 이어지기 쉽다.

5.4.2 시나리오에 대한 의존성

시나리오 분석이 현실을 적절히 반영하기 위해서는 적어도 다음 2가지는 고려되어야 한다.

• 참여하는 주요 요소
• 시간적으로 순차적인 전개

시나리오 분석을 하다 보면, 다음과 같은 이유로 이러한 고려가 쉽지 않다.

• 원유/가스 설비는 대개 유일하다. 이전 설비와 똑 같은 설비를 설계하는 경우는 흔하지 않다. 따라서, 설비마다 참여하는 주요 요소가 다를 수 있다.
• 해석자마다(같은 해석자라도 사고 시나리오마다) 고려하는 참여자 수준이 다를 수 있다.
• 해석자가 참여 요소와 순차적인 전개를 인지하고 있더라도, 모든 경우에 대하여 모형화하는 것은 불가능하다. 해석자는 제한된 개수의 대표적인 요소와 시나리오를 선정할 수 밖에 없다.

5.4.3 확률 통계의 한계

통계치 이용은 평균값을 선택한다는 점과 세부적인 사항을 무시한다는 점을 의미한다. 예를 들어, 대상 설비가 통계적 평균보다 누출 빈도가 다를 수 있지만, 이에 대한 명확한 근거를 찾기가 어렵다. 피해 규모를 산출하는데 있어서도 통계적 방법을 이용한다. 비상 대피를 예로 들면, 대피 경보 발령시 평균 2분 동안 정리 작업이 필요하고, 평균 2 m/sec로 걷고, 계단을 오를 때는 속도가 평균적으로 절반으로 줄고, 복사열이 가해지면 사망확률은 Probit 함수를 따르고 등등. 사고 시나리오도 대표적인(평균적인) 것만 고려한다.

위험도의 두 요소 중, 피해 규모는 모델링의 정확도를 높이기 쉬운 대상이다. 예를 들어, 10 기압 용기에 생긴 지름 5 mm 구멍이 어떤 피해를 일으키는지 분석하기 위하여, 전산 유체 해석이나 화재 또는 연기를 수치 모형화하는 것은 통상적인 모형화의 범주에서 크게 벗어나지도 않고, 신뢰도도 높다고 인정된다.

반면에, 사고 빈도는 추산에 어려움이 많고, 확률 통계에 의존한다. 10 기압 용기에 지름 5 mm 구멍이 생길 확률을 물리적 모형화를 통하여 구하기는 어렵다. 이러한 빈도들은 과거 사고를 통계 처리해서 결정하게 된다. 자연스럽게, 통계에 없는 새로운 시스템이나 방안에 대한 빈도는 적절한 통계치를 부여하기 어렵다.

5.4.4 부분적인 안전설계 결정의 어려움

다음 질문에 대답해 보자.

1) **화재 감지 시스템의 신뢰도는 SIL 2이면 충분한가?**
2) **분사 화재 위험이 있는 지역에 설치된 구조물은 수동적 화재 보호(PFP)를 해야 하는가?**
3) **유입 유정 유체 분리기에 방화수 살수(Water Deluge)를 설치해야 하는가?**
4) **하나의 공정구획(Process Segment)의 내용물이 10톤이면 더 작은 단위로 나누어야 하는가?**

적절한 답변이 무얼까?

첫 번째 질문의 답을 찾기 위한 엄밀한 단계들은 다음과 같을 것이다.

단계 1. 화재 사고에 대한 시나리오를 구성한다.

단계 2. 화재 감지기의 신뢰도가 SIL 2인 경우에 대한 화재 사고에 의한 연간 개인 위험도(IRPA)를 구한다.

단계 3. 화재 사고를 포함한 모든 사고의 연간 개인 위험도를 구한다.

단계 4. 모든 사고의 연간 개인 위험도가 허용 불가 영역에 있는지 검토한다.

경우 1. 허용 불가 영역에 있다면, 화재 감지기의 신뢰도를 높여야할 가능성이 있다.
경우 2. ALARP 영역에 있다면 ALARP 원칙에 따라 화재 감지기의 신뢰도를 더 높여야 하는지 검토한다.
경우 3. 무시 가능 위험도 영역에 있다면, 화재 감지기의 신뢰도가 충분히 높을 가능성이 있다

어느 경우에도 추가적인 고려가 필요 없는 답이 나오지 않는다는 점에 주의하자. 경우 1이라면, 허용 불가 영역의 개인 위험도를 낮추기 위해 화재 감지기 신뢰도 증가(대안 1이라 하자)는 다음과 같은 많은 대안들과 경쟁해야 한다.

대안 2. 가스 감지기의 신뢰도 증가
대안 3. 공정구획의 부피 감소
대안 4. 비상정지시스템의 반응 속도 증가
대안 5. 화재 감지와 가스 감지기의 모두의 신뢰도 증가
대안 6. …

이러한 엄밀한 최적화 전략으로 화재 감지 시스템의 신뢰도를 정하지 못한다. 화재 감지 시스템의 신뢰도 사양을 정하기 위해서 다른 여러 가지 시스템과 시나리오들을 분석해야 하는 것이다. 대부분 안전시스템의 신뢰도는 훨씬 덜 엄밀한 방법으로 정한다.

다른 질문에 대해서도 유사한 유추가 가능하며, 결국 다음과 같은 결론에 도달한다.

1) 안전은 부분적인 안전설계들의 집합체가 나타내는 성격이므로, 부분적인 안전시스템으로 전체적인 안전 최적화를 판단하기 어렵다.
2) 정확한 판단을 위해서, 부분적인 안전시스템뿐만 아니라 다른 시스템과 시나리오를 분석해야 하는데, 실질적으로 불가능하다.

5.4.5 인명에 대한 편익 분석

안전시스템의 추가 여부는 위험도 수준에 의해서 결정된다. 허용 불가 영역에 속하면 안전시스템을 추가하게 되며, 이에 따라 위험도는 ALARP 영역에 머무르게 된다. ALARP 영역에서 안전시스템의 추가 여부를 결정해야 하는데, 결국은 인명의 가치를 산

정 고려한 투자 효율성이 바탕이 된다.

분명한 이론적 배경에도 불구하고, ALARP 검증에 이러한 방법이 흔히 이용되지는 않는다. 인명의 가치가 얼마나 될까? 의미 있는 질문인지 몰라도, 대답하기가 꺼려지는 질문임에 틀림없다. 이 질문에 대답하지 않고서 많은 ALARP 검증(ALARP Demonstration)이 이루어진다. 가장 중요한 척도를 따지지 않고 안전시스템의 충분 여부를 결정하는 셈이다.

5.5 비통상적 위험도 해석

통상적 또는 비통상적 위험도 해석이 명확히 구분되어 있지 않다. 앞서 소개된 위험도 해석이 아니거나 흔히 수행되는 위험도 해석이 아니면 비통상적인 위험도 해석이라고 분류하는 것이 편리하다.

비통상적인 위험도 해석은 다음과 같은 상황에서 요구된다.

- 특수한 상황에서 위험도에 대한 이해 부족
- 통상적인 위험도 해석의 가정에 해당되는 부분에 대한 상세한 분석 필요
- 특정 안전시스템에 대한 평가

공사마다 다를지라도, 통상적인 위험도 해석은 방법론의 3축(해석 단계, 시나리오 구성, 사건수 분석) 측면에서 정형화되어 있으며 신뢰의 공감대가 구축되어 있다. 이에 비해 경우에 따라 수행이 요구되는 비통상적인 위험도 해석은 3축 중 일부에서 오류가 있을 가능성이 크다. 오류를 줄이기 위해 다음과 같은 관점에서 주의한다.

1) 사고 피해 규모와 발생 빈도의 균형

발주사의 요구로 해석이 이루어지는 경우, 위험도의 2가지 구성 요소 중 사고 피해 규모 추산에 치우치기 쉽다. 대형 피해를 유발하는 사고를 분석하면, 당연히 안전시스템을 추가해야 한다는 결론에 도달한다. 이러한 접근법은 과도한 보수주의에 도달하게 한다. 예를 들어, 대형 화재 사고만을 고려하면, 모든 설비에 수동적 화재 보호를 적용해야 하면, 화재 감지기를 곳곳에 설치해야 하면, 내용물(Inventory)을 줄이기 위해 비상정지 밸브를 추가해야 한다.

(가) 안전 대책 수립의 부적절한 과정

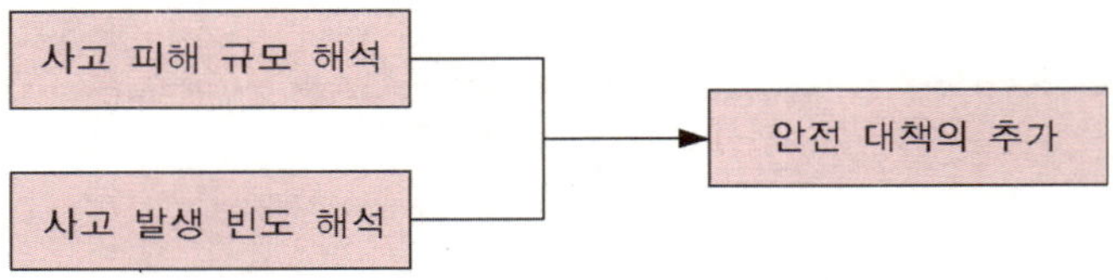

(나) 안전 대책 수립의 적절한 과정

그림 5-7 안전 대책 수립 과정의 적절성

이러한 오류를 방지하고자 위험도를 발생 빈도와 피해 규모의 조합(곱)으로 표현하는 논리적인 접근법이 개발된 것이다. 사고 피해 규모 해석만으로 안전시스템 추가 여부를 결정해서는 안된다. 반드시, 사고 발생 빈도까지를 고려해야 한다.

2) 안전 대책의 부정적인 측면과 잔여 위험도

비통상적 위험도 해석 결과로 안전 대책이 제안되는 경우, 적절한지 여부에 주의해야 한다. 모든 안전시스템은 부정적인 측면이 있으며, 과도한 보수주의로 흐르기 쉽다. 많은 경우, 특정 분야의 위험도를 줄이기 위한 안전 대책이 다른 분야의 위험도로 옮아가기 쉽다. 과도한 보수주의는 비용과 인력의 낭비를 초래한다.

3) 안전시스템이나 내재적 안전 현상에 대한 고려

안전시스템이나 내재적 안전 현상(사고 확산을 방지하는 물리적인 메커니즘)을 과소평가하면, 결론은 위험도의 과대 평가로 나타난다. 시스템의 특성을 파악할 때, 위험요소라는 부정적 측면은 쉽게 인지되는 반면, 안전시스템이나 사고 확산을 방지하는 물리적인 메커니즘은 찾아내는 노력이 필요하다. 위험요소와 사고의 전개는 어려서부터 보아온 '자연스러운 현상'이다. 가연성 가스의 누출, 화재, 폭발 등의 사건들은 상상하기가 어렵지 않다. 반면, 안전시스템은 '자연스러운 현상'을 막는 인위적인 장치이며, 어느 정도의 교육이나 훈련없이 작동 원리를 파악하기 어렵다. 화재/가스 감지, 방화수 펌프의 작동과 방화수의 살수, 비상 정지 및 감압에 의한 누출량 저감 효과 등이 어떻게 작동하는지는 쉽게 알기 어렵다.

안전시스템이나 안전 효과를 간과하지 않기 위해서, 안전 엔지니어에게 가장 중요한 접근법은 상황을 간단히 정리하고, 관련 분야 전문가와 논의하는 공개적인 자세이다. 혼자서 열심히 안전설계를 도모하는 폐쇄적인 자세는 바람직하지 않다.

제 6 장

화재 및 폭발 보호

6.1 화재 및 폭발 보호의 개요

6.1.1 화재 및 폭발 보호의 중요성

화재나 폭발로부터 인명과 재산을 보호하는 행위를 화재 및 폭발 보호(Fire and Explosion Protection)이라 한다. '화재나 폭발로부터 보호'(Protection Against Fire and Explosion) 정도의 의미이다.

표 6-1 2005년도 국내 산업계 사고 원인별 사망자 현황

사고 원인	사망자	백분율
추락, 전도, 충돌, 낙하	714	51.1
감김 · 끼임	146	10.4
절단 · 베임 · 찔림	2	0.1
감전	82	5.9
화재, 폭발, 파열, 산소 결핍	126	9.0
이상온도 · 기압 접촉	5	0.4
빠짐 · 익사	32	2.3
광산사고	1	0.1
교통사고	218	15.6
기타	60	4.3
분류불능	12	0.9
소 계	1,398	100.0
상시근로자수	11,059,193	
개인 사망 위험도	1.26×10^{-4} /yr	

화재나 폭발 사고를 분석하고 방지하는 것이 중요한 이유는 다음과 같다.

1) 모든 원유/가스 설비는 본질적으로 화재 및 폭발을 위한 3요소(가연성 매체, 점화원, 산소)를 내포하고 있다. 가연성 매체를 압축, 송출, 처리하기 위하여 기계적 설비와 이를 위한 전기 설비를 가지고 있는데, 이들이 점화원 역할을 하게 된다. 또한, 가연성 가스의 축적을 방지하기 위한 환기는 반대로 화재에 산소를 공급하는 역할을 하게 된다.
2) 화재/폭발 사고가 산업 현장의 사고 중 많은 부분을 차지한다. 표 6-1에 보인 바와 같이, 국내 산업계 전체 사고 사망자 중, 9% 정도가 화재 및 폭발 사고와 연관이 있다. 특히, 천연가스나 원유를 다루는 설비에서는 절대적인 부분을 차지한다.
3) 화재/폭발 사고는 설계자/운전자/관리자의 조직적인 노력이 있어야 효과적인 방지나 저감이 가능하다. 흡연, 자동차 사고, 번개에 의한 감전 사고 등은 개인적인 주의나 노력으로 위험도를 상당히 줄일 수 있다. 하지만, 화재/폭발 사고는 참여자들의 조직적인 노력 없이는 위험도 저감에 한계가 있다. 예를 들어, 설계가 잘못되면, 운전자가 아무리 주의하여도 화재 사고 위험도는 줄이기 어렵다.

6.1.2 화재 및 폭발 보호 관련 문서

ISO 13702는 다음과 같은 제목을 가지고 있다.

> [ISO 13702] ISO 13702 Petroleum and natural gas industries – Offshore production installations – Control and Mitigation of Fires and Explosions – Requirements and guidelines

해양플랜트의 화재 및 폭발에 대한 안전 규정 중 가장 엄밀한 규정이라고 할만하므로, 반드시 숙지되어야 한다.

ISO 13702는 화재 및 폭발 전략(FES: Fire & Explosion Strategy)와 대피, 탈출 및 구조 전략(Escape, Evacuation & Rescue Strategy)를 작성하도록 요구한다. 이를 작성하다 보면 화재 및 폭발 보호에 관한 여러 가지 문서들이 추가적으로 작성되어 한다. 위의 문서들은 전사적인 안전/보건/환경 프로그램의 일부분이어야 한다. 결국, 화재 및 폭발 보호와 관련하여 작성되어야 할 문서는 다음과 같다.

1) 안전/보건/환경 프로그램(HSE Program)
2) 화재 및 폭발 전략(FES: Fire and Explosion Strategy)
3) 대피, 탈출 및 구조 전략(EERS: Evacuation, Escape and Rescue Strategy)
4) 설계 사고 부하 요구(Design Accidental Load Requirements)
5) 프로세스 구획화(Process Segmentation): ESDV 및 PSDV 포함
6) 안전시스템들의 기준 및 배치도
    - 화재 및 폭발 감지기
    - 수동적 화재 및 폭발 보호(Passive Fire and Blast Protection)
    - 능동적 화재 보호(Active Fire Protection)
    - 대피로(Escape Ways), 집결지(Muster Areas), 탈출 방안(Means of Evacuation)
    - 위험 지역 분류(Area Classification)
    - 기타 안전 장치들
7) 안전시스템의 성능 기준(Performance Standard for Safety Systems)
    - 대상: ESD/PSD/F&G 시스템, 방화수 시스템, HVAC, 전원 차단(점화원 감소)
    - 내용: 신뢰도/민감도/가용도/생존성 해석(Reliability/Sensitivity/Availability/Survivability)

화재 및 폭발 보호에 관한 전략과 설계는 위험도 해석(제6장 참조)을 통해서 정당화된다. 위험도 해석에 포함된 거의 모든 해석들이 화재/폭발과 연관이 있다. 심지어, 낙하물 및 중량물 취급 해석(Dropped Object and Material Handling Analysis)도 구조적 손상 뿐만 아니라 낙하물에 의한 용기나 배관 파손을 고려한다. 설계 후단 단계 뿐만 아니라, 개념 설계에 대한 HAZID와 상세 설계에 대한 HAZOP에서도 화재/폭발 위험요소는 최우선 고려 대상이 된다.

6.1.3 화재 및 폭발의 특징

화재나 폭발은 가연성 물질, 산소, 점화원의 3요소가 모두 모여야 가능하다. 하나라도 빠지면 화재나 폭발이 일어나지 않는다.

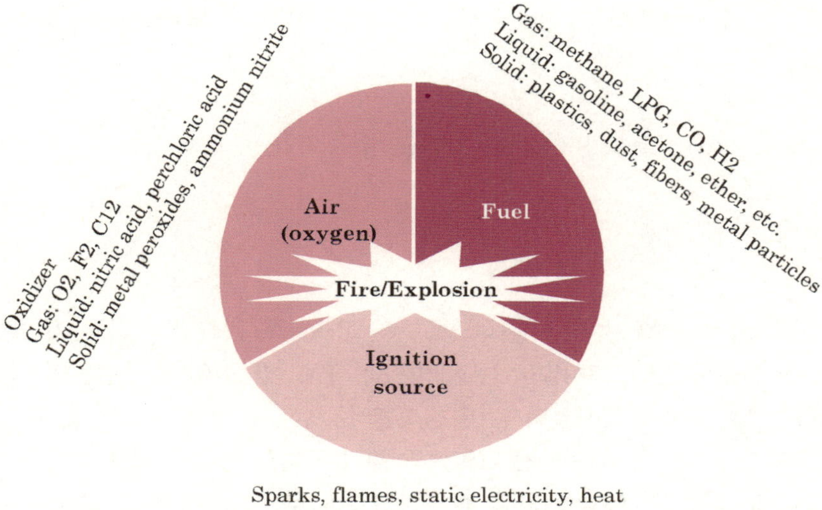

그림 6-1 화재/폭발의 3 요소

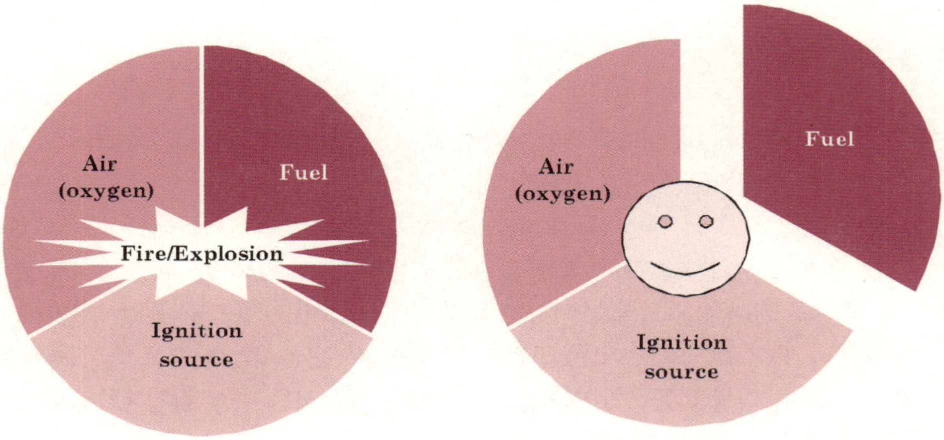

그림 6-2 화재/폭발과 그 대책의 원리

가장 흔한 가연성 물질은 탄화수소이다. 해양플랜트에서 흔하지는 않지만, 산소와 반응하여 산화가 가능한 물질(예: 일산화탄소, 수소)들도 가연성 물질이다. 덩치가 큰 고체 물질들은 반응성이 낮다. 하지만, 작은 실모양이나 입자 형태인 고체 입자들은 표면 에너지가 높여진 상태이므로 가연성 물질로 구분한다. 가장 흔한 점화원은 스파크와 정전기이다. 해양플랜트에서 화염은 누출된 가스가 점화된 결과이므로, 2차적인 점화원이다. 장치 표면 온도가 높으면 자연 발화(Auto-Ignition)를 유발할 수 있다. 공기가 대부분 산화제 역할을 한다.

누출은 화재, 폭발, 희석 3가지 중 하나로 귀결되다.

1) 화재

- 분사 화재(Jet Fire): 누출된 지점으로부터 고속으로 분출되는 기체 기둥이 형성되고, 이것이 점화된 상태. 복사열이 높고, 방향에 대해 선택적이다. 누출원의 압력이 줄어들면, 화염의 길이와 복사열이 같이 감소한다.
- 액면 화재 (Pool Fire): 누출된 가연성 액체가 모여서 형성된 화재. 누출원에서 가연성 물질이 분리된 이후에 진행된다. 복사열은 상대적으로 낮으며, 방향성이 없다. 장시간 동안 지속될 수 있다
- 가스운 화재: 가연성 증기가 공중에서 연소되는 화재. 해양플랜트에서는 흔하지 않다.

2) 폭발

- 가스운 폭발 (Vapor Cloud Explosion): 축적된 가스가 모여서 가스운(Gas Cloud)를 형성하고, 점화원을 만나서 폭발한다.
- 비등폭발(BLEVE: Boiling Liquid Expansion & Vapor Cloud Explosion): 용기에 들어있는 액체가 주위의 화재에 의해 가열되면 일부분이 증발하여 용기 압력을 상승시킨다. 용기의 기계적 강도를 넘어서는 압력까지 도달하면, 용기를 폭발시키면서 대기로 방출된다. 대기로 방출된 고온 고압의 액체는 일부분이 증발하면서 다시 폭발을 일으키게 되는데 이를 비등폭발이라 한다. 해양플랜트에서는 비상 감압 밸브(BDV)가 내용물을 배출하여 이 폭발을 방지한다.

3) 희석: 대기로 인해 희석되어 가스의 농도가 폭발/가연 하한 농도(LFL) 이하가 된다.

누출된 가연성 물질에 의한 위험도는 수 많은 요소에 의해서 영향을 받는데, 가장 주요한 요소는 다음과 같다.

① **누출의 크기**

- 누출 구멍이 클수록, 내용물의 압력이 높을수록 누출 유량과 길이가 증가한다.

② **내용물(Inventory)의 특성**

- 내용물의 상태: 내용물에 액상이 포함되어 있으며, 화재에 의한 가열에 의해 누출이 지속적으로 이루어져 사고 확산의 잠재력이 커진다.
- 내용물의 압력: 누출 구멍에서 속도는 내용물 압력에서 음속이 되므로, 압력에 따라 누출 속도와 길이가 증가한다.
- 누출 후에 상태: 누출 후의 압력(대기압)에서 기체 성분이 많을수록 누출 유량과 길이가 증가한다.

③ **누출 속도와 풍속의 상대적 크기**

- 분사 흐름: 누출 속도가 풍속보다 크면, 누출은 자신의 방향을 유지하고 주위의 공기를 유입시켜 급속히 성장하는 가스운이 된다.
- 확산 흐름: 누출 속도가 상대적으로 작으면 바람에 따라 누출 방향이 정해지고 바람 속에서 천천히 확산하는 가스운이 된다.

④ **점화**

- 즉각 점화(Immediate Ignition): 누출되자마자 즉각 점화되면 화재가 되며, 그렇지 않으면 가스운이 된다.
- 지연 점화(Delayed Ignition): 가스운이 생성된 이후에 점화되면 폭발이 된다. 지연 점화도 되지 않는 가스운은 대기에 의해 희석된다.

⑤ **밀집도 및 장애물**

- 밀집도: 밀집도가 높을수록 가스운이 차지할 수 있는 공간이 적어지며, 같은 질량의 가스라면 더 멀리까지 퍼진다.
- 장애물: 확산하는 가스운이 큰 장애물을 만나면 확산 효과가 커져 가스운이 급격히 성장한다. 작은 장치나 배관은 국부적인 난류를 형성시켜 공기와의 혼합을 증가시킨다.

⑥ **안전시스템의 대응**

- 화재/가스 감지(F&G Detection): 가스의 존재가 감지되면 경보가 작동하며 심각한 가스 농도 수준에서는 비상 정지와 비상 감압이 자동적으로 작동한다.
- 비상 정지(ESD)과 비상 감압(EDP): 화재나 가스가 감지되면 비상정지시스템이 작동

하여 비상 정지 밸브(ESDV)를 폐쇄한다. 이들 밸브들의 역할은 전체 설비를 다수의 구획(Segment)으로 나누는 것이다. 비상 정지 이후에는 대개 자동적으로 비상 감압이 이루어진다. 비상 정지와 방출이 신속하게 이루어지면 누출 사고는 더 심각한 수준으로 확산되지 않는다.

6.2 화재 및 폭발 보호계층

6.2.1 화재 및 폭발 보호 시스템 둘러보기

다음 그림은 해양플랜트에 설치된 대표적인 화재/폭발 보호 시스템을 나타낸다.

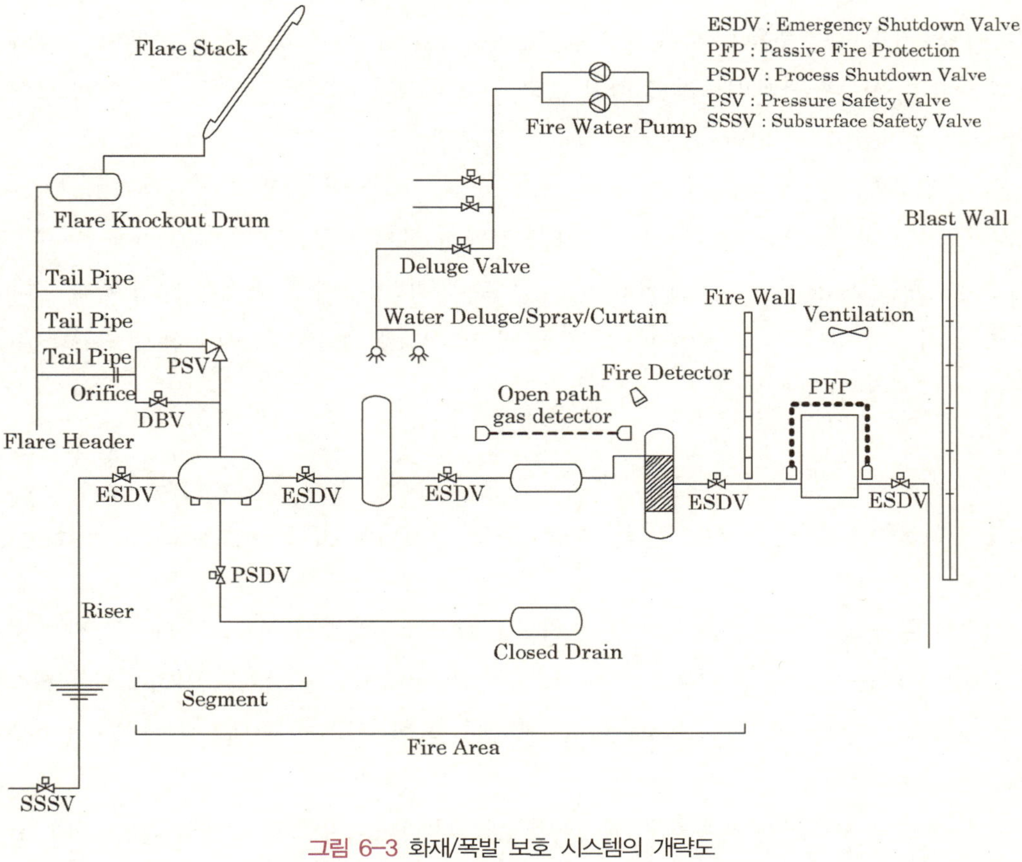

그림 6-3 화재/폭발 보호 시스템의 개략도

화재 및 폭발 사고 시나리오를 따라 기능을 설명하면 다음과 같다. 자세한 사항은 다음 절들과 API RP 14 C, API RP 520, ISO 10418 , ISO 13720을 참조한다. 누출로 인해 가연성 가스가 설비 내부에 확산되게 되면 가스 감지 시스템(Gas Detection System)이 경보를 작동한다. 가스 감지 시스템이 미처 감지하기 전에 점화되면 화재가 발생하는데, 이것은 화재 감지 시스템(Fire Detection System)이 감지한다. 이들 감지 시스템은 비상정지시스템(ESD System)을 가동시키게 된다.

비상 정시 시스템의 역할은 가연성 물질을 화재 및 폭발 위험 지역으로부터 재빨리 제거하는 것이다. 해양 설비인 경우에는 해저 안전 밸브(SSSV: Subsurface Safety Valve)를 폐쇄하여 유정 유체가 설비로 유입되는 것을 차단한다. 또한, 비상 정지 밸브(ESDV: Emergency Shutdown Valve)를 잠궈서 전체 시스템을 여러 개의 구획(Segment)으로 나눈다. 누출이 발생하더라도, 해당 구획(Segment)의 내용물(Inventory)만 누출되므로 사고의 전파를 경감시킨다. 다음 단계로 비상 감압 밸브(BDV)를 열어 구획(Segment)의 내용물을 플레어 시스템(Flare System)으로 배출시켜 플레어 스택에서 연소시킨다. 비상 감압 밸브가 열리지 않고 압력이 계속 상승하면 압력 안전 밸브(PSV: Pressure Safety Valve)가 열려 압력을 낮춘다.

화재가 지속되면 방화수 시스템(Fire Water System)이 해당 화재 구역(Fire Area)이나 특정 장치에 방화수를 뿌린다. 화재에 취약한 장치나 구역 또는 구조물은 수동적 화재 보호(PFP: Passive Fire Protection)으로 대비한다. 대형 화재나 대형 폭발에 대비하여 설치된 방화벽(Fire Wall)과 방폭벽(Blast Wall)은 운전자들이 상시 거주하는 지역이나 탈출구를 보호한다.

6.2.2 안전 보호 시스템의 계층 구조 (Layer of Protection Systems)

사고를 막는 방법에는 두 가지가 있다. 하나는 사고가 발생하기 전에 미연에 방지하는 것이고, 다른 하나는 사고 발생 이후에 피해 규모를 완화시키는 것이다. 각각 예방적 보호 시스템(Preventive Protection System)과 완화적 보호 시스템(Mitigating Protection System)이라 부른다.

위험 요인과 사고의 관계에 이들 보호 시스템까지 나타내면 그림 6-4와 같다. 위험 요인

(Hazard)은 예방적 보호 장벽을 넘어야 비로소 사고로 발현된다. 발현된 사고가 대형 사고로 확대되는 것을 막는 것이 완화적 보호 시스템이다. 완화적 보호 시스템을 넘지 못하는 사고는 제거되거나 그 영향이 국지적일 뿐이다.

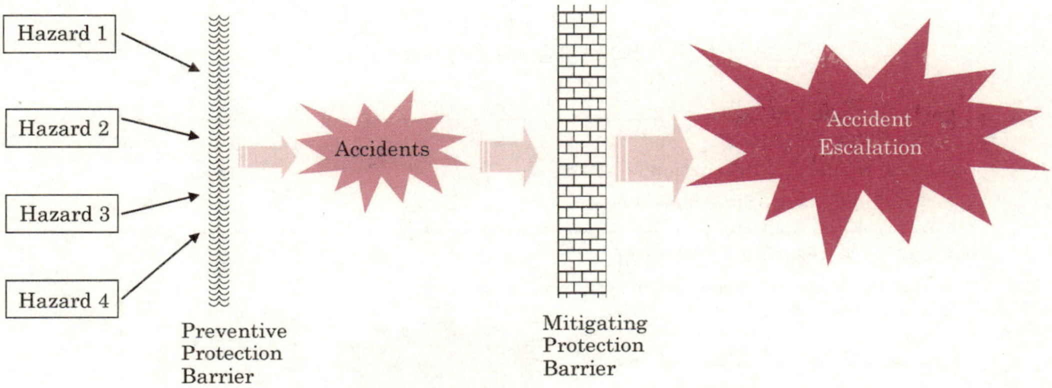

그림 6-4 Barriers to accidents and their escalation

정확한 관계는 아니지만, 위험도의 2가지 요소(빈도와 피해 규모)와 보호 시스템의 종류는 대응 관계가 있다. 예방적 보호 시스템은 빈도를 줄이는 역할을 한다. 사고 전에 위험요소를 탐지하여 사고를 예방하는 기능을 하기 때문이다. 반면에 완화적 보호 시스템은 사고 발생 이후에 피해를 줄이는 역할을 한다. 화재의 경우를 예로 들면, 가스 및 화재 감지 시스템은 위험한 환경을 미리 감지하고 대비하게 함으로써 화재 사고를 미연에 방지한다. 즉, 화재 사고 빈도를 낮춘다. 반면에 방화수 시스템은 발생된 화재가 대형 화재로 이어지지 않게 한다. 즉, 피해 규모를 줄이게 되지만, 화재 사고 발생 자체를 막지는 못한다.

운전뿐만 아니라 설계 단계까지 고려하면 예방적 보호와 완화적 보호를 더 세분화하는 것이 가능하다. '예방적 보호'는 본질적 안전설계(Inherent Safety Design), 위험요소 예방(Hazard Prevention), 사고 제어(Accident Control) 3단계로 세분화된다. 완화적 보호도 피해 저감(Severity Mitigation)과 비상 대응(Emergency Response)의 2단계로 세분화된다. 이렇게 세분화하는 이유는 단계별로 접근하는 방법이나 시스템의 성격이 다르기 때문이다. 따라서, 전체적으로 다음과 같이 5계층으로 구성된다.

1) 본질적 안전설계(Inherent Safety Design)
2) 공정 제어 시스템(Basic Process Control System)
3) 사고 예방(Preventive Protection)
4) 피해 저감(Mitigating Protection)
5) 비상 대응(Emergency Response)

다음 그림은 안전 보호계층을 개념적으로 표현한 것이다.

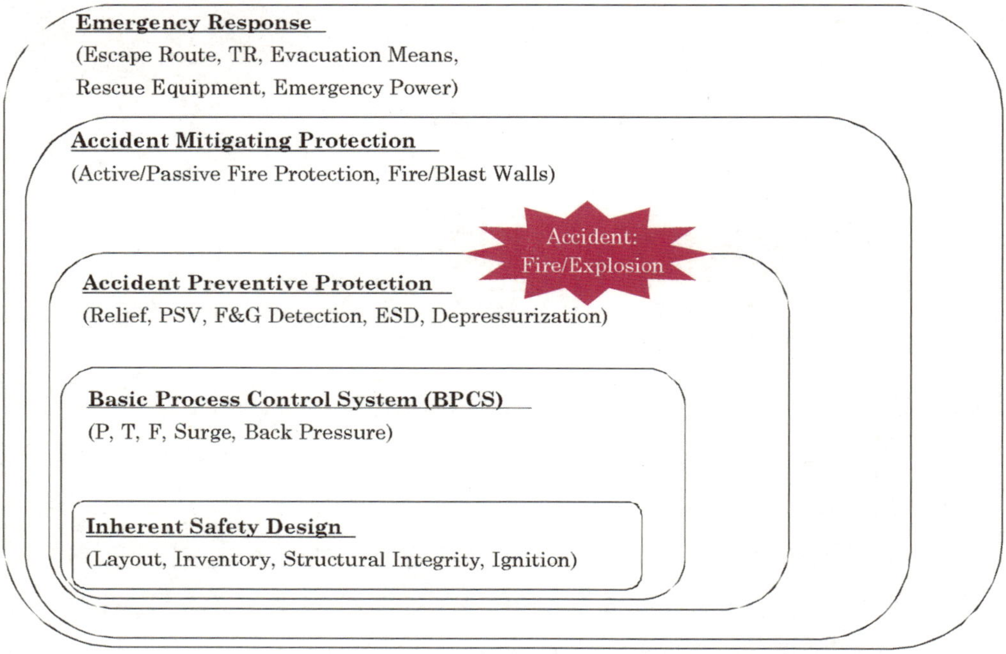

그림 6-5 화재 및 폭발 보호계층

각 계층에 대한 자세한 설명은 다음 세부 장들을 참조한다. 화재 사고를 예를 들어 대략적으로 설명하면 다음과 같다. 본질적 안전설계(Inherent Safety Design)는 개념 설계 단계에서 화재 사고 자체를 줄이는 것을 목표로 공정을 선정하고 배치를 결정하는 작업을 의미한다. 위험요소 예방(Hazard Prevention)은 구조적인 안전도를 높여서 화재 사고에도 구조물이 붕괴되지 않게 하는 작업을 말한다. 따라서, 시스템이 작동될 때에서는 이 두 단계는 이미 시스템 설계에 반영되어 있는 셈이다.

본질적 안전설계(Inherent Safety Design)와 위험요소 예방(Hazard Prevention)

이 반영된 시스템은 요구되는 성능을 내고 안정적으로 작동하도록 기본적으로 제어되고 있다. 이 제어 시스템을 기본공정제어시스템(Basic Process Control System, BPCS)이라 부른다. 기본공정제어시스템은 안전에 기여는 하지만 안전 전용 시스템이 아니므로, 안전시스템으로 간주되지 않는다.

기본공정제어시스템의 고장이나 부식에 의해서 누출이 발생하면 사고 제어(Accident Control) 보호 시스템 중의 가스 감지 시스템(Gas Detection System)이 작동한다. 이 시스템이 고장나거나 적절한 대응이 이루어지지 않으면 누출은 곧 화재로 이어진다. 이 때, 화재 감지 시스템(Fire Detection System)이 작동하고 비상정지시스템(ESD)들이 작동하게 된다.

사고 제어 보호 시스템마저 실패하게 되면 소형 화재는 대형 화재로 확산될 가능성이 크게 된다. 확산을 저지시켜 사고 피해를 감소하고자 피해 저감(Severity Protection) 보호 시스템 중 방화수 시스템(Fire Water System)이 작동한다. 또한, 수동적 화재 보호(Passive Fire Protection)도 화재 확산을 막게 된다.

그럼에도 화재가 커지게 되면 비상 상황이 되며, 비상 대응(Emergency Response) 보호 시스템이 작동해야 한다. 운전자들은 대피로(Escape Route)를 통해 대피 구역(Muster Area)로 모이게 되고, 상황이 악화되면 헬리콥터나 배와 같은 탈출 설비를 이용하여 사고 지역을 벗어나게 된다.

보호 시스템을 '계층'으로 생각하는 이유는 다음과 같다. 첫째, 순차적으로 작동한다. 안쪽 시스템부터 차례로 작동하게 되며, 안쪽 시스템이 실패했을 경우에 바깥쪽 시스템이 작동한다. 둘째, 설계는 운전의 흐름과 유사하다. 본질적 안전은 개념 설계 단계에서 실시되어야 하는 반면, 안전시스템들은 운전 시점에서 작동한다.

작동 회수 관점에서 보면, 어떤 시스템들은 항상 작동하고 있으며, 나머지 시스템은 잘하면 연간 1회 정도 작동한다. 중간에 연간 10 여회 작동하는 시스템은 없다. 예를 들어, 화재 및 가스 감지 시스템 (Fire & Gas Detection System)은 항상 작동하고 있어야 한다. 반면에, 비상정지시스템(Emergency Shutdown System)은 대형 사고(연간 1회 이하)가 감지되어야 작동한다. 이러한 작동 빈도의 극단적인 분포는 안전무결도를 정의하는데 주요한 구분이 된다.

6.3 본질적 안전설계(Inherent Safety Design)

본질적인 안전설계(Inherent Safety Design)은 잠재적인 위험요소를 본질적으로 제거/감소시키는 설계를 일컫는다. '본질적인 제거나 감소'는 예방적/완화적 안전시스템이나 사람에게 의지하지 않고 안전설계를 달성한다는 의미이다. 비상시에 모든 전자 시스템이나 기계 장치는 고장 나거나 오작동할 가능성이 있으며, 사람도 잘못된 판단을 내리거나 실수할 수 있다. 본질적 안전설계는 이러한 가능성에 영향을 받지 않는다.

본질적 안전설계는 다음과 같은 방안들을 포함한다.

1) 배치 최적화(Layout Optimization)

• 잠재적 위험요소에 따른 순차적 배치

위험요소가 높은 설비들은 거주 설비나 제어실에서 멀리 그리고 높게 설치한다. 수평적으로는 공정 설비 → 유틸리티 설비 → 거주 설비 또는 제어실이 된다. 화재는 위쪽 방향으로 확산되므로, 내용물이 많은 공정 설비는 상부에 있을수록 안전하다.

• 환기 최대화

바람에 의한 자연 환기를 최대한 이용한다. 연중 바람이 가장 많이 부는 방향(우세풍향: Dominant Wind Direction)에 맞춰 설비를 배치한다. 대개, 거주 설비나 제어실 앞쪽으로 방폭벽(Blast Wall)이 설치되는데, 주요 풍향과 수평이 되게 한다. 좁고 긴 배치는 환기를 어렵게 하므로, 정사각형 배열에 가깝게 한다.

• 밀집도 최소화

폭발 과압은 폭발 후 생성된 배가스가 얼마나 잘 빠져나갈 수 있는가에 달려 있다.

폭발 가능 지역에는 폭발 배가스를 막는 방해물들을 치운다.

• **필수 안전 설비들의 보호**

비상 대피시 꼭 필요한 필수 안전 설비들은 폭발이나 화재 위험으로부터 보호되도록 위치를 결정한다.

2) 내용물 최소화 (Inventory Minimization)

• **공정 단순화**

각 장치는 일정 부피를 차지하므로, 공정이 복잡해지면 장치의 개수가 증가하고 내용물이 증가한다. 복잡한 공정은 내용물의 증가뿐만 아니라, 배관 및 전계장의 증가를 유발하여 잠재적 누출원과 점화원을 증가시킨다.

• **장치/배관 최소화**

같은 장치라면 부피가 작은 쪽을 택해야 한다. 길어진 배관은 내용물을 증가시킬 뿐만 아니라 잠재적 누출원의 개수까지 증가시킨다. 말하자면, 배관의 길이를 절반으로 줄이면 화재 및 폭발 위험도는 4배(내용물 감소에서 2배, 누출원 감소에서 2배) 감소한다.

• **운전 압력/온도 최소화**

누출 속도는 용기 내부 압력에 비례한다. 높은 내부 온도는 누출된 유체 중 가스 성분을 상대적으로 높여 화재와 폭발 가능성을 높인다. 또한, 외부 화재 발생에 의한 복사열이 용기 내부 온도(이에 따라 압력을)를 쉽게 올리게 된다.

3) 누출원 최소화 (Leak Source Minimization)

• **배관 연결부 최소화**

배관 연결부는 누출원이 되기 쉽다.

• **소형 배관 최소화**

작은 배관은 누출원을 추가하는 역할뿐만 아니라 구조적 안전성이 약하다.

- 부식 저감
- 진동 저감

4) 점화원 최소화(Ignition Source Minimization)

- 방폭 사양(Area Classification)
- 유지/보수 작업 최소화

5) 사고 확산 최소화 (Escalation Minimization)

- 폭발 가능 구역
- 방화/방폭벽 설치
- 안전시스템 보호
- 운전자 의존성 저감

본질적인 안전설계는 반드시 개념 설계 단계부터 적용되어야 한다. 설계가 상당히 진척된 상황에서 본질적 안전설계를 적용하기는 불가능하다. 또한, 사고 피해의 보호보다 사고 발생 빈도를 저감시키는 예방에 초점을 두어야 한다. 사고 피해를 줄이는 보호 대책을 채택하는 경우에는 전자나 기계 장비에 바탕을 둔 능동적 보호 시스템보다도 시동이나 유지보수가 상대적으로 간단한 수동적 보호 시스템을 우선 고려한다.

3절에서 본 절까지 위험성 관리, 해석, 위험성 기반 설계 및 본질적 안전설계까지 해양플랜트 설계에서 위험요소가 어떻게 파악되고 관리되고 이를 저감하기 위해 어떤 설계가 필요한지에 대해 검토하였다. 그러나 해양플랜트의 특성상 이를 표준화하는 것은 불가능한 일이다. 또한 검토해야 할 항목이 매우 많으며, 이들 항목 간의 상충도 많다. 그림 6-6은 해양플랜트의 안전설계 시 얼마나 많은 사항을 고려해야 하는지를 보여준다.

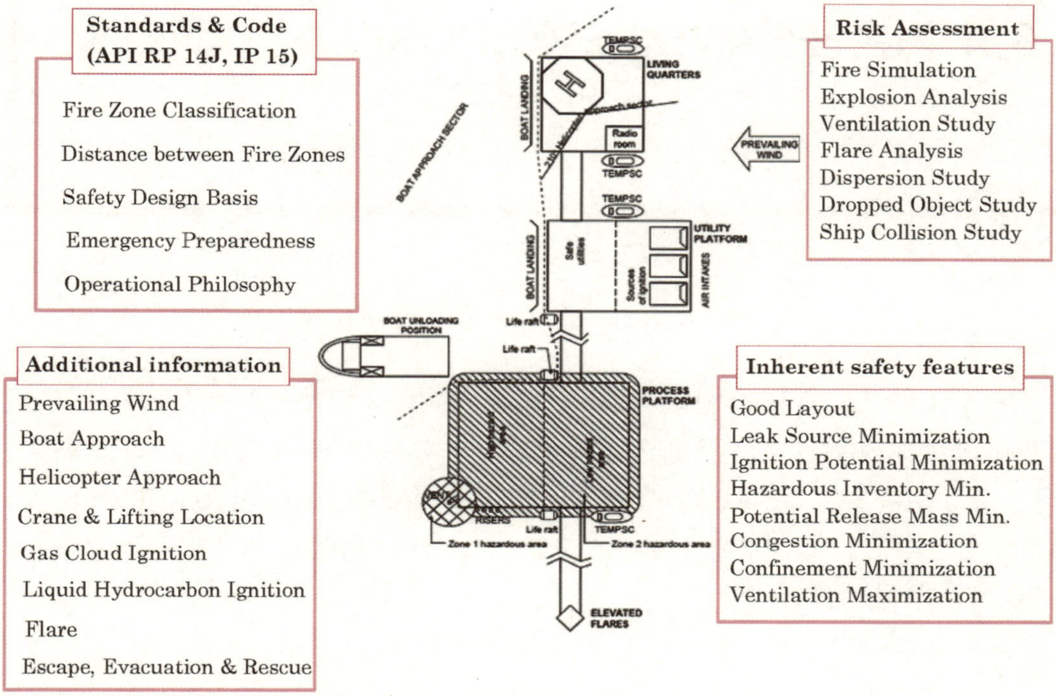

그림 6-6 화재 및 폭발 보호계층

6.4 기본공정제어시스템(BPCS)

기본공정제어시스템(Basic Process Control System, BPCS)은 공정 변수들이 바람직한 상황에서 벗어나지 않도록 제어한다. 가장 흔히 공정 변수들이 압력, 온도, 유량이다. 대개 공정 변수별로 제어루프(Control Loop)와 조작 변수(Manipulated Variable)가 1개씩 할당되어 있다. 학부에서 배우는 공정제어공학의 대부분을 기본공정제어시스템에 적용 가능하다.

기본공정제어시스템에 대해서는 다음 사항을 주의한다.

- 기본공정제어시스템은 기본적으로 정상 상태에서 제어만을 대상으로 한다. 정상 상태에서 잘 작동하던 공정의 어떤 공정 변수가 설정치(Set Point)에서 벗어나면, 제어기가 조작 변수를 이용하여 다시 설정치로 보내도록 되어 있다. 대부분의 경우, 개시 운전(Sart-Up)이나 종료 운전(Shutdown)시 기본공정제어시스템을 이용하지 못한다. 이 동안 대부분의 기본공정제어시스템은 비활성화되어 있다.
- 기본공정제어시스템이 다룰 수 있는 최대 부하뿐만 아니라 최소 부하에 대한 제한도 있다. 밸브를 예로 들면, 최대 부하는 100% 열림, 최소 부하는 완전 닫힘이 된다. 그러면, 0~100% 열림이 제어 영역일까? 아니다. 100% 열린 상태에서는 더 이상 열 수 없으므로 제어 능력이 없는 셈이다. 0%도 마찬가지이다. 다른 이유로 제어 가능한 영역이 있다. 열림이 너무 작은 경우(예를 들어 3%), 통과하는 유량이나 압력이 안정적이지 않아 제어용으로 사용할 수 없다. 대부분 20~80% 열림이 제어 밸브의 제어 가능한 영역이다. 이 영역의 바깥을 제어하고 싶으면 제어 밸브를 추가하는 등의 설계 변경을 고려해야 한다. 다른 기기에 대해서도 마찬가지이다.
- 제어변수와 조작변수의 개수가 같아야 한다. 제어하고자 하는 변수가 3개이면, 운전자가 마음대로 조작할 수 있는 변수(대개 제어 밸브)도 3개여야 한다. 한쪽이 많거나 적으면 반드시 문제가 생긴다. 마치, 미지수의 개수와 등식의 개수가 같아야 미지수를 구할 수 있는 것과 마찬가지이다. 실제로 제어변수와 조작변수는 에너지 및 물질

보존식을 통해 서로 연결되어 있다.

- 민감도를 고려해서 제어변수와 조작변수를 짝지어야 한다. 예를 들어, 압력을 제어하고 싶으면 기체의 유량을 조작해야 하고, 수위(Level)을 제어하고 싶으면 액체의 유량을 조작해야 한다. 반대로 짝지어진 경우, 제어가 불가능하거나 가능하더라도 제어 응답이 어려울 수 있다.

6.5 사고 예방(Preventive Protection)

6.5.1 비상정지시스템(ESD System)의 개괄

비상정지시스템은 화재 및 가스 감지 시스템이나 운전자 요청에 의해 개시된다. 일단 개시되면 자동적으로 진행되는 것이 일반적이다. 수동 방식도 가능하나, 비상시 운전자의 이성적이고 신속한 판단을 기대하기 힘들다. 비상 정지는 크게 다음과 같은 작동을 의미한다.

1) 구획화(Segmentation)에 의한 고립: 비상 정지 밸브들을 닫아서 공정을 여러 개의 구획으로 분리하고 각 구획을 다른 구획으로부터 분리
2) 배출: 비상 감압 밸브를 열어서 내용물을 플레어 시스템으로 배출
3) 정지: 기계 장치들을 정지
4) 전원 공급 최소화

첫 번째와 두 번째는 화재의 3요소 중, 가연성 물질을 제거하는 작업이다. 반면에 세 번째와 네 번째는 점화원을 줄이는 작업이다.

비상정지시스템은 맨 먼저 비상 정지 밸브(ESDV: Emergency Shutdown Valve)를 폐쇄하여 전체 시스템을 여러 개의 구획(Segment)으로 나눈다. 누출이 발생하더라도, 해당 구획(Segment)의 내용물(Inventory)만 누출되므로 사고의 전파를 경감시킨다. 또한, 누출에 따른 구획 내부 압력을 살펴 보면, 구획 크기가 작을수록 더 빨리 떨어진다. 결국, 구획이 작으면 궁극적으로 배출될 내용물 양 자체와 누출 속도 모두 줄어든다.

해저안전밸브(SSSV: Subsurface Safety Valve)는 해상 설비인 경우에만 해당하며, 해저에 설치되어 비상시 폐쇄되어 설비로 유정 유체가 유입되는 것을 차단한다. 해저안전밸브가 없으면 라이저(Riser)에서 발생된 누출에 대한 대책이 없다. 해저 배관의 압력이

떨어질 때까지 기다려야 한다. 물론, 해저 배관의 내용물을 다 처리할 수 있는 대용량 플레어 시스템을 설치하면 좋지만, 너무 비경제적이다.

ESDV가 작동하고 나면 비상감압밸브(BDV: Blowdown Valve)가 열려 구획(Segment)의 내용물을 배출시킨다. 배출된 가스는 결국 플레어 스택에서 연소된다. 구획(Segment)의 압력은 대부분 대기압보다 훨씬 높다. 따라서, 유량 조절 기능이 없는 비상 감압 밸브를 열면 과량의 가스가 플레어 시스템으로 유입된다. 이러한 과량 가스 방출을 방지하기 위해 오리피스를 설치한다.

API 규정[API RP 520/521]에 의하면 15분 이내에 7기압 또는 설계 압력의 50%까지 도달할만큼 충분히 큰 오리피스(결국은 충분히 큰 플레어 시스템)을 설치해야 한다. 하지만, 많은 발주처에서 더 큰 용량을 원하기도 한다. 화재가 발생하면 화재에 의한 가열로 인해 내용물이 증발하게 된다. 예를 들어, 화재에 의한 가열까지 포함하여 8분 안에 7기압까지 도달할 용량의 오리피스를 요구한다.

공정정지밸브(PSDV: Process Shutdown Valve)는 공정 운전시 이상 상황이 감지되면 작동하는 밸브들이다. 예를 들어, 압력이 너무 높을 때(PAHH)를 대비하여 기체를 플레어 스택으로 방출시키는 밸브를 설치한다. 꼭 배출이나 방출이 목적이 아닌 경우도 있다. 수위가 너무 낮으면 기체가 액체 배관으로 빠져 나갈 수 있는데, 이를 방지하기 위해 저저 수위 경보(LALL)시 액체 배관을 막는 밸브를 설치하기도 한다.

공정정지밸브들은 장치 자체에 설치되는 경보기(예: PAHH, LALL)에 의해 작동 개시된다. 그런데, 비상정지시스템이 작동하게 되면, 하위에 있는 공정 정지 시스템이 종속적으로 작동하게 된다. 즉, ESD는 PSD를 의미한다. 따라서, 공정 정지 밸브들은 장치 자체 경보기 뿐만 아니라, 비상정지시스템에 의해서도 작동된다.

블로우다운(Blowdown)과 비상 감압(Emergency Depressurization)

이 단어는 같은 말이다. 많은 엔지니어들이 블로우다운이 적절한 표현이 아니라고 주장한다. 대부분의 국제 규격과 오일 메이저들의 표준서들이 비상 감압을 선호한다. 전통의 관성은 아직도 강하게 남아 있어, 비상 감압을 야기하는 밸브를 비상 감압 밸브라고 부를지라도, 많은 엔지니어들이 도면에는 BDV라고 표기 한다.

6.5.2 공정구획 (Process Segmentation)

특정 부분에서 가스 누출이 발생했다고 가정하자. 그대로 내버려 두면 연결된 배관이나 장치에 포함된 모든 탄화수소 내용물(Hydrocarbon Inventory)가 배출된다. 만역, 누출되는 부분을 고립시킬 수 있다면, 배출되는 내용물을 줄일 수 있을 것이다. 이러한 개념에 바탕을 둔 것이 공정구획(Segmentation)이다.

다음 그림은 공정구획의 개념을 나타낸 것이다. 적절한 위치에 비상정지밸브(ESDV: Emergency Shutdown Valve)를 설치하고 비상 정지시 이 밸브들을 폐쇄한다. 어떤 위치가 적절한지는 탄화수소 내용물(Inventory)의 압력, 성질, 양에 의해 정해진다. 하나의 구획에 내용물의 양이 많으면, 누출시 많은 연료가 누출될 수 있음을 의미한다. 따라서, 2개 이상의 구획으로 나누어야 한다. 이는 소화수펌프 용량 결정과도 밀접한 연관이 있다. 같은 양이라도 압력이 높으면 단시간에 더 많은 양이 누출될 수 있다. 같은 양과 같은 압력이라도 누출 후 가스 성분(LPG 이하 성분)이 많으면 화재/폭발 위험도가 높다.

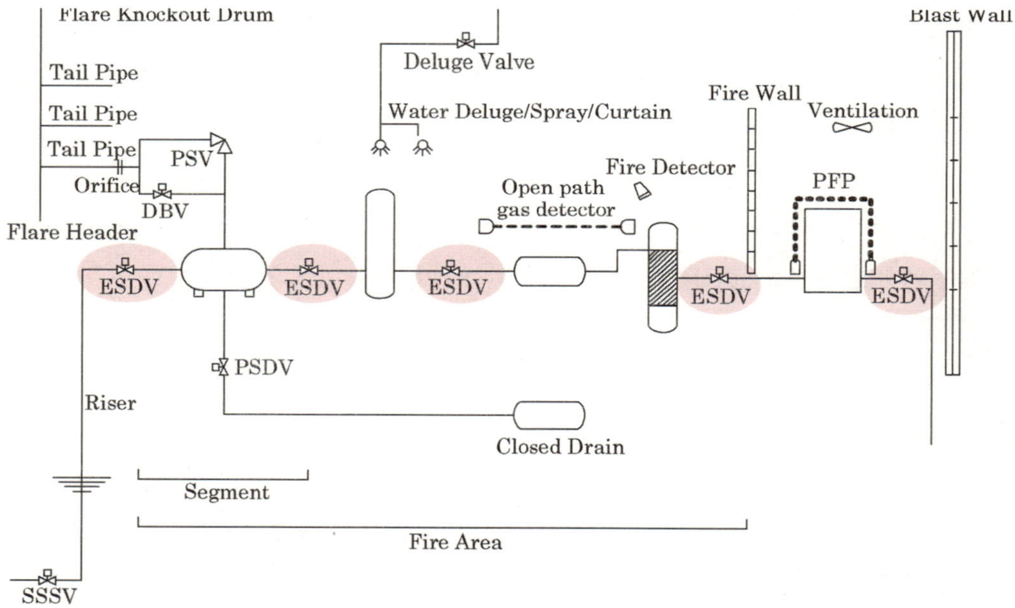

그림 6-7 공정구획(Process Segmentation)의 개념

6.5.3 압력보호장치(Pressure Protection Device)

압력 보호(압력을 낮추는 작업)는 화재 및 폭발 보호의 가장 중요한 항목이다. 압력 보호를 통해 얻을 수 있는 장점은 다음과 같다.

1) 누출량이 줄어든다. 임계 흐름인지(누출 속도가 음속인지) 여부에 따라 의존성은 약간 다르지만, 누출량은 기본적으로 장치 압력에 비례한다. 누출이 발생했을 때, 압력 보호를 실시하면 장치 압력이 줄어들고, 이에 따라 시간에 따른 누출량이 줄어든다.
2) 장치의 내압성이 증가한다. 온도가 올라갈수록 금속의 강도는 감소한다. 화재에 의한 열은 장치 자체를 가열하게 되며, 이에 따라 장치의 변형 또는 파괴 가능성이 높아진다. 내부에 가연성 액상 매체가 들어있는 경우, 가열된 장치는 비등 폭발(BLEVE)을 일으켜 대형 참사로 이어지게 된다. 장치 압력을 낮추면, 장치의 변경이나 파괴 가능성이 줄어든다.

API RP 14C는 압력 보호를 비롯한 안전시스템의 기본적인 사항을 추천한다. 요약하면 다음과 같다.

- 압력 보호는 1차 및 2차로 이중화되어야 한다.
- 1차 압력 보호는 신속해야 한다.
- 가장 악조건을 바탕으로 압력 보호가 설계되어야 한다.

압력 보호 관점에서 통상적인 장치들은 1차 안전시스템으로 전기전자적 비상 감압 밸브(BDV), 2차 안전시스템으로 과압 방출(Pressure Relief) 장치를 장착하게 된다. 물론, 온도 보호나 수위 보호 측면에서도 유사한 접근법이 가능하며, 대개 같은 안전 장치들을 공유한다.

과압 방출 장치는 크게 다음과 같이 2가지가 있다.

- 압력 보호 밸브(PSV: Pressure Safety Valve)
- 파열판(Rupture Disc)

파열판은 일회용이므로, 압력 보호 밸브가 사용되지 못한 곳(예: 독성/부식 유체 서비스)에 사용된다. 해양플랜트의 거의 모든 압력 보호 장치는 압력 안전 밸브이다.

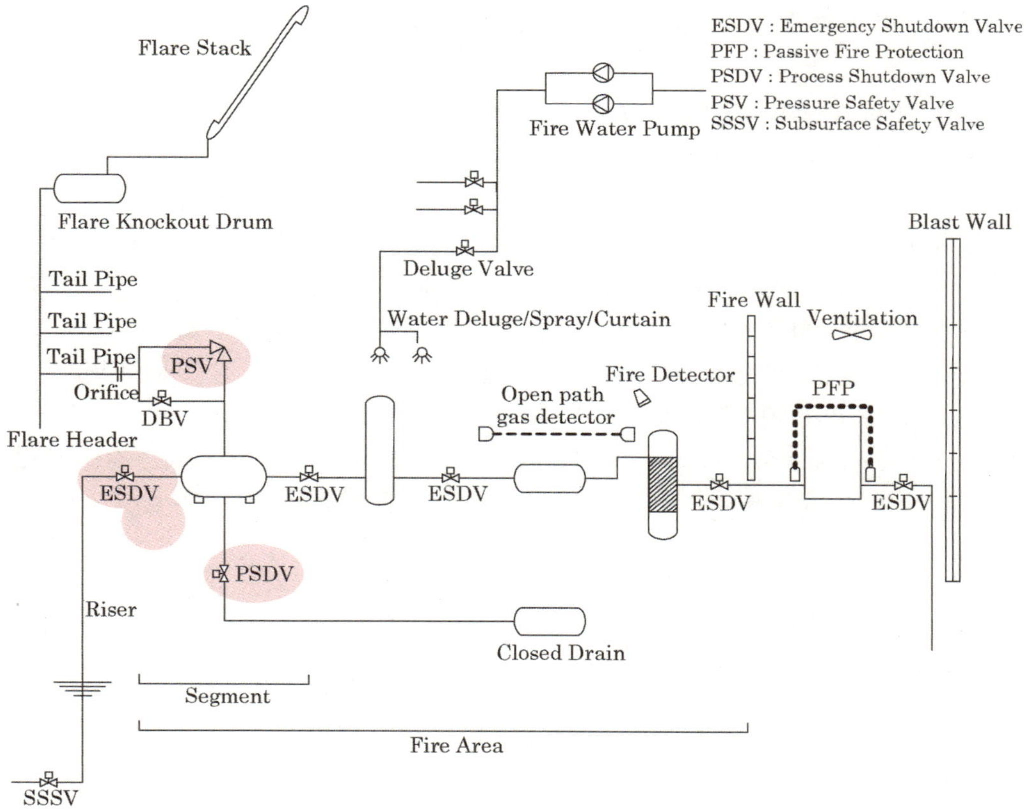

그림 6-8 비상 감압 및 과압 방출 시스템

압력 안전 밸브가 열리기 시작하는 압력을 설정 압력(Set Pressure)라 한다. 설정치는 운전 압력을 고려해서 결정한다. 통상적인 최대 운전 압력보다 10% 정도 높은 값을 최대 허용 운전 압력(MAWP: Maximum Allowable Working Pressure) 또는 간단히 설계 압력(Design Pressure)라 한다. 압력 안전 장치가 1개 설치된 경우에는 설정 압력과 설계 압력이 같다. 배출이 시작된다고 바로 압력이 내려가지는 않는다. 어느 정도 올라갔다가 최고 배출 압력(Maximum Relieving Pressure)에 도달한 후 다시 내려와서 설계 압력보다 약간 낮은 압력에서 닫히게 된다. 최고 배출 압력은 너무 높지 않아야 하며, 설계 압력의 121% 이하여야 한다. 자세한 내용은 [API RP 520]과 [Crowl & Louvar, 2002]을 참조한다.

압력 안전 밸브는 내용물 처리에 있어 비상 감압 밸브(BDV)와 근본적으로 다르다. 후자는 내용물을 충분히 낮은 수준까지 배출시키는 반면, 전자는 설정 압력이 되면 닫히게 된다. 후자는 사고 확산을 방지하는 기능이 있는 반면, 전자는 이 기능이 없는 셈이다. 작동 원인에 있어서도 압력 안전 밸브와 비상 정지 밸브는 다르다. 전자는 특정 압력에 도달하면 저절로 열리는 반면, 후자는 비상정지시스템(ESD System)에 의해서 작동한다. 비상정지시스템은 화재/가스 감지 시스템이나 다른 감지 시스템에 의해서 시동된다.

6.5.4 화재 및 가스 감지기(F&G Detector)

화재 및 가스 감지기는 누출된 가스나 발생한 화재를 감지한다. 다음과 같은 종류가 있다. 특정 방식의 감지기를 어디에 설치할지는 [ISO 13720의 Annex C]를 참조한다.

1) 화재 감지기: 열 감지기, 화염 감지기, 연기 감지가
2) 가스 감지기
3) 오일 액적 감지기
4) 독성 가스 감지기

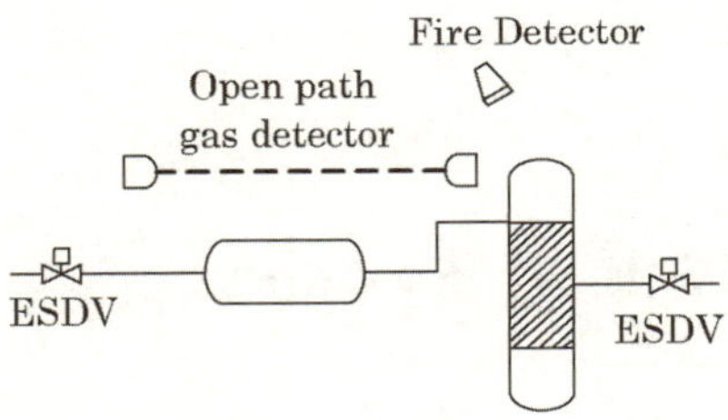

그림 6-9 화재 및 가스 감지 시스템

열 감지기는 인체의 피부와 같다. 감지기 중 가장 저가이며 믿을만 하다. 기계 장치류나 기관실에 설치하면 과열에 의한 이상 상황을 인지할 수 있다.

화염 감지기는 인체의 눈과 유사하다. 화염의 존재를 센서를 통해 인지한다. 물체의 뒤에서 발생한 화염은 알아낼 수 없는 셈이다. 숨겨진 영역이 많으면 화염 감지기를 여러 대 설치해야 한다. 많은 발주사가 대개 대상 영역의 95% 이상을 2개 이상의 화염 감지기가 감시하도록 요구한다. 실제로 작은 누출이 발생하더라도 분사(Jet)의 길이가 수 미터에 달하므로, 이러한 요구가 때로는 과도할 수 있다.

연기 감지기는 화재 발생시 열을 감지한다. 열이나 화염에 비해 연기는 짧은 시간에 광범위하게 확산된다. 공기를 사용하는 장치(가스터빈, HVAC, 환기팬)의 공기 출입구에 설치되면, 해당 장치를 안전하게 정지시킬 수 있다.

독성 가스 감지기는 원칙적으로 화재 및 폭발 방지를 목적으로 하지 않는다. 황화수소와 같이 노출되면 인체에 해로운 가스를 감지하는 것을 목표로 한다. 편의상 여기에 나타내었다.

가스 감지기는 대개 개방형(Open Path) 적외선 방식을 사용한다. 한쪽에서 적외선을 발생시키고 다른 쪽에서 이 흡광 정도를 파악하여 기체의 존재와 농도를 추산한다. 독성 가스인 경우에는 고정점 방식(Point Detector)을 사용한다. 화재 감지기인 경우에는 눈과 비슷하게 작동한다.

많은 원유나 연료유들이 누출되어도 다량의 가스는 방출하지 않는다. 누출된 원유는 액면 화재를 발생시킬 수 있으므로 화재 위험요소다. 고압에서 누출되는 원유는 작은 구멍을 통과하면서 작은 액적을 만들어 내게 된다. 오일 액적 감지기는 이런 액적을 감지한다. 고압 액상 탄화수소가 사용되는 부근에 설치한다.

감지 실수에 의한 피해가 너무 크므로, 대개 감지기는 다수를 설치하여 투표 논리(Voting Logic)을 채택한다. 예를 들어, 화재 감지기 3개 중 2개가 작동해야 화재가 발생한 것으로 간주한다.

6.5.5 플레어 시스템(Flare System)

플레어 시스템은 테일 파이프(Tail Pipe), 플레어 헤더(Flare Header), 플레어 기액 분리기(Flare Knockout Drum), 플레어 스택(Flare Stack)으로 이루어져 있다. 각 구획(Segment)의 비상 정지 밸브나 압력 안전 밸브로부터 나온 가스는 오리피스를 거쳐 후미 배관(Tail Pipe)에 이른다. 후미 배관(Tail Pipe)의 가스들은 플레어 헤더를 거쳐 플레어 기액 분리기에 도달한다. 여기에서 기체상만 플레어 스택에서 연소된다. 만약, 플레어 기액 분리기가 없으면, 액상도 플레어 스택으로 보내지게 되는데, 완전 연소되지 않는 액체가 설비로 날아들 수 있다.

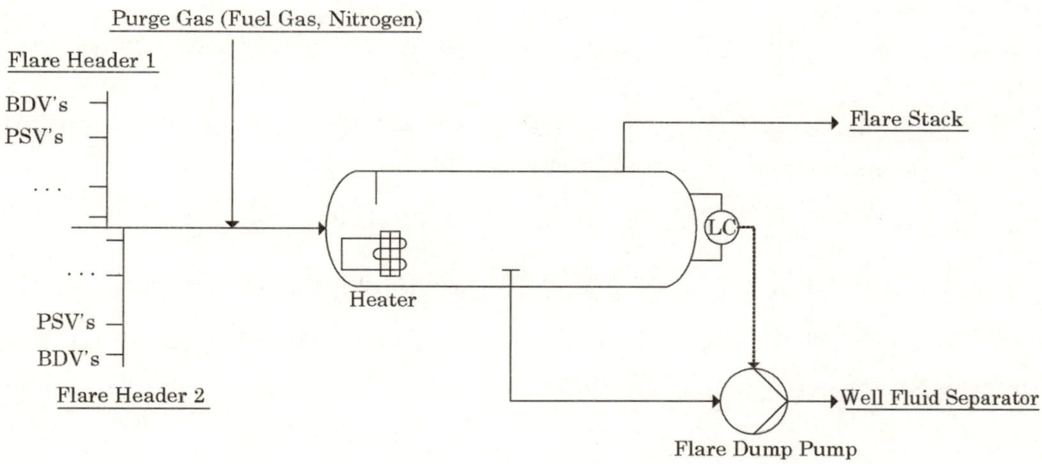

그림 6-10 화재 및 폭발 보호계층

플레어 시스템은 대개 3개로 나누어 설계한다.

고압 플레어 시스템 (HP Flare System)	작동시 플레어 헤더의 압력이 상당히 높게 되어, 배출 압력이 10 기압 이상인 장치들만 연결된다. 플레어탑에서 초음속 노즐을 통해서 가스가 방출되고 대기 중에서 연소된다. 운전 압력은 얼마나 많은 가스가 유입되느냐로 결정된다. 운전 압력은 대개 3~10 기압이 된다.
저압 플레어 시스템 (LP Flare System)	내부 압력이 너무 낮아서 고압 플레어 시스템에 배출이 불가능한 장치들이 연결된다. 아음속 노즐이 사용되며 대기 중에서 연소된다. 운전 압력은 3 기압 이하이다.
상압 배출 시스템 (Vent System)	저압 플레어 시스템에도 배출이 불가능할 만큼 낮은 압력(0.1 기압 이하)을 갖는 장치들이 연결 연소되기도 하고 대기중으로 바로 배출되기도 한다.

다음과 같은 경우에 발생하는 가스량을 처리할 만큼 충분해야 한다.

- 유입 유정 유체 전체: 하류 공정이 작동하지 못할 때를 대비하며,
- 과압에 의한 방출: 장치의 압력이 올라갈 때 압력안전밸브(PSV)가 열려 방출하는 가스
- 비상 방출(EDP): 화재 및 가스 감지 이후의 비상 정지에 이후의 방출되는 가스. 용량 산출에 있어서 PSV는 1개만 고려한다.
- 공정 운전에 의한 필요: 개시 운전이나 장치(예: 압축기) 고장에 의한 가스 처리 유지 및 보수를 위한 가스 방출

플레어 기액 분리기(Flare Knockout Drum)는 다음과 같은 조건을 만족해야 한다.

- 생산 유량의 유정 유체가 유입되더라도 초기 수위에서 고고 경보 수위(LAHH)까지 도달하는데 90초 이상 걸려야 한다.
- 단일 유정에 의한 경우, 이 시간이 15분 이상 걸려야 한다.

유입되는 유정 유체가 너무 많은 경우, 위 조건을 만족하기 어렵다. 이 경우에는 고신뢰도 압력 보호 시스템(HIPPS: High Integrity Pressure Protection Systems)을 설치하여 짧은 시간 안에 유입 유정 유체를 차단한다.

안전 측면에 대한 고려

대기 중의 연소는 복사열을 동반하므로, 플레어탑이 충분히 높고 멀어야 한다. 플레어 끝은 항상 점화되어 있어야 한다. 플레어탑으로 가는 배관에 플레어 밸브가 설치된다. 이 밸브는 고 경보 압력(PAH)에서 열린다. 플레어가 작동하지 않는 평상시에는 이 밸브 후단에 질소나 가스를 지속적으로 주입하여 공기 유입을 차단해 폭발 분위기를 없앤다. 공기 유입을 방지하기 위해 플레어와 상압 방출 헤더들도 질소나 연료 가스로 퍼지(Purge)되어야 한다.

비점화식 상압 배출 시스템의 위치 선정이 적절해야 한다. 점화식이 아닌 상압 배출 시스템이 다른 점화식 플레어 시스템과 너무 가까이 있으면 점화되는 경우가 있다. 바람의 방향과 세기에 따라, 가연성 가스의 확산을 추산하여 위험도를 평가해야 한다.

플레어 배관들이 화재에 취약한 경우에는 수동적 화재 보호를 적용해야 한다. 하지만, 방출되는 가스에 의한 냉각 효과가 있으면, 부작용이 많은 수동적 화재 보호를 피해야 한다. 플레어 기액 분리기의 수위도 공정 정지와 비상 정지에 연결되어야 한다. 고고 경보 수위(LAHH)에서는 공정 정지(PSD)과 비상 정지(ESD)가 작동한다. 공정 차단은 가스 흐름(플레어탑으로 가는 흐름)을 차단하며, 비상 차단은 시스템 전체의 운전을 중지시킨다. 펌프가 설치되어 연속적인 운전이 가능하도록 한다.

6.6 피해 저감(Mitigation Protection)

6.6.1 능동적 화재 보호(AFP: Active Fire Protection)

능동적 화재 보호를 수행하는 시스템은 다음과 같다.

- 방화수 공급(Fire Water Supply)
- 방화수 살수(Water Deluge)
- 방화수 분사(Water Mist Spray)
- 거품(Foam), 방화제(Chemical), 이산화탄소

이 중에서 방화수를 공급받아 살수 및 분사하는 시스템이 공정 지역에서 발생하는 대형 화재나 폭발에 대응하는 가장 일반적인 방법이다. 방화수 시스템이 화재 진화를 목표로 하지 않는다는 점에 유의한다. 이들 시스템의 목표는 대피 시간을 벌어 주는 것이다.

가스 존재나 화재 발생이 감지되면, 방화수들이 해당 화재 구역(Fire Area)에 뿌려진다. 방화수 펌프(Fire Water Pump)를 작동해서 해수나 저장수를 방화수 살수(Water Deluge)나 방화수 분사(Water Mist Spray)로 보내게 된다. 방화수는 꼭 보내져야 하므로, 방화수 펌프(구동 전원 또는 엔진 포함)는 항상 여유분이 있어야 한다.

가스/화재가 감지된 화재 구역으로만 방화수를 보내기 위해 해당 화재 구역의 살수 밸브(Deluge Valve)를 연다. 방화수 공급 배관들은 대개 환형(Ring Type)으로 중복 설계한다(선박의 발라스트 배관과 유사한 원리). 방화수 살수(Water Deluge)는 대개 특정 장치에 뿌려지고, 방화수 분사(Water Mist Spray)는 해당 구역 전반을 대상으로 뿌려진다. 특정 위치에 Water Curtain이 설치되기도 한다.

뿌려진 물들은 다음과 같은 기능을 수행한다.

- 대류 및 복사 열전달 차단
- 장치 냉각을 통한 기계적 강도를 유지
- 증발에 의한 화재 및 폭발 에너지 흡수

가장 마지막 특징 때문에 폭발 시 대기 중에 액적이 존재하면 과압이 내려간다.

6.6.2 수동적 화재 보호(PFP: Passive Fire Protection)

수동적 화재 보호(PFP)는 장치나 배관 그리고 구조물 표면에 씌워진 단열재를 일컫는다. 화재(특히 분사 화재)의 확산을 방지하는 역할을 수행한다. 철 용기나 구조물은 온도가 올라감에 따라 강도가 급격히 떨어진다. 대개 500℃ 내외가 되면 설계 압력이나 하중을 견디지 못한 것으로 평가된다. 분사 화재가 고압 내용물이 담긴 용기나 일차 구조 부재(Primary Structural Member)를 2~3분 이상 감싸고 있으면 심각한 사고 확산이 일어날 수 있다. 따라서, 분사 화재에 취약한 장치, 배관, 구조 부재들은 PFP로 감싸야 한다. PFP가 화재 확산을 막는 긍정적인 역할을 하지만, 부식의 원인을 제공하는 부정적인 역할도 수행하므로 주의해야 한다.

화재의 확산을 막기 위해 방화벽을 설치한다. 방화벽은 발생 가능한 화재의 성격을 염두해 두고 정해야 한다. 폭발 시 발생하는 압력에 대비하여 대개 제어실이나 거주구를 보호하기 위하여 방폭벽을 설치한다. 방화벽이나 방폭벽은 환기를 막는 부정적인 역할도 수행한다.

수동적 화재 보호의 선정은 화재 성격에 맞추어서 이루어져야 한다. 다음과 같은 분류가 일반적이다.

- JF: 분사 화재
- HF: 액면 화재
- CF: 셀룰로우스 화재

이들 대분류 뒤에 붙은 숫자들은 단열을 보장하는 시간이 된다. 모든 수동적 화재 보호가 1시간 동안 구조적 강도(연기 통과 방지 포함)를 유지하도록 규정되어 있다. 예를 들어, JF-120은 1시간 동안 구조적 강도를 유지해야 하며, 120분 동안 단열 성능이 있어야 한다.

능동적 보호(AFP)와 수동적 보호(PFP)의 차이

능동적 보호 시스템은 위험요소를 능동적으로 제거하는 반면, 수동적 보호 시스템은 위험요소가 자기 자신에게 다가와서 소멸될 때까지 수동적으로 기다린다. 능동적/수동적 보호 시스템을 구분하는 가장 큰 특징은 작동 명령 필요 여부이다. 능동적 보호 시스템은 작동 명령을 꼭 필요로 한다. 작동 명령은 운전자로부터 하달될 수도 있고, 다른 감지 시스템으로 전달될 수도 있다. 예를 들어, 방화수 살수(Water Deluge) 시스템은 능동적 화재 보호 시스템이다. 운전자가 작동 버튼을 누르거나 화재/가스 감지 시스템이 위험 수준을 감지하면 작동된다. 능동적 보호 시스템은 대개 전자 또는 기계 장치로 구성되어 있다.

이에 반해서, 수동적 보호 시스템은 작동 명령이 필요 없다. 가장 대표적인 예가 수동적 화재 보호(PFP: Passive Fire Protection)라고 불리는 단열 처리이다. 방화벽이나 방폭벽 또한 수동적 보호 시스템이다. 성격상 전자 또는 기계 장치들이 필요 없다.

두 시스템은 신뢰도와 유지보수 측면에서도 차이가 난다. 수동적 보호 시스템은 고장을 비교적 쉽게 감지할 수 있으며, 고장이 급격히 진행되지도 않는다. 주기적인 유지 보수로 기능을 복구시킬 수 있다. 이에 비하여, 능동적 보호 시스템은 고장의 감지와 이에 따른 유지 보수가 어렵고, 사고 발생 시점에 제 기능을 발휘하는지가 항상 의문스럽다. 이 때문에 능동적 보호 보호 시스템은 안전 무결도(SIL: Safety Integrity Level)를 정의하여 신뢰도를 규정한다.

6.7 비상 대응 (Emergency Response)

다음과 같이 비상 대응에 필요한 설비들은 대부분 필수안전설비(Essential Safety System)로 분류된다.

1) 대피 및 탈출 관련 설비

- 탈출로, 임시 대피소(TR), 탈출 장치
- 대피 및 탈출을 위한 조명 및 각종 장비/방해물 표기 조명
- 통신 및 경보 발령 장비

2) 화재/가스 감지 시스템 및 보호 시스템

- 화재/가스 감지 시스템
- 비상정지시스템(ESD) 및 비상 감압 시스템(EDP)
- 방화수 공급 및 분배 시스템

3) 비상시 보조 설비

- 비상 전원 공급 장치
- 환기 및 냉각 장치

6.7.1 대피 및 탈출 관련 설비

대피 및 탈출 관련 설비는 운전자들이 최종적으로 의지할 수 있는 안전시스템이다. 따라서 다음 조건을 반드시 만족해야 한다.

1) 대피 시간(대개 30분) 동안 화재에 의해 손상되지 않을 것

2) 폭발에 의한 손상 확률(10^{-4}/yr)이 극히 낮을 것

첫 번째 조건에 해당하는 시간에 다음 행위들이 이루어진다.

- 경보 발령
- 대피를 위한 임시 조치
- 대피로를 통한 대피
- 임시 대피소에서 인원 점검 및 상황 파악
- 부상자 및 미대피자에 대한 조치
- 탈출

30분 정도에 무작정 대피만 하는 것이 아니고, 이러한 일들이 모두 이루어져야 하기 때문에 상당히 짧은 시간이다. 이 시간 동안 화재는 계속해서 대피로와 대피소를 비롯한 필수 안전 설비를 공격하여 손상되게 한다. 따라서, 필수 안전 설비들이 이러한 공격에도 30분 정도는 견뎌내야 한다.

두 번째는 허용 가능한 폭발 강도를 나타낸다. 위험도의 두 요소 측면에서 보면, 폭발은 과압(피해 규모)가 클수록 확률(발생 빈도)이 작아진다는 특징을 가지고 있다. 어떤 규모의 대형 폭발이더라도 발생 확률은 존재한다. 따라서, 모든 규모의 대형 폭발에 대응하여 설계한다는 것은 무시할만큼 발생 확률이 작은 위험요소에 자원을 낭비하여, 실현 가능한 위험도 최소화(ALARP)의 철학에도 어긋난다. 많은 발주처가 허용 가능한 폭발 위험도를 10^{-4}/yr로 규정한다. 즉, 만년에 한 번 일어날 수 있을 만큼 큰 폭발 사고에도 임시 대피소와 대피로가 손상되지 않아야 한다.

6. 7.2 비상시 보조 설비

비상 전원은 전기전자적 필수 안전 설비(Essential Safety System)들이 제 기능을 발휘하는데 필수적이다. 대피로와 대피소를 제외하면 필수 안전 설비의 거의 대부분이 전기전자 시스템이다.

- 비상 전원 시스템은 다음과 같이 구성된다.
- 비상 전원 발전기 및 구동기(대개 디젤 엔진)
- 무단절 전원 시스템(UPS): 관련 축전지와 충전지
- 전원 분배 시스템

가장 까다로운 부분이 비상 전원 발전 부분이다. 비상 전원 발전실 자체가 화재나 폭발에 의해 손상될 수 있다. 게다가, 연소 공기 흡입구에 가스가 감지되면 디젤 엔진을 작동 개시할 수 없다. 따라서, 비상 전원 발전실은 이러한 위험요소를 고려하여 위치가 결정되어야 한다.

공급 유지 시간은 대상 시스템마다 상당히 다르다[ISO 13720의 Annex C]. 통신 장비들은 100 시간 정도, 비상 정지 및 감압(ESD/EDP) 시스템들은 30 분 정도 전원 공급을 받을 수 있어야 한다.

6. 7.3 공통원인고장(Common Cause Failure) 회피

공통원인고장(CCF)은 대상 시스템들의 동시적 고장을 일컫는다. 예를 들어, 비상전원 공급 시스템의 고장은 여러 전기전자적 필수 안전시스템의 공통 원인 고장을 유발한다. 반면, 하나의 가스 감지기가 고장나더라도 전체 가스 감지 시스템의 고장을 유발하지 않는다.

화재/가스 감지기는 섬세한 측정 기기이므로 화재나 폭발 사고 지역의 감지기들은 당연히 손상될 수 있다. 하지만, 다른 지역에 설치된 감지기들과 이들을 논리 연산자에 연결하는 설비들은 손상 받지 않아야 한다. 즉, 공통 원인 고장(CCF)가 최소화되어야 한다. 예를 들어, 하나의 통신선이 절단되어, 전체 감지 시스템이 무용지물이 되어서는 안된다.

비상정지 및 감압시스템들도 공통 원인 고장이 최소화 되도록 설계되어야 한다. 화재 및 폭발 사고시 논리 연산자와 통신이 끊기거나 구동원(공압, 유압, 전원) 공급이 중단되기 쉽다. 이 때 택할 수 있는 방안이 고장시 닫힘(Fail-Closed)과 열림(Fail-Open) 기능이다. 예를 들어, 비상 정지 밸브들은 고장시 닫힘(Fail-Closed)으로, 비상 감압 밸브들은 고장시 열림(Fail-Open)으로 설계한다. 이에 대한 부작용에 유의한다. 즉, 평상 운전시 착오적 정지(Spurious Trip)이 발생하면, 이들 밸브들이 주어진 사양대로 작동하여 운전에 큰 피해를 입힐 수 있다. 따라서, 무조건적으로 고장시 닫힘과 열림을 설정하지 않고, 면밀한 검토 후 꼭 설정한다. 어쨌든 고장 발생시 닫힘 및 열림 둘 중에 하나로는 설정되어야 한다.

탈출로는 설비 전체에 분포되어 있다. 곳곳에서 발생 가능한 화재나 폭발에 의해 손상될 우려가 많다. 대부분의 발주사는 이중 탈출로를 규정하여, 하나의 탈출로가 무용지물이 되더라도 다른 탈출로를 이용할 수 있다. 공통 원인 고장은 전기전자적 시스템에 적용하는 표현이지만, 비전기전자적 시스템에도 똑같은 철학이 적용된다.

6.8 안전설계 충돌 (Safety Conflicts)

6.8.1 안전 대책에 따른 잔여 위험도의 증감

안전 대책의 적용 전후의 위험도를 비교해 보면, 적용 후의 위험도인 잔여 위험도가 적용 전의 위험도보다 항상 작은 것은 아니다. 즉, 안전 대책의 적용으로 위험도가 감소할 수도 있지만, 반대로 증가할 수도 있다. 위험도가 감소하는 경우에도, 적정하게 감소되면 좋겠지만, 너무 많이 또는 너무 적게 감소할 가능성이 있다.

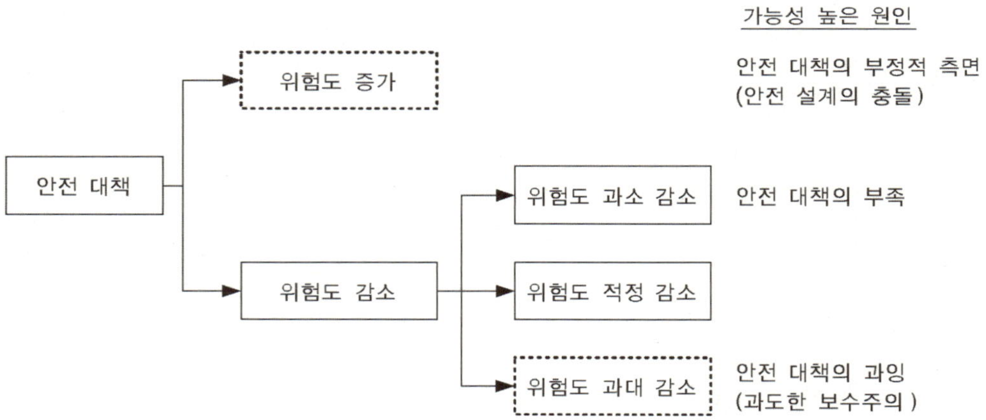

그림 6-11 안전 대책에 따른 잔여 위험도의 증감과 원인

안전 대책에도 불구하고 위험도가 증가하는 가장 주요한 이유는 안전 대책의 부정적 측면 때문이다. 대부분의 안전설계는 부정적인 역할을 동반한다. 이와 같이, 안전을 위한 시스템들이 안전에 부정적인 역할을 수행하게 되는 것을 안전설계 충돌이라 한다.

설계자들이 빠지기 쉬운 다른 함정이 과도한 보수주의(Over-Conservatism)이다. 상황이 불분명할 때 안전하다고 판단되는 방향으로 설계 여유를 적용하거나 과도하게 많은 안전시스템을 설치하는 것이다. 과도한 보수주의는 불필요한 비용과 인력의 낭비를 초래한다.

절대 안전한 설계는 없다는 점에 주의한다. 관련 있는 용어로 예전에 '고장시 안전(Fail-Safe)'라는 개념이 사용되기도 하지만, 어떤 경우에도 안전한 설계는 없다(7.1.5절 참조). 많은 설계 대안 중에 덜 위험한 설계 대안이 있을 뿐이다.

설계자는 안전설계 충돌과 과도한 보수주의가 정량적으로 측정되지 않을 수도 있다는 점에 주의해야 한다. 위험도 해석이 발전 중에 있지만, 아직도 다양한 위험도와 안전시스템의 긍정적 및 부정적 역할을 모두 정량화하고 있지는 못하다. 따라서, 설계자는 자신이 적용한 안전시스템이 미치는 양면의 영향을 이해하고 있어야 한다. 다음은 몇 가지 안전설계 충돌에 대해서 설명한 것이다.

6.8.2 공정 설계와 안전설계의 충돌

공정의 성능을 높이고 가용도를 높이는 접근법은 다음과 같이 안전과 상충되는 경우가 있다.

1) 설비의 대형화

경제성의 기본 원칙 중의 하나가 대형화에 의한 경제성 증가이다. 100 ton/day 용량의 설비를 2개 설치하고 운전하는 것보다, 200 ton/day 용량의 설비를 1개 설치하고 운전하는 것이 훨씬 경제적이다. 장치의 개수를 절반으로 줄일 수 있으며, 고장률이 용량에 따라 크게 변하지 않으면 고장률(결국은 비가용도)를 크게 줄일 수 있다. 하지만, 내용물이 2배 증가하여 안전 측면에서는 불리하다. 즉, 본질적 안전설계의 원칙 중의 하나인 '내용물 최소화'에 반하게 된다.

2) 장치의 대형화

장치를 크게 만드는 것이 효율 증가에 직접적으로 기여한다. 예를 들어, 기액 분리기를 크게 만들면 분리 효율이 증가한다. 하지만, 장치 대형화는 내용물의 대형화를 의미한다. 즉, 내용물 최소화의 원칙에 부합하지 않는다.

3) 중복 설계

공정의 가용도를 높이는 가장 쉬운 방법이 중복 설계를 하는 것이다. 즉, 같은 장치를 추가로 설치하여, 다른 장치의 고장시 작동시키는 것이다. 하지만, 추가적인 장치 설치는 밀집도를 증가시켜 환기 성능을 악화시킨다. 누출이 발생한 경우, 자연적인 환기에 의해 가스가 희석되어야 하는데, 밀집된 장치에 의해 가스가 장치 주위에 누적된다.

6.8.3 공정구획 (Process Segment)

비상 정지 밸브에 의해 나누어지는 구획의 개수가 증가할수록, 각 구획에 포함된 내용물(Inventory)의 양이 적어진다. 누출 발생시 최종적으로 누출될 수 있는 양이 적어지므로, 사고 확산의 잠재력이 줄어든다. 하지만, 다음과 같은 부작용이 있다.

1) 밸브의 증가

각 공정구획당 비상 정지 밸브(ESDV), 비상 감압 밸브(BDV), 압력 안전 밸브(PSV) 등이 설치되어야 한다. 이들 밸브들은 비교적 고가이며 세밀한 유지 보수를 요구한다. 이들 밸브들의 고장시 위치들도 문제가 된다. 안전 기능상 비상 정지 밸브는 고장시 닫힘(Fail-Closed), 비상 감압 밸브는 고장시 열림(Fail-Open)이어야 하지만, 시스템 전체 안전을 고려하면 부작용을 낳을 수 있다(5.4.3 절 참조).

2) 화재 및 폭발에 취약한 소형 배관의 증가

고정 구획에서 플레어 헤더로 나가는 후미 배관(Tail Pipe)은 대개 작아서 복사열이나 폭발 과압에 약하다. 분사 화재시 상대적으로 두꺼운 대형 용기는 내압성을 유지하는 반면, 취약한 이들 작은 배관들이 구조적 안전성을 유지하지 못해 2차적인 누출원이 될 수 있다.

6.8.4 비상 정지 및 감압 밸브들의 고장시 위치

중요 밸브들은 비상 정지시 위치가 결정되어 있다. 비상 정지시 비상 정지 밸브(ESDV)는 닫혀야 하며, 비상 감압 밸브(BDV)는 열려야 하며, 공정 차단 밸브(PSDV)들은 열리거나 닫혀야 한다. 비상정지시스템이 작동하게 되면, 이 밸브들은 정해진 자기 위치를 찾아간다.

문제는 고장날 경우이다. 여기서 고장은 구동원(유압, 공압, 전원)이 끊기거나 논리 연산자와 통신이 두절된 상태를 일컫는다. (고장시 위치) = (비상 정지시 위치)로 설정해 놓으면, 화재나 폭발 사고가 발생할 때 도움이 된다. 예를 들어, 유압으로 작동하는 비상 정지 밸브는 고장시 닫힘(Fail-Closed)으로 설정한다. 만약, 화재 사고에 의해 유압 배관이 손상을 받으면 유압이 떨어지게 되지만, 이 밸브는 자기의 역할을 성공적으로 수행하게 된다.

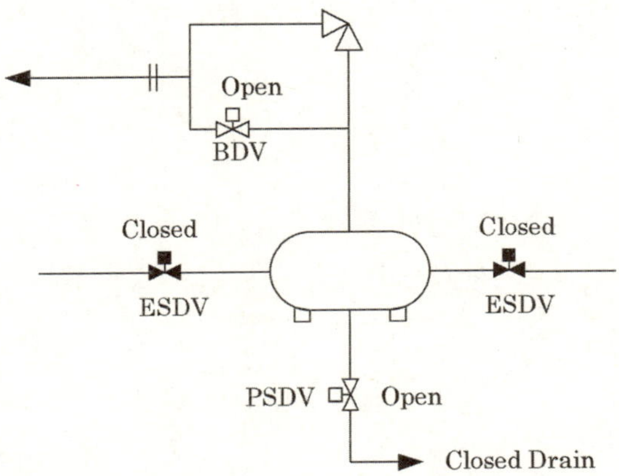

그림 6-12 통상적인 비상 정지시 밸브 위치 및 유체의 흐름

역효과는 평상 운전시에 발생한다. 비상 정지 밸브에 연결된 시스템(유압 시스템, 솔레노이드 밸브, 논리 연산자)중 하나만 고장 나더라도, 비상 정지 밸브는 저절로 닫힌다.

하나의 비상 정지 밸브가 닫히더라도 전체 시스템이 정지될 수 있다. 전체 시스템의 정지는 금전적 손실 뿐만 아니라, 개시 운전의 위험을 유발한다. 많은 사고들이 개시 운전과 종료 운전 중에 발생하기 때문이다. 이런 관점에서는 비상 정지 밸브들은 고장시 열림(Fail-Open)으로 설계하는 것이 타당하다.

결론적으로, 어떤 위치도 안전하지 않다. 예전에는 '고장시 안전(Fail-Safe)'라는 개념이 채용되었지만, 근래에는 폐기되었다. 특정 상황을 고려하여 고장시 안전하도록 설정할 수 있지만, 모든 경우에 안전한 고장시 위치는 없다(7.1.5절 참조).

6.8.5 수동적 화재 보호(Passive Fire Protection, PFP)

수동적 화재 보호(PFP)는 분사 화재(Jet Fire)로부터 구조, 장치, 배관을 보호하는데 효과적이다. 하지만, PFP는 다음과 같은 안전 악영향을 가지고 있다.

1) 부식 촉진

PFP는 대상 표면에 합성 수지 층을 형성한다. 이 사이에 수분이 침투하게 되면 쉽게 마르지 않아 부식의 원인이 된다. 부식은 결국은 누출의 원인을 제공하게 된다.

2) 밀집도 증가

PFP 자체는 대개 얇지만 일정한 두께(1 cm 내외)를 갖게 된다. 상대적으로 좁은 공간에 장치를 설치해야하는 해양 설비의 경우에는 과도한 PFP가 공기 통로를 방해하여 환기 성능을 떨어뜨린다.

3) 검사 방해

장치 표면에 형성된 PFP는 장치의 상태를 검사하거나 모니터링하는 것을 방지한다. PFP는 육안 검사뿐만 아니라 NDT(Non-Destructive Test)를 어렵게 하기 때문에, 부식 모니터링을 방해한다. 엄밀한 조사를 위해서는 PFP를 뜯어 내야 한다. PFP를 유지한 상황에서는 불확실한 검사에 만족해야 한다.

4) PFP 자체의 유지 보수

PFP는 시간이 경과함에 따라 부착성이 떨어진다. 불량한 PFP는 보수되어야 하는데, 이러한 보수 작업 자체가 위험도를 증가시킨다. 작업자가 설비 근처에 되도록이면 없어야 인명 위험도가 감소하는데, PFP 유지 보수 작업은 작업자의 접근을 유발한다. 또한, 작업 중에 낙하물이나 작업자의 실수로 누출 사고가 발생할 수 있다.

다음 사항을 고려하여 꼭 필요한 경우에만 PFP를 적용한다.

1) 가스 및 화재 감지기(F&G Detection), 비상 정지(ESD)와 비상 감압(BD)이 작동하여 화재 지속 시간과 화염의 크기를 산정하고 PFP 필요 여부를 판단한다. 대부분의 경우, 이들 안전시스템 때문에 분사 화재는 지속 시간이 짧아지며, 화염의 크기도 현격히 줄어들어 PFP가 필요 없다. 많은 엔지니어들이 다른 안전시스템(가스 및 화재 감지기, 비상 정지, 비상 감압)이 고장날 것을 대비한 PFP 설계를 요구하는데, 이는 과도한 보수주의일 가능성이 높다. 그런 고장에 대비한 PFP 설계라면, 다른 안전시스템이 설치될 필요성이 크게 없다.
2) 플레어 헤더는 자체 냉각 기능이 있으므로 PFP를 설치할 필요가 없다. 비상 감압 밸브(BDV)와 오리피스를 통과하면서 압력이 낮아진다. 이러한 감압 과정은 온도 하강을 유발하므로, 화재시 플레어 헤더들은 상당히 낮은 온도에 처하게 된다. 따라서, 화재에 의해서 가열되더라도 저온 유체에 의해 계속 냉각 중이므로, PFP가 필요 없게 된다.
3) 분사 화재를 일으킬만한 고압 기체가 주위에 있는지 검토하여, 가능성이 낮으면 PFP를 설치하지 않는다. 고압 액체만 있더라도, 누출 후에 2상을 형성하면 분사 화재를 유발할 수 있다. 안정화된 원유(Stabilized Crude)는 2상 형성 가능성이 낮다.
4) 구조물 손실 해석(Missing Member)을 통해 PFP가 없는 경우에 분사 화재에 대한 구조물 안전도를 해석한다. 분사 화재는 방향성이 있으므로, 다른 방향에 있

는 두 구조물을 동시에 공격할 수 없다.

6.8.6 분리 구역(Compartment)과 장치간 간격

분리 구역을 작게 하면 폭발 과압을 줄일 수 있다. 극단적인 예를 들어, 작은 공정 모듈(Process Module)에서 누출이 일어난 상황을 고려해 보자. 누출된 가스는 모듈을 채우고 대기로 나오게 된다. 대기로 나온 가스는 곧 희석되기 때문에 형성되는 폭발 가능한 가스운(Gas Cloud)의 크기가 작다. 폭발 과압은 가스운의 크기에 비례하므로, 당연히 폭발 과압이 작아진다.

모듈을 작게 만들기 위해서는 장치간의 간격을 좁혀야 한다. 복잡한 배치는 난류 형성을 촉진하고 폭발 과압이 쉽게 빠져 나가지 못하게 하기 때문에 폭발 과압이 커진다.

6.8.7 환기

환기가 잘 되면 당연히 가스운의 크기가 줄어든다. 따라서, 환기는 폭발 보호에 긍정적인 역할을 하게 된다. 하지만, 환기는 화재에 공기를 공급(불난 집에 부채질)하고, 바람을 타고 화재가 전파되기 때문에 화재에는 부정적인 영향을 미친다.

환기를 촉진하기 위해서 바닥을 살대(Grate)로 처리하는데, 위의 논리를 적용하면 다음과 같이 긍정적인 측면과 부정적인 측면이 있게 된다.

긍정적 측면

- 환기 촉진을 통한 가스운 크기 감소
- 액체상 위험물이 형성된 경우, 축적되지 않음

부정적 측면

- 살대 바닥(Grated Deck)를 통해 하부 화재가 상부로 확산
- 상부의 스프레이 화재가 하부로 전달

상하로의 사고의 전파를 막고 싶으면 판형 바닥(Plate Deck)를 선택해야 하는데, 환기 측면에서는 손해를 보게 된다.

고립된 공간(발전기실)의 환기에 대해서도 비슷한 논리를 적용할 수 있다. 강제적인 환기가 가스 농도를 낮출 수 있지만, 동시에 공기를 공급하여 화재를 촉진할 수도 있다.

6.8.8 방화벽

방화벽도 판형 바닥(Plate Deck)과 비슷한 역할을 수행한다. 방화벽은 환기를 방해하기 때문에 가연성 가스의 축적을 유발한다. 하지만, 일단 화재가 발생하면 화재의 전파(Escalation)을 막는다. 작은 구역을 보호하기 위해 방화벽을 치는 것은 일단 바람직하지 않다.

6.8.9 방화수 분사 시스템

방화수는 살수(Deluge), 미립자 분사(Mist Spray), 커튼(Curtain) 형식으로 분사된다. 방화수 살수(Water Deluge)는 대개 특정 장치(예: 압력 용기, 유정 유체 분리기)에 전용으로 적용된다. 방화수 미립자 분사는 특정 화재 구역에 광범위하게 뿌려지며, 방화수 커튼은 복사열 차단이나 연기 확산 방지 목적으로 설치된다.

방화수를 뿌리는 것은 다음과 같은 긍정적 효과가 있다.

1) **장치 냉각**: 화재시 내용물이 많은 특정 장치에 방화수를 뿌리게 되면, 해당 장치가 냉각되며 구조적인 건전성을 유지할 수 있다. 이러한 냉각은 화재 사고가 확산되는 것을 방지한다.

2) **증발에 의한 에너지 흡수**: 뿌려진 물은 주위 에너지를 흡수하여 수증기가 된다. 이러한 증발은 화재 구역의 평균 온도를 낮춘다. 낮아진 평균 온도는 장치로 열전달을 줄여 내용물 증발을 감소시킨다.

물 분사 → 증발에 의한 열에너지 흡수 → 평균 대기 온도 감소
→ 장치로의 열전달 감소 → 내용물 증발량 감소 → 장치 압력 증가 속도 저하
→ 사고 확산 가능성 감소

3) **산소 농도 감소에 의한 화재/폭발 가능성 감소**: 증발된 수증기는 공기를 밀어내고 자리를 차지하게 된다. 이에 따라 산소의 상대적인 농도가 낮아지며, 산소 부족에 의한 화재 및 폭발 가능성이 줄어 든다.

4) **거품 방화제의 운반자**: 거품 방화제들은 방화수에 첨가된 형태로 적용된다.

방화수를 뿌리는 것은 다음과 같은 한계 및 부정적 측면이 있다.

1) **난류 유발**: 방화수 분사에 의한 난류는 화재와 폭발 모두를 확산시킬 수 있다. 방화수 자체와 발생한 수증기는 공기와 가스 모두를 밀어내고 자리를 차지하게 된다. 가스의 입장에서는 한 구역에서 다른 구역으로 이동하게 되며, 이동에 따라서 점화원을 만날 가능성이 높아진다. 폭발이 발생하면 큰 장치(예: 열교환기)보다 작은 물체(예: 파이프)에 의한 난류가 폭발을 촉진한다. 작은 물 입자는 아주 효율적인 난류 생성자가 된다.

2) **증발에 의한 수증기 증가와 이로 인한 질식**: 화재나 폭발 에너지를 흡수한 수증기는 짧은 시간에 산소 농도를 낮추게 된다. 이에 따라 질식 위험은 더 높아진다.

3) **방화수 공급 시스템의 고장**: 방화수 펌프, 공급 밸브, 배관, 노즐로 이어진 긴 방화수 공급 시스템은 신뢰하기가 힘들다. 일단, 가스 누출시 방화수 구동 엔진(대개 디젤)을 구동시킬 수 있는지 여부가 문제가 된다, 즉, 구동 엔진은 연소 공기를 필요로 하는데, 누출된 가스는 연소 공기 흡입 자체를 막을 수 있다. 방화수 공급 시스템은 평소에는 운전하지 않으므로, 밸브, 배관, 노즐들은 막혀 있을 수 있다.

4) **분사 화재에 대한 낮은 영향**: 장치 압력이 2 기압만 되더라도, 구멍에서 누출 가스의 속도는 거의 음속이다. 공기와의 마찰에 의해 속도가 작아지지만, 분사 화염의 속

도는 초당 수십 미터가 된다. 따라서, 장치에 방화수를 살수하더라고, 분사 화재는 방화수를 밀어내고 장치를 가열하게 된다.

6.8.10 비상 감압(EDP) 배관

비상 감압 양을 보수적으로 설정하거나 (E)SDV를 많이 설치하여 고립 구역(Isolatable Section)의 부피를 줄이게 되면 안전에 긍정적인 영향을 미친다. 하지만, 이러한 설계는 다음과 같은 부정적인 효과를 야기한다.

부정적 측면

1) 보수적으로 설정한 비상 감압 유량은 배관을 크게 하며, 환기를 방해한다.
2) (E)SDV 개수 증가는 관련 배관과 전계장의 개수를 증가시켜 유지보수 부하를 증가시키며, 잠재적인 누출원의 개수를 증가시킨다.

6.8.11 방화수 펌프(Fire Water Pump) 용량

대개, 방화수 펌프는 가장 큰 방화수 요구량에 맞춰서 정해진다. 하지만, 너무 큰 용량의 방화 펌프는 작은 양의 방화수가 요구될 때 원활한 작동을 하지 못할 가능성이 높아진다. 예를 들어, 다음과 같은 경우를 고려하자.

화재 구역 A: 방화수 요구량 높음. 화재 위험도(빈도 × 피해 규모) 낮음
화재 구역 B: 방화수 요구량 낮음. 화재 위험도(빈도 × 피해 규모) 높음

만약, 화재 구역 A를 기준으로 방화수 펌프 용량을 정한다면, 흔히 또는 꼭 사용되어야 할 화재구역 B의 화재에 대응이 떨어진다.

이 경우에는 개별 펌프 용량과 전체 용량을 고려하여 결정해야 한다. 방화수 펌프는 대개 2 × 100%, 3 × 50%, 4 × 50%이다. 방화수 요구량이 낮은 화재 구역 B를 위하여, 2 × 100%를 피하고, 3 × 50% 또는 4 × 50%를 택한다.

6.8.12 배수 (Drain)

물 분사는 바닥에 고여 있는 가연성 액체를 배수 시스템으로 씻어 내리는 효과가 있다. 따라서, 배수 시스템은 안전 측면에서 긍정적이다. 하지만, 배수된 가연성 액체는 환경에 부정적인 영향을 미친다. 환경 보호를 위해서는 배수 시스템과 이어지는 설비 설계시 화재 상황을 고려해야 하지만, 이 또한 과대 설계(Over-Conservatism)을 야기할 수 있다.

6.9 위험 구역 분류 (Hazardous Area Classification)

6.9.1 위험 지역 구분의 개요

위험 구역 분류는 전기 및 계장 설비의 방폭 등급 선정과 밀접한 관련이 있다. 역사적으로 돌이켜보면, 20세기 초 세계 각지의 탄광에서 메탄 가스로 인한 폭발 사고가 발생하였으며, 전기 기기의 불꽃(스파크)이 점화원이었다는 사실이 보고되었다. 자연스럽게 전기 기기에 대한 방폭 연구가 시작되어, 1930년 이후로 영국을 비롯한 많은 국가가 전기 기기에 대한 방폭 성능에 대해 인증을 실시되었다. 국제 교류가 증가하면서 국가 사이 다른 인증 방식은 국제 표준화의 필요성을 대두시켰으며, 1970년대에 국제 표준이 형성되기 시작하였다. 현재 IEC와 NEC 기준이 국제적으로 통용되고 있다.

다음과 같은 국제 규격과 적용 지역이 있다.

- **미국**: NEC(National Electric Code)
- **캐나다**: CEC(Canadian Electric Code)
- **유럽**: CENELEC(European Committee for Electrical Standardization)
- **그 외 지역**: IEC, NEC, CENELE 또는 그외 코드

각 코드는 규정이 약간씩 다르고 사용하는 용어도 조금씩 다르다. 크게 보면, IEC와 CENELEC이 유사하고, NEC와 CEC가 유사하다. 따라서, IEC/CENELEC과 NEC/CEC 두 그룹으로 대별이 가능한데, 여기에서는 국제 표준인 IEC 중심으로 설명하고, NEC/CEC를 대비해 본다.

전기 및 계장 설비의 방폭 등급에 영향을 미치는 인자는 다음과 같다.

- 가연성 물질이 누출될 가능성
- 가연성 물질
- 표면 주의의 온도. 즉, 자연발화(Auto-ignition)의 가능성
- 이물질(수분이나 먼지)의 침투

위험 지역 분류는 가연성 물질의 누출 가능성을 중심으로 이루어진다. 그 외 인자에 대해서는 방폭 사양으로 반영한다.

6.9.2 위험 지역 등급

IEC는 위험 지역을 다음과 같이 분류한다.

표 6-2 IEC의 위험 지역 구분

Area Class	Definition
ZONE 0	가연성 물질(먼지 포함)이 항상 존재함
ZONE 1	가연성 물질이 정상적인 운전 조건에서 존재할 수 있음
ZONE 2	가연성 물질이 정상적인 운전 조건에서 존재할 수 없지만, 누출이나 유지보수 작업으로 인하여 짧은 시간 동안 존재할 수 있음
Non-hazardous area	Zone 0, 1, 2에 속하지 않는 안전 지역

위 표에서 주의할 내용은 진한 글씨로 표현했다. Zone 0는 가연성 물질이 항상 존재하는 곳이다. 따라서, 가연성 물질 저장 탱크 내부가 Zone 0에 해당한다. 자동차 주유시를 예를 들면, 주유소 저장 탱크와 자동차 저장 탱크는 Zone 0가 된다.

Zone 1은 정상적인 운전 조건에서 가연성 분위기가 생성될 수 있는 공간이다. Zone 0가 적극적으로 밀폐되어 있지 않다면, 주위 공간은 Zone 1이 된다. 주유구 주위는 Zone 1이 된다. 주유하면서 휘발유를 흘리거나 주유된 휘발유가 들어가면 휘발유 증기를 밀어내면서 폭발성 가스가 상존하기 때문이다.

공정 설비들이 위치한 지역 대부분이 속하는 Zone 2는 정의에 포함된 '정상적인 운전 조건'이나 '누출', '짧은 시간'과 같은 단어 덕분에 애매한 경우가 많다. 다음과 같은 인자들이 영향을 미친다.

- 누출량, 누출 지속 시간, 누출 거리
- 통풍성
- 환기 강도

다음 표와 같이 NEC의 위험 지역 등급은 IEC보다 간단하다.

표 6-3 IEC와 NEC의 위험 지역 구분

IEC Classification	NEC Classification
ZONE 0	Division 1
ZONE 1	
ZONE 2	Division 2

IEC의 Zone 0와 Zone 1을 합쳐 Division 1, IEC의 Zone 2를 Division 2라 한다. IEC가 가연성 가스와 먼지를 구분하지 않는 것과 달리, NEC는 가연성 가스를 Class I, 가연성 먼지를 Class II라 한다. 예를 들면, Class I, Division 1과 같이 등급을 부여한다.

6.9.3 방폭에 대한 IEC 표기법

IEC는 다음과 같이 표기한다.

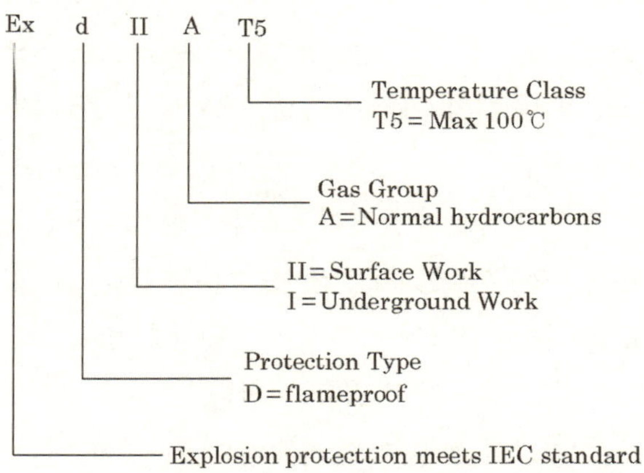

그림 6-13 방폭 표기법

세 번째와 마지막 표기는 글자 그대로이다. Underground Work은 지하 작업을 의미하고, Temperature Class는 표면 온도를 가리킨다. 나머지 표기에 대해서 설명하면 다음과 같다.

6.9.4 방폭 장비 표시: Ex

IEC 표준에 부합하는 위험 지역에 사용할 수 있는 장치임을 표시한다. 다른 표준들은 아래와 같이 다른 기호를 사용한다.

표 6-4 방폭 장비 표시

Standard	Designation
IEC	Ex
NEC	AEx
CENELEC	EEx

6.9.5 방폭 방법(Types of Protection)

불꽃이나 아크가 발생하지 않게 하는 것이 전기 설비 방폭의 핵심이다. 방폭 방법은 이에 대한 것이다. 예를 들어, 점화원 역할을 할 수 있는 부분을 오일에 담그면(Oil Immersion) 불꽃이나 아크 발생을 방지할 수 있다. 오일이 절연과 냉각 효과도 있으므로, 일석이조인 셈이다. 오일 대신에 고운 모래를 채워도(Powder Filling) 내부에서 생성된 불꽃이나 아크가 외부로 빠져 나오지 못한다. 모래는 회전기기에 치명적이므로, 회전기기와 접촉하는 부분에서는 사용을 피한다. 절연성이 높은 플라스틱으로 점화원 부분을 에워 쌓으면(Encapsulation) 좁은 공간에서 디자인도 말끔한 방폭 효과를 얻을 수 있다. 고온이나 구동 부위가 있는 경우에는 이 방법을 피한다.

점화원 부분을 용기에 넣고, 공기나 불활성 기체를 채워 넣어 약간 과압을 유지하면(Pressurization) 외부로부터 가연성 가스의 침입을 막을 수 있다. 즉, 불꽃과 가연성 가스의 접촉을 방지한다. 이 방법은 전기 기기뿐만 아니라, 전기 기기들이 모여 있는 모터실에도 적용된다. 기계실을 약간 과압으로 유지하면, 혹시 외부에서 가연성 가스 누출이 있더라도 기계실 안으로는 침입하지 못한다. 반대로, 가연성 물질을 다루는 설비들이 모여 있는 공간을 주위보다 약간 저압으로 유지해 주면, 가스 누출이 있더라도 가연성 기체가 외부로 빠져 나가지 못한다.

원리상 약간 복잡한 내압 또는 방염(Flameproof) 방폭이 있다. 점화원을 밀폐 구조인 용기에 넣으면, 가연성 가스가 침입하여 폭발하더라도 폭발이 외부로 전파되지 않는다. 물론, 작은 틈새(안전틈새라고 부름)로 폭발에 의한 가스가 외부로 누출될 수 있다. 하지만, 안전 틈새를 통과하면서 고압 가스가 저압으로 압력 강하되면서 냉각되기 때문에 불꽃이나 아크가 외부로 확산되지 않는다. 상업적으로 널리 사용된다.

전문가가 아니면 판단하기 어려운 본질 안전(Intrinsic Safety)가 있다. 회로 설계를 적절히 하여 전기 불꽃이 생기더라도 에너지가 지극히 작아 가스가 폭발을 일으키지 않게 한다.

표 6-5 방폭 보호 개념

보호 개념 (Protection method)	약어 (Identification letter)	허용 지역 (Permitted area)		원리
		Zone (IEC)	Division (NEC)	
내압 또는 방염(Flame proof)	d	1, 2	2	폭발 봉쇄
본질 안전 (Intrinsic safety - zone 0)	ia	0, 1, 2	1, 2	에너지 제한
본질 안전(Intrinsic safety - zone 1)	ib	1, 2	2	에너지 제한
가압(Pressurization)	p	1, 2	1, 2	가스 침입방지
강화된 안전(Increased safety)	e	1, 2	2	아크 무발생
유입(Oil Immersion)	o	1, 2	1, 2	아크 침적
입자 충진(Powder Filling)	q	1, 2	2	아크 침적
몰드(Encapsulation)	m	1, 2	2	밀봉
Apparatus with "n" protection	n	2	2	불꽃 무발생

6.9.6 가스 그룹 (Gas Group)

누출되는 유체가 어떤 종류인지를 나타낸다. 해양 원유/가스 설비의 대부분의 위험 지역은 Gas Group IIA(NEC 방식으로 Gas Group D)에 해당된다.

표 6-6 가스 그룹

IEC	NEC	Gas or Vapor
II C	A	Acetylene
II C	B	Hydrogen
II B	C	Ethylene, Ethyl ether, Cyclopropane, Butadiene 1-3
II A	D	Propane, Ethane, Butane, Benzene, Pentane, etc.

제 7 장

설계 단계별 신뢰도 및 위험도 해석 방법론

7.1 설계 단계

이 장에서는 지금까지 습득한 신뢰도 및 위험도 해석 방법론들을 실제 설계에 어떻게 적용하는지 설명하겠다. 예제 시스템으로 방화수공급시스템을 들었다. 작은 시스템이더라도 모든 설계 문서와 도면들을 보여주기가 쉽지 않다. 따라서, 다음의 질문에 대답하는 것을 만족하도록 구성하였다.

- 전체적인 설계 흐름이 어떻게 되는가?
- 어느 시점에서 어떤 신뢰도 및 위험도 방법론들 적용해야 하는가?
- 이들 방법론들의 구체적인 내용은 무엇인가?
- 저지르기 쉬운 오류나 접하게 되는 어려움은 무엇이며 어떻게 극복해야 하는가?

7.1.1 일반적인 설계 단계

해양플랜트의 중요 부분은 위험도기반설계(Risk-Based Design)을 따라 이루어진다 (1.2절 참조). 해양플랜트 엔지니어링의 특성상(1.1.2절 참조) 설계 단계를 더욱 세분화하여 일반화하기 어렵지만, 해양플랜트의 세부적인 설계 단계는 대체적으로 그림 7-1과 같다.

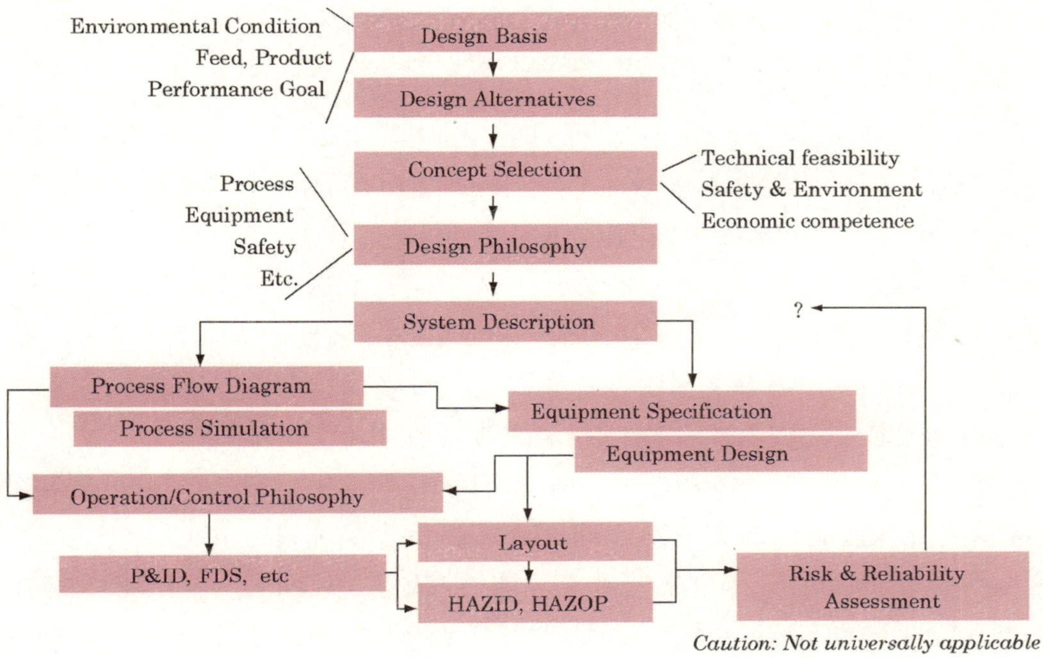

그림 7-1 해양플랜트의 세부적인 설계 단계

여느 시스템 설계와 마찬가지로, 가장 먼저 할 일은 설계기준(Design Basis)을 결정하는 일이다, 환경 조건(대기, 해수, 해저)와 유입물(Feed)의 성질 및 생산물(Product)의 사양, 전체적인 성능이 여기에 포함된다. 다음 단계에서 설계기준을 만족하는 다양한 설계 대안(Design Alternative)들을 기술적 가능성, 안전 및 환경적 영향, 경제성 측면에서 검토하여 개념을 설정(Concept Selection)하게 된다. 개념이 설정되고 나면 주요한 공정들과 장치들의 윤곽이 들어나게 된다.

이후 단계에서 설계가 세분화되고 방대해지기 때문에, 원칙을 정해두지 않고 진행하게 되면 혼란이 가중되거나 나중에 참여한 엔지니어들은 설계 배경을 알 수 없다. 이를 효율적으로 방지하는 것이 설계원칙(Design Philosophy)이다. 설계의 가장 중요한 원칙을 기술하게 되는데, 하나의 문서일수도 있고, 여러 문서로 나누어져 있을 수도 있다. 어떤 경우든지 다음 사항들이 언급된다. .

- 공정 설계원칙(Process Design Philosophy)
- 장치 설계원칙(Equipment Design Philosophy)

- 운전 및 제어 원칙(Operation and Control Philosophy)
- 안전설계원칙(Safety Design Philosophy)

설계원칙들이 결정되고 나면 시스템에 대한 전반적인 기술(System Description)이 가능하다. 유입물(Feed)이 어떤 물리적 특성을 갖고, 어떤 장치들을 어떻게 운전해서 처리되고, 비상시에는 어떻게 하는지를 설명하게 된다.

시스템 기술을 바탕으로 공정흐름도(Process Flow Diagram)을 그리게 되고, 조건에 맞춰 유출입 물질과 에너지 균형(Heat & Mass Balance)를 산출하기 위해 공정모사(Process Simulation)을 진행한다. 공정모사의 정보를 이용하여 장치들의 사양(용량과 부하)가 결정되고, 전문적인 공급자들이 여기에 맞춰 장치를 설계한다.

공정모사는 대개 정상상태(Steady State)에서 이루어지므로, 개시운전이나 종료운전 그리고 정상 상태에서 벗어난 경우에 대해 어떻게 대처할지에 대해 별도로 운전 및 제어 원칙을 결정해야 한다. 공정과 장치에 대한 정보들을 종합하면, 배관계장도(P&ID, Piping & Instrument Diagram)과 배치도(Layout)을 정할 수 있다. 배관계장도는 주요 장비, 배관, 계장, 제어 논리 등을 포함하는 도면으로서 가장 중요한 결과이다.

설계가 적절히 이루어졌는지 어떻게 판단할까? 크게 2가지 방법이 있다.

- 정성적 위험도 파악 방법: HAZID, HAZOP
- 정량적 위험도 및 신뢰도 평가 방법

HAZID(Hazard Identification)이나 HAZOP(Hazardous Operability)은 회의 방식으로 이루어진다. 이해 당사자(발주처, 주계약자, 엔지니어링사, 장비 공급자)들이 모여서 설계된 플랜트가 안전한지 꼼꼼히 살펴본다. 이름이 의미하듯이, 주된 관심사는 안전이다. 좀 더 정량적이고 전문적인 결과는 위험도와 신뢰도를 해석하여 얻어진다. 대개 전문적인 엔지니어링 컨설팅 회사들에 의해 이루어진다. 위험도와 신뢰도 해석 결과들은 항상 설계 변경을 유발하므로, 많은 주계약자들이 자체적인 역량을 확보하고자 노력하고 있다.

파악된 위험요소나 위험도가 허용할만한 수준이 아니면 당연히 설계변경이 이루어져야 한다. 국부적인 위험요소나 작은 위험도 초과는 부분적인 변경에 그칠 것이다. 반대로, 전체적으로 해결하기 어려운 위험요소(예를 들어, 잘못된 설비 배치)나 상당한 수준의 위험도 초과는 근본적인 설계 변경을 의미한다. 항상 본질적 안전설계(Inherent Safety Design)를 염두에 두고 설계를 시작해야 한다. 해양플랜트설계에서는 시작이 좋아야 모든 것이 좋다('All is well that starts well')는 점을 명심해야 한다.

7.1.2 설계기준 및 설계철학

여러 가지 해석 방법론을 설명하기 위하여 방화수공급시스템(Fire Water Supply System)을 예로서 고려하자. 그림 6-3에 보인 바와 같이, 이 시스템은 방화수를 필요로 하는 여러 가지 시스템에 방화수를 공급해 준다. 방화수로는 해수를 사용한다.

설계기준은 다음과 같은 내용을 포함하고 있다고 가정하자.

- 환경조건: 방화수공급시스템이 설치된 해양플랜트의 환경(위치, 대기온도, 풍속/풍향 등)
- 유입물(Feed): 해수 물성(온도, 염도, 불순물 농도 등), 취수 위치 등
- 생산물(Product): 방화수 온도, 압력, 유량
- 성능조건: 신뢰도, 시스템 구성 등

성능조건을 분명히 하기 위하여, 다음과 같은 설계요구조건(Design Requirements)이 주어졌다.

- 공통원인고장(Common Cause Failure)을 피하기 위해, 일차동력원(Primary Mover)을 디젤엔진과 외부전원으로 이중화한다.
- 각각은 100%의 방화수 공급 능력이 있어야 한다.
- 디젤엔진으로는 2 × 50%의 펌프(각 펌프의 용량이 50%씩)를 동시에 구동해야 한다.
- 외부전원으로는 1 × 100%의 펌프를 구동한다.

위험도 부분에 있어서는 추가적인 가이드라인이 주어져야 한다. 즉, 허용가능, 허용불가, ALARP 영역이 결정되어야 한다. 위험도 감수 여부는 해양플랜트를 운전할 발주처가 결정할 사항이므로, 이 가이드라인은 발주처로부터 주어진다. 허용위험도에 대해 다음과 같이 위험도 그래프로 주어졌다고 가정하자. 이 위험도 그래프에 따르면, 위험도 4 이하는 허용가능, 15 이상은 허용불가, 그 중간은 ALARP 영역으로 정의한다.

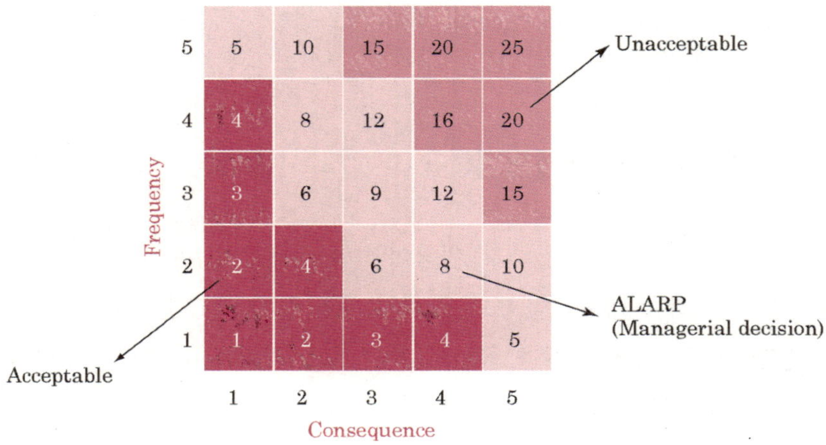

그림 7-2 위험도 허용가능, 허용불가, ALARP영역의 정의

위험도를 구체적으로 산정하기 위해서는 발생빈도와 피해규모에 대해서도 정의되어야 한다. 수준에 따라서 다음과 같은 발생빈도와 피해규모가 주어졌다.

표 7-1 발생빈도와 피해규모 수준의 정의

Level	Consequence	Frequency f
1	No injury / damage	$f < 1/10^3$ yr
2	Minor injury / damage	$1/10^3$ yr $\leq f <$ f $1/10^2$ yr
3	Serious injury / damage	$1/10^2$ yr $\leq f <$ f 1/10 yr
4	Single fatality / major damage	1/10 yr $\leq f <$ f 1/yr
5	Multiple fatalities /catastrophic damage	$f >$ 1/yr

위험도 그래프와 수준에 대한 정의에 함축된 의미를 살펴보자. 가장 중요한 기준이 인명손실이다. 1명이 사망할 피해규모는 수준 4로 정의되어 있다. 위험도 그래프에서 보면, 발생빈도 수준 2와 3 사이(100년에 1회)가 ALARP 영역과 허용불가 영역의 경계가 된다. 즉, '100년에 1회 발생 가능한 인명사고는 허용불가 한 수준의 위험도'임을 함축하고 있다.

7.2 공정설계 방법론

7.2.1 기능블럭도(FBD)

시스템설계의 첫 단계는 전체적인 구도를 잡는 것이며, 이에 해당하는 작업이 기능블럭도(Functional Block Diagram, FBD) 작성이다. 기능블럭도는 모든 공종의 엔지니어들과 관리자들이 보게 되므로, 특정 분야의 전문가가 아니더라도 이해하는데 어려움이 없도록 쉽게 작성해야 한다.

그림 7-3은 예제 시스템에 대한 기능블럭도이다. 박스는 장치나 시스템을 나타내며, 화살표는 물질이나 에너지 또는 정보의 흐름을 나타낸다. '박스'를 결정하고 나면, '화살표'는 대개 쉽게 정의된다. 고민은 '박스'를 얼마나 자세하게 그릴 것인지이다. 너무 작은 단위의 장치나 시스템까지 표현하면, 기능블럭도가 복잡해지고 알아보기 어렵게 된다. 반대로, 너무 큰 장치나 시스템만 그리면, 박스나 화살표가 너무 많은 양의 정보를 함축하게 되고 시스템에 대한 오해를 유발할 수 있다.

'적절한 세밀도'는 용도에 따라 달라진다. 전체적인 설계자 입장에서는 단위 장치들이 '적절한 세밀도'가 된다. 반면에, 유지보수엔지니어들에게는 단위 장치에서 한 단계 하위 수준으로 내려간 '부품' 단위가 적절한 세밀도가 된다. 그림 7-3은 전체 시스템을 설계하는 사람의 입장에서 그린 기능블록도이다.

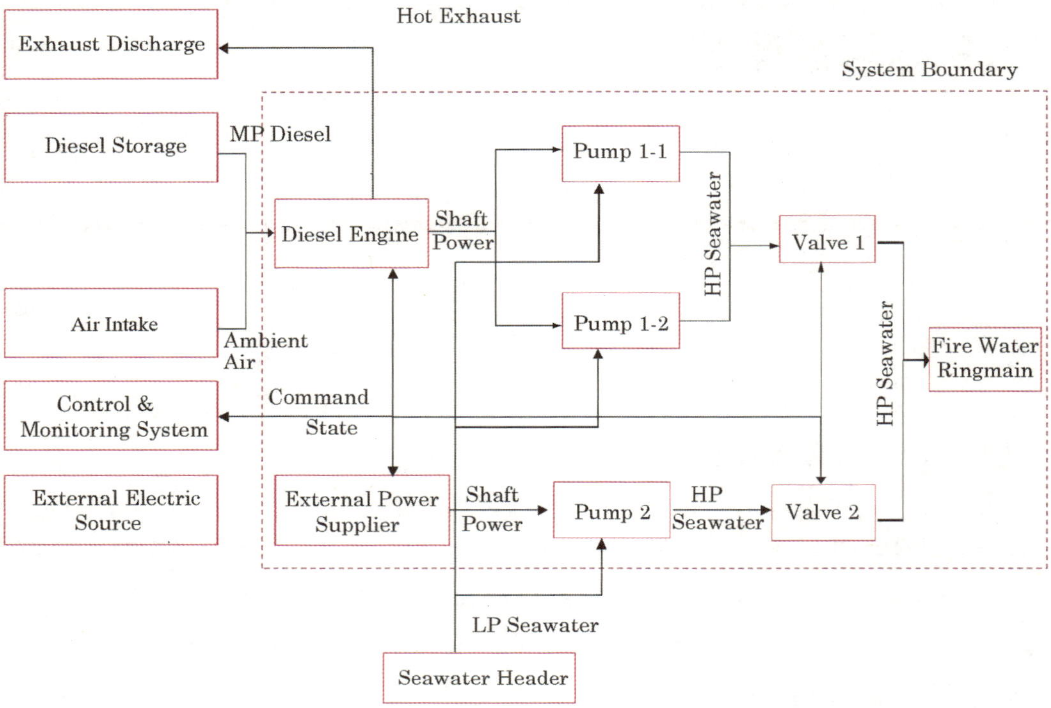

그림 7-3 방화수공급시스템의 기능블록도

7. 2.2 공정흐름도(PFD)

공정흐름도(Process Flow Diagram, PFD)는 물질의 흐름을 중심으로 전체 시스템을 기술하는 도면이다. 물질의 흐름은 압력/온도/유량 등의 변화로 나타나게 되는데, 이러한 변화는 에너지를 소모/생산/변환하는 장치들(예: 펌프, 압축기, 열교환기)을 통과하면서 발생한다. 따라서, 에너지 흐름도 반드시 수반하게 된다. 또한, 전체 시스템을 원하는 수준으로 제어하기 위하여 중요한 제어 기능들이 포함되어야 한다. (자세한 제어전계장은 P&ID에 포함된다.) 결국, 공정흐름도에는 주요 흐름, 주요 장치, 주요 제어 장치들이 포함된다.

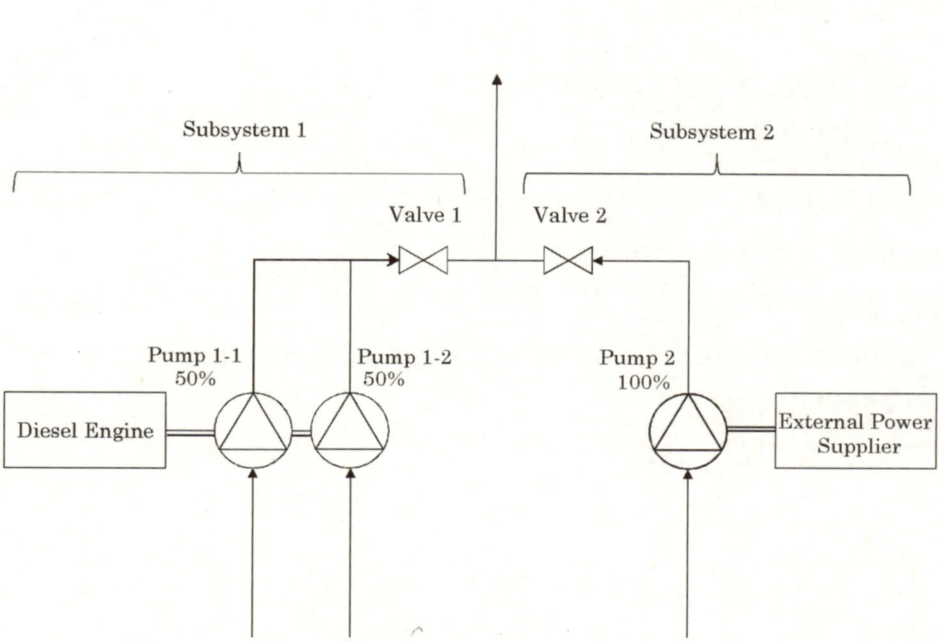

그림 7-4 방화수공급시스템의 공정흐름도

그림 7-4는 방화수공급시스템의 공정흐름도이다. 해수가 어떤 배관을 통하여 펌프로 유입되는지, 펌프는 에너지를 어디에서 공급받는지, 방화수 유량은 어느 위치의 밸브가 제어하는지 나타내고 있다.

7.2.3 공정설계의 완성

공정흐름도의 물질과 에너지의 변화는 각 장치의 유입 및 유출 흐름의 물질균형과 에너지균형으로 나타난다. 물질균형과 에너지균형을 계산하는 해석을 공정모사(Process Simulation)라 하며, 공정모사기(Process Simulator)라는 프로그램을 통해 이루어진다.

공정모사를 수행하고 나면, 다음의 정보가 얻어진다.

- 각 흐름별 물질 및 에너지 정보
- 장치별 용량

시공사의 공정도를 보면, 공정흐름도의 상단에 장치 별 용량을, 하단에 각 흐름 별 물질/에너지정보를 나타내기도 하다.

공정모사를 수행하고 나면 각 장치 별 용량과 유출입 흐름의 물성이 결정되므로 장치설계(Equipment Design)가 가능하다. 장치 설계는 전문적인 설계 및 제작업체에 의뢰하여 이루어진다.

7.3 위험도 해석 방법론

7.3.1 위험요소파악 (HAZID)

시스템에 대한 개념설계가 완료되면, 위험요소파악(Hazard Identification, HAZID)을 수행한다. 대조적으로 추후 기본설계를 통하여 설계가 상세화되면 HAZOP을 수행한다.

시스템의 내부를 속속들이 파헤치는 HAZOP과 달리, HAZID는 거시적인 측면에서 대상 시스템의 위험도와 안전설계를 검토하는 작업이다. 달리 말하자면, 대상 시스템이 존재함으로써 발생하는 위험도를 파악하고 이에 대한 대비책을 세우는 것이 주된 작업이다. 이에 따라서, 아래 보이는 바와 같이, 본질적 안전설계, 사고저감안전설계, 비상대응이 주된 분석 및 설계 변경의 대상이 된다.

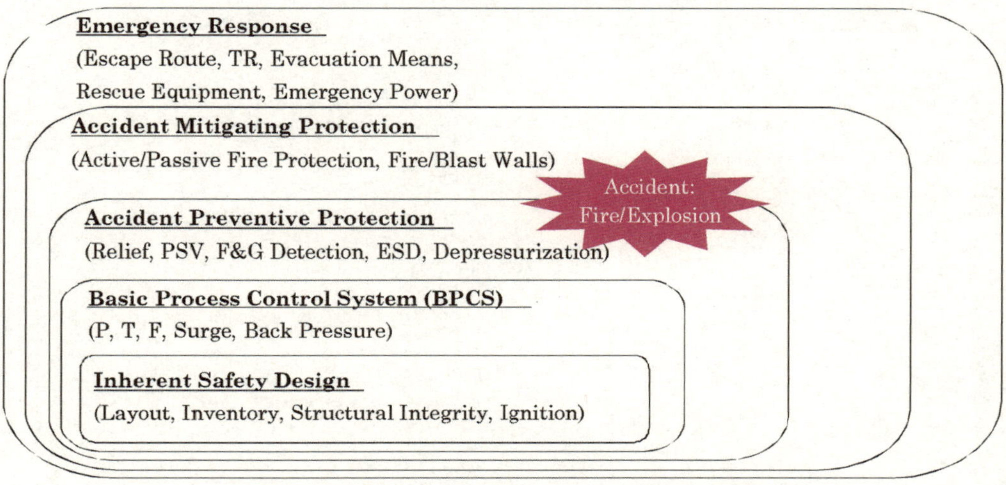

그림 7-1 HAZID의 주요 대상인 본질적 안전설계, 사고저감 보호계층, 비상대응

HAZID를 수행하는 궁극적인 목적은 물론 더 효과적이며 안전한 시스템 설계를 찾아가는 것이다. 구체적으로 다음과 같은 작업들이 이루어진다.

- **위험요소파악**
  - 대상 시스템이 환경에 미치는 영향과 반대로 환경이 대상 시스템에 미치는 영향을 파악
  - 대상 시스템이 주변 시스템과 주고받는 상호작용 및 간섭 파악
  - 그 외 일반적인 위험요소 파악
- **설계의 수정과 변경**
  - 추가적인 해석과 검토가 필요한 항목 도출
  - 설계 향상을 위한 선택적 사항 파악
  - 추가적인 안전시스템의 필요성 논의

HAZID는 관련자들이 모여서 회의하는 방식으로 이루어지며, 다음과 같은 양식을 채우면서 진행된다.

표 7-2 일반적인 HAZID 양식

No.	Hazard Guideword	System /Node	Potential Consequence	Op. Mode	Existing Safeguards	Proposed Actions	Remarks
	Guideword						
111	High ambient temperature	Node 1		Normal			
		Node 2		Normal			
		Node 3		Normal			
		Node 4		Normal			
		…		Normal			
112	Low ambient temperature	Node 1		Normal			
		Node 2		Bunkering			
		Node 3		Normal			
		Node 4		Normal			
		…		Normal			

지시어(Guideword)는 참여자들이 위험요소를 찾아내는 실마리 역할을 하기 위해서 주어진다. 대개 위험요소 분류별로 하나씩 검토하면서 진행한다. 다음 표는 외부(External), 설비(Facility), 보건(Health) 3 분야에 걸친 지시어들의 예를 보여준다. HAZID를 진행하기 전에 관련 없는 지시어들은 제거하고, 필요한 지시어들은 추가하여 정리해야 한다.

표 7-3 분류별 HAZID 지시어

Section	Hazard Category	Guidewords
1. External hazards	1. Natural and environmental hazards	Climatic extremes, Lightning, Seismic events
	2. Environmental impact (natural environment)	Discharge to air/water/soil, Emergency discharge, Waste disposal
	3. Environmental impact (human environment)	Proximity to transport, Proximity to population, Adjacent land use
	4. Effect of man-made hazards	Security hazards, Social/political unrest
	5. Hazards from the supporting infrastructure	Communication links, Supply support, Mutual aid, Emergency services, Emergency access
2. Facility hazards	1. Process hazards	Flammable/toxic inventory, Rupture, Excess/zero level, Maintenance, Startup/shutdown
	2. Utility systems hazards	Fire water system, Fuel gas/oil, Heating/cooling medium, Power supply/Steam, Drains/dikes, Inert gas/air
	3. Other hazards within the facilities	Stored flammables, Local flooding, Crane operation, Structural failure, Stability/buoyancy, Rotating machinery, Pressure vessels, Partition/walls, On-site traffic
3. Health hazards	-	Disease/Carcinogenic, Toxic/Working hazards

하나의 지시어에 대해서 잠재적인 결과(Potential Consequence)와 해당하는 운전모드를 기입하고, 현재 설계에서 반영된 안전시스템 및 방안(Existing Safeguards)을 파악하고, 충분하지 않는 경우 새로운 방안(Proposed Actions)을 추가한다. 새로운 방안은 안전시스템뿐만 아니라, 판단을 위해서 필요한 연구 및 해석을 포함한다. 논의 중에 이견이나 특이사항들은 비고(Remark)에 기록해 둔다.

전체 시스템에 대하여 HAZID를 수행하는 것은 아무래도 무리가 있으므로, 전체 시스템을 다수의 하부시스템으로 나누고 HAZID를 진행한다. 이 때의 하부시스템을 노드(Node)라고 부른다. 참여자들이 전문적인 지식이 충분하기 않더라도, 이해가 가능하도록 충분히 작아야 한다. 예를 들어, 방화수공급시스템을 다음과 같은 노드로 나눈다.

- Node 1: Seawater suction line
- Node 2: Pump 1-1 around
- Node 3: Pump 1-2 around
- Node 4: Pump 2 around
- Node 5: Diesel engine
- Node 6: External power supply
- Node 7: Fire water discharge manifold

해당 위험요소(Hazard)가 해당 노드에서 발생할 경우를 상정하고 잠재적 피해(Potential Consequence)를 기술한다. 예를 들어, Hazard 111(=Low ambient temperature)이 Node 1(=Seawater suction line)에서 발생하면 '얼음에 의해서 취수 배관이 막힘(Suction line plugging due to ice formation)'이 잠재적 피해가 될 것이다.

설계자들이 대개 많은 경험을 가지고 있거나 이미 잘 작동중인 기존 시스템을 참고하므로, 많은 안전 시스템들이 이미 장착되어 있을 것이다. 이렇게 이미 설계에 고려된 안전시스템을 '존재하는 안전대책(Existing Safeguard)'에 기록한다. 위의 예에서는 '취수라인에 설치된 온도계(temperature element in the suction line)'가 가능할 것이다.

그럼에도 불구하고 안전시스템이 충분하지 않다고 느껴질 때에서는 '제안된 대책(Proposed Action)'에 기술한다. HAZID 참여자 개인별로 '안전시스템의 충분'에 대해서 생각이 다르면, 간단한 논의를 통해 충분 여부를 결정해야 한다. 충분하지 않다고 공감대가 이루어지면, 안전 대책을 제시해야 한다. 예를 들어, '취수 배관을 전기적으로 가열

(Electric tracing of the suction line)'이 가능할 것이다.

의견이 분분한 경우, 별도의 연구를 제안하는 것이 바람직하다. 안전 설계 충돌(6.8절)에서 보듯이, 해양플랜트에서 모든 안전시스템은 안전에 반하는 요소를 가지고 있다. 예를 들어, 전기적 가열은 방화수가 필요한 비상시에 전기 부하를 증가시킬 수 있으므로, 꼭 긍정적이지만은 않다. 이렇게 상황이 복잡해지는 경우, '얼음에 의한 취수 배관의 막힘에 대해 별도의 연구(A study on the suction line plugging caused by ice formation)'을 제안하면 된다. 별도의 연구 제안을 남발하면 많은 부분의 설계가 확정되지 않으므로, 최대한 자제해야 한다.

논의 도중에 제안된 의견이나 미확정 부분, 그리고 특별한 아이디어들은 비고(Remark)란에 남겨둔다. HAZID의 특성상 많은 세부 사항들이 결정되지 않은 상태에서 진행한다. 이러한 부분들을 논란의 여지가 되거나 추후 연구가 필요하다.

7.3.2 위험요소 및 운전 (HAZOP)

시스템 내부적인 위험요소들은 HAZID의 설비 내 위험요소(Facility Hazards)를 통해 검토되지만, 충분하지 않다. 보다 더 자세하게 시스템의 안전을 분석하는 것이 위험요소 및 운전(HAZOP)이다. HAZOP을 수행하기 위해서는 제어시스템 및 전계장에 대한 설계가 확정된 배관 및 전계장도(Piping & Instrument Diagram, P&ID)가 있어야 하며, 이는 기본설계가 완료된 이후에 HAZOP이 수행되어야 함을 의미한다.

HAZOP은 대상 시스템 내부에 장착된 안전시스템을 집중적으로 검토하게 되므로, 설계의 수정은 대부분 기본공정제어시스템과 사고방지안전시스템에 대해서 이루어진다.

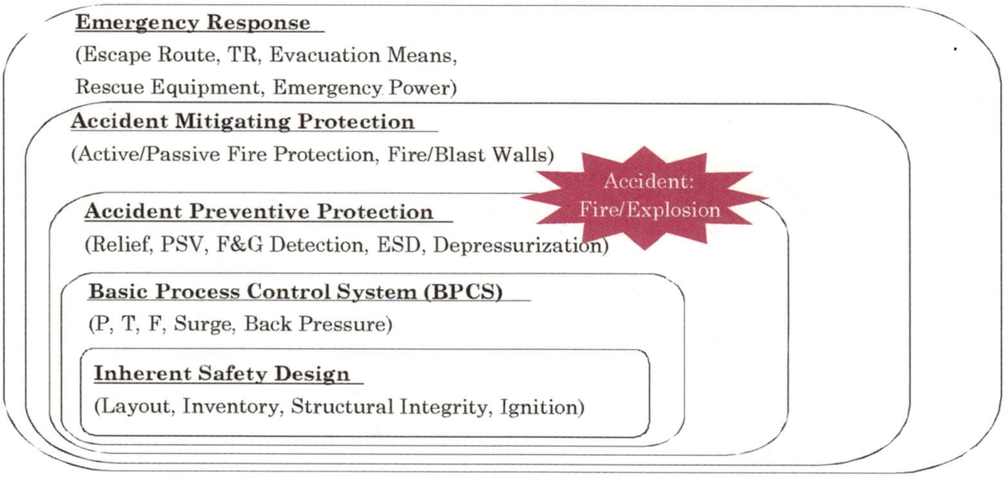

그림 7-2 HAZOP의 주요 대상인 기본공정제어시스템과 사고방지 보호계층

표 7-4 일반적인 HAZOP 양식

Node :

Type :

Drawing :

Design conditions/Parameters

Guidewords	Causes	Conseq-uences	Risk matrix			Safeguards	Recom-mendations	Respon-sibilities
			L	S	R			
No flow								
Less flow								
More flow								
Reverse flow								
More pressure								
Less pressure								
More temperature								
Less temperature								
No level								
More level								
Less level								

HAZOP은 많은 면에서 HAZID와 유사하다. 회의 방식으로 진행한다는 점, 노드(Node) 단위로 수행한다는 점, 지시어(Guideword)를 사용한다는 점, 위험요인과 피해규모를 순차적으로 고려한다는 점, 존재하는 안전 대책과 필요한 안전 대책을 제안한다는 점 등은 HAZID와 유사하다. 이에 따라서, HAZOP 양식은 HAZID 양식과 매우 유사하며, 진행하는 방식도 대동소이하다.

그러나, 다음과 같은 점에서 HAZOP은 HAZID와 확연히 구분된다.

- 개념설계를 대상으로 하는 HAZID와 달리, 기본설계를 대상으로 한다. 이에 따라서, 주요한 설계 변경 대상이 달라진다.
- HAZID와는 다른 지시어(Guideword)를 사용한다.
- 사고의 발생빈도와 피해규모를 정량화하여 위험도를 추산한다.
- 수행에 대해서 책임소재(Responsibility)를 분명히 한다.

HAZOP의 지시어는 위험 요인을 나타내는데, 공정 상태 변수(예: 온도, 압력, 유량, 수위 등)가 정상 상황에 비해서 과소 또는 과대가 되는 상황을 가리킨다. 과대는 More로, 과소는 Less로, 없어지는 것은 No로 나타낸다. 유량에 대해서 지시어를 만들어 보면, More Flow, Less Flow, No Flow가 된다. 시운전이나 정지운전 또는 비상정지운전 등까지 고려하기도 한다. 지시어 개수는 대략 15개 내외가 된다. 각 노드별로 모든 지시어에 대해서 일일이 검토하게 되므로, HAZOP은 길고 지루한 작업이 된다. 대형 설비인 경우, HAZOP 수행에 대략 1달 정도가 소모된다.

7.3.3 신뢰도 블럭도

다음 그림은 '7.1.2 설계기준 및 설계철학'에 맞춰 그린 방화수시스템의 신뢰도 블럭도이다. 전체적으로 2개의 하위시스템이 서로 백업역할을 하고 있어, 두 하위시스템 중 하나만 작동하더라도 전체 시스템은 작동한다. 위쪽의 하위시스템은 4개의 요소가 모두 제대로 작동해야 작동하며, 아래쪽의 하위시스템은 3개의 요소가 모두 작동해야 작동한다.

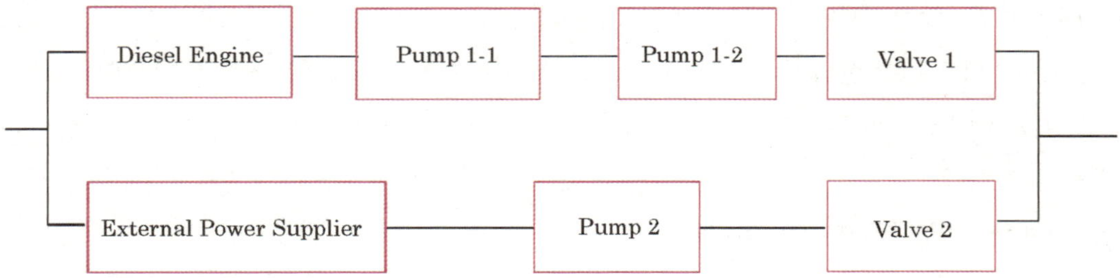

그림 7-3 방화수시스템의 신뢰도 블럭도

7.3.4 고장 상태도 분석(FTA)

고장 상태도 분석은 해양시스템의 신뢰성 및 위험성 해석, 고장(Failure) 분석 및 해석 등에 사용되는 하향(Top-down) 방법론이다. 발생 가능한 잠재적인 사고로 최상부사건(TOP Event)를 정의한다. 고장 상태도 분석을 사용하면 최상부사건의 원인이 될 수 있는 개별 또는 결합된 하위수준의 고장/사건들에 의해 상관관계가 나타난다. 하부수준의 고장/사건들이 어떤 조합을 통해 상부 고장/사건을 유발하는지는 논리연산자로 표시된다.

고장 상태도 분석 절차는 다음과 같다.

1) **해석하고자 하는 시스템, 최상부사건, 해석 경계 결정**
2) **최상부사건에 대한 하위수준의 고장/사건 파악 및 논리적 연관 관계 결정**
3) **하위수준의 고장/사건에 대해서 단계 2를 반복하여 기초사건(Basic Event)까지 도출하여 고장 상태도 완성**
4) **최소절단집합(Minimal Cut Set) 파악**
5) **고장 상태도에 대한 정성적 분석**
6) **고장 상태도에 대한 정량적 분석**
7) **해석 결과 보고**

단계 1에서 최상부사건은 다음과 같은 질문을 통하여 분명하게 정의한다.

- 어떤(What) 사건인가? (예: 화재)
- 어디서(Where) 일어나는 사건인가? (예: 유정유체3상분리기에서)
- 언제(When) 일어나는 사건인가? (예: 정상 운전시)

육하원칙 중 나머지인 고장의 주체(Who), 이유(Why), 방법(How) 등은 고장상태도를 통해 나타나게 된다.

단계 2에서 최상부사건을 유발하는 하위수준의 고장/사건을 파악한다. 파악된 고장/사건들을 다음의 조건을 고려하여 "AND 게이트" 또는 "OR 게이트"을 이용해 연결한다.

- AND: 상위수준의 고장/사건을 유발하는데 모든 하위수준의 고장/사건이 모두 필요
- OR: 상위수준의 고장/사건을 유발하는데 하나의 하위수준의 고장/사건이 필요

단계 3에서 모든 상위수준의 고장/사건에 대해서 하위수준의 고장/사건, 그리고 이들의 연관 관계를 'AND'나 'OR'로 나타낸다. 결국은 더 이상 분해 불가능하거나 분해할 필요가 없는 최하위 단계에 이르게 되며, 이 최하위수준의 고장/사건은 기초사건(Basic Event)라 한다.

기초사건(Basic Event)는 더 이상 하위 수준으로 분석이 어려운 고장/사건으로 다음과 같은 조건을 만족한다.

- 기초사건은 서로 독립적이어야 함
- 기초사건은 발생빈도 또는 고장률을 가지고 있어야 함

고장 상태도 분석에 사용되는 논리연산자는 다음 그림과 같다.

논리 게이트	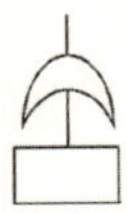	OR 게이트: 하나의 입력이 발생하면 출력이 발생
	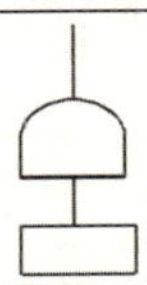	AND 게이트: 모든 입력이 발생해야 출력이 발생
입력 사건 (상태)	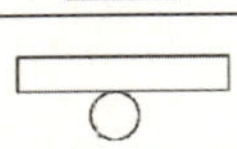	기초사건: 더 이상 분할되지 않는 사건
	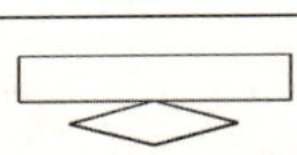	미분석 사건: 정보가 없거나 중요하지 않아서 더 이상 분석하지 않는 사건
이동 기호		이동 출력: 분석된 FTA를 출력
	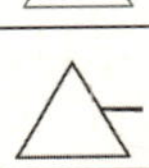	이동 입력: 별도의 FTA 결과를 받아들이는 입력

그림 7-4 FTA 논리 연산자

다음 그림은 '7.1.2 설계기준 및 설계철학'에 맞춰 그린 방화수시스템의 고장 상태도(Fault Tree)이다.

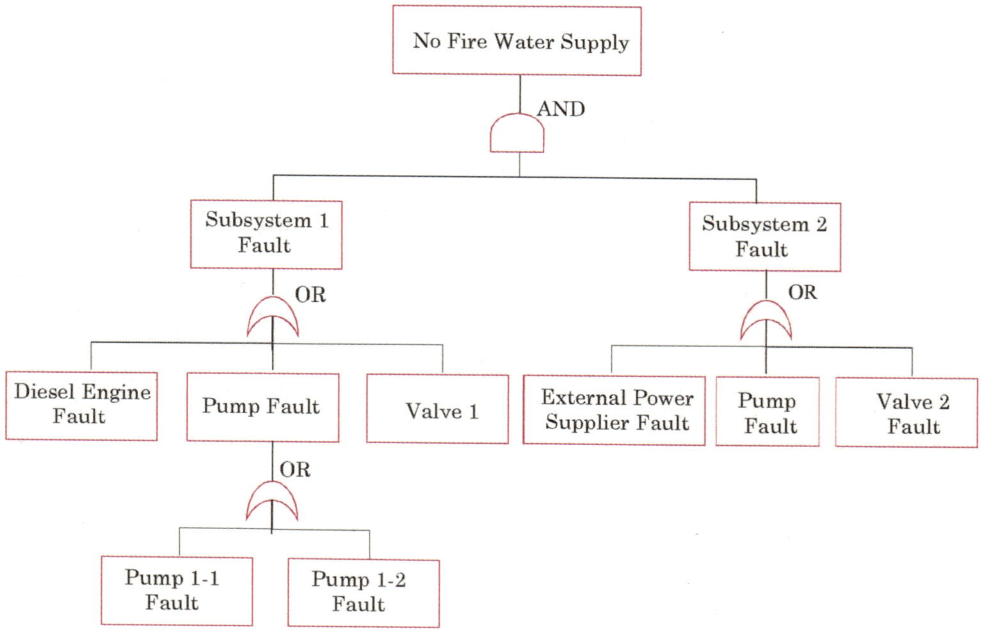

그림 7-5 방화수시스템의 고장상태도

TOP event인 'No Fire Water Supply'라는 고장을 일으키기 위해서는 Subsystem 1과 2가 모두 고장나야 하므로 AND 게이트로 연결된다. Subsystem 1을 보면, 구성요소 중 하나만 고장 나더라도 Subsystem 1이 고장 나므로 OR 게이트로 연결된다.

7.3.5 마코프(Markov) 해석

마코프 해석은 시스템이 갖는 상태를 파악하고, 이들 상태(State) 사이의 전이(Transition)를 해석한다. 방화수시스템에서 Pump 1-1과 1-2가 구성하는 2-o-o-2 펌프 시스템을 고려하자. (아래 설명하듯이, 모든 요소를 고려하면 상태가 많아지고 분석이 현실적으로 어려워진다.) 각 펌프가 고장과 정상 2가지 상태를 가지므로, 2개의 펌프로 이루어진 펌프 시스템은 4가지(2×2) 상태를 가진다. 하지만, 두 펌프가 동일하다면, 아래의 표에서 보듯이 3가지 상태(S1, S2, S3)를 가진다.

표 7-5 2oo2 펌프 시스템의 상태

System	Pump 1-1	Pump 1-2	System Function
S1	OK	OK	OK
S2	OK	Fail	Fail
	Fail	OK	
S3	Fail	Fail	Fail

원래 펌프 시스템은 두 펌프 모두가 정상인 S1 상태에 있다. 두 펌프 중 하나가 고장나면 S2 상태로 전이되고, 정상인 나머지 펌프마저 고장나면 S3 상태로 전이된다. 아래 그림 중 (가)는 이러한 상태 전이를 나타낸다. 확률은 낮지만, 2개의 펌프가 동시에 고장나는 경우까지 고려하면 그림 (나)와 같다. 그림 (가)와 달리 S1이 S3로 바로 전이가 가능하다. 그림 (다)는 수리까지를 고려한 상태들 사이의 전이 관계이다.

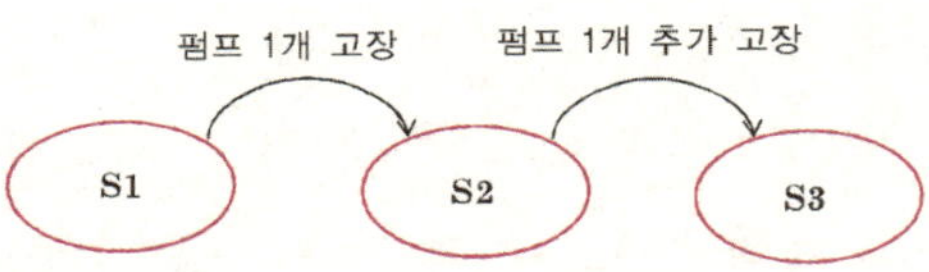

(가) 펌프의 순차적인 고장에 의한 상태 전이

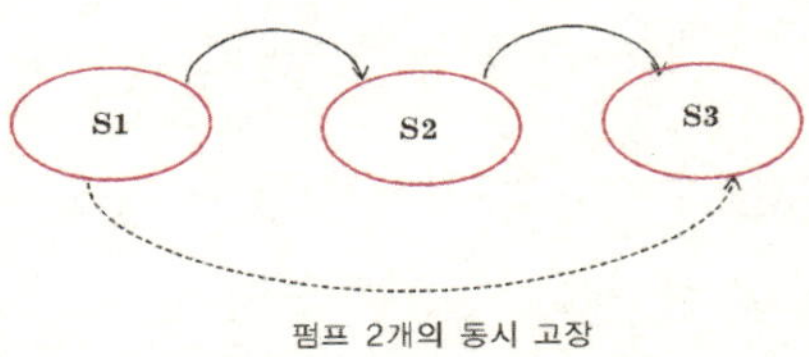

나) 펌프 2개의 동시 고장까지 고려한 상태 전이

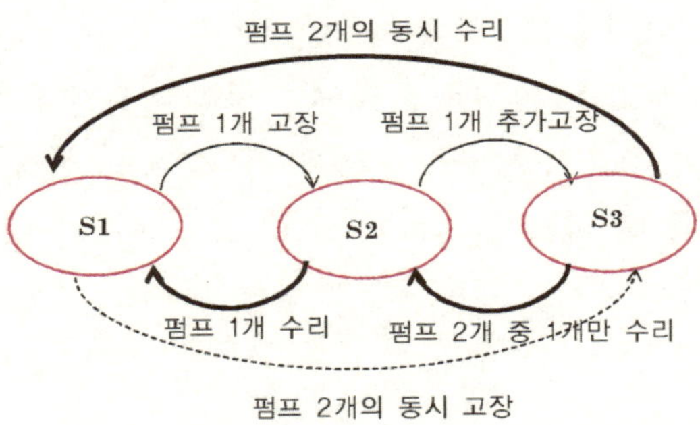

(다) 수리까지를 고려한 상태 전이

그림 7-6 방화수시스템의 고장상태도

고장에 의한 전이(예: S1 → S2)는 무작위적으로 일어나며, 전이 속도는 고장률과 시간에 비례한다. 반면에, 수리에 의한 전이(예: S3 → S1)은 수리 속도에 의해서 결정된다.

7.3.6 고장형태 및 영향분석 (FMECA)

FMECA 기본

FMEA(Failure Modes, Effects, and Analysis)는 FMECA(Failure Modes, Effects, and Criticality Analysis)라고도 불리며 통칭되며, 수행 절차는 크게 다음과 같이 정리된다.

1) 대상 시스템 해석 수준 정의 및 세분화
2) FMECA 워크시트 결정(해석 항목 선정)
3) 기능 및 고장 해석
4) FMEA 팀 검토
5) 개선 안 확정 및 반영

FMEA 수행 대상 시스템 정의 및 세분화는 FMEA 수행 목적, 가용 시간, 비용 등에 따라 결정된다. 시스템 정의는 FMEA 대상 시스템의 주요 구성과 각 기능을 정의하는 작업이다. 이는 FMEA 범위 및 구성품의 수준 결정과 추후 이루어지는 성능 및 고장 정의에 활용된다. 시스템 정의를 위해 다양한 방법이 활용 가능하나 그림 7-7과 같은 기능 블록도(Functional Block Diagram)가 널리 이용된다. 그림의 예와 같이 기능 블록도를 통해 엔진의 주요 구성품과 이들의 기능들을 손쉽게 확인 가능하다.
FMEA는 그 사용 목적에 따라 다음과 같이 나눌 수 있다.

- 서비스 FMEA
- 공정 FMEA
- 설계 FMEA
- 제작 FMEA

FMEA을 위한 시스템 분할

시스템 분할은 FMEA 해석 목적에 따라 결정된다. FMEA를 위한 대상품은 시스템, 하위시스템, 단일 장치, 부속품 등으로 나눈다. 시스템은 특정 목적을 위해 복수의 하위 시스템으로 구성된 것으로 엔진의 경우 디젤엔진 등을 의미한다. 시스템을 구성하는 하위시스템은 단일 장비들의 결합으로 시스템 내에서 특정 기능을 수행한다. 마지막으로 부속품은 장비를 구성하는 것으로 유지보수 작업의 가장 최소 단위를 지칭한다. 라이닝 등이 대표적인 부속품이다. 일반적으로 FMEA는 단위 장치 또는 부속품 수준에서 진행된다. 단위장치와 보조 부품의 구분은 FMEA 수행에 매우 중요하다.

FMEA 수행 단계에서 단위장치의 고장이 중대한 것으로 분류되면 그 구성 부품들의 고장 및 고장 원인 역시 중요하게 다루어져야 한다.

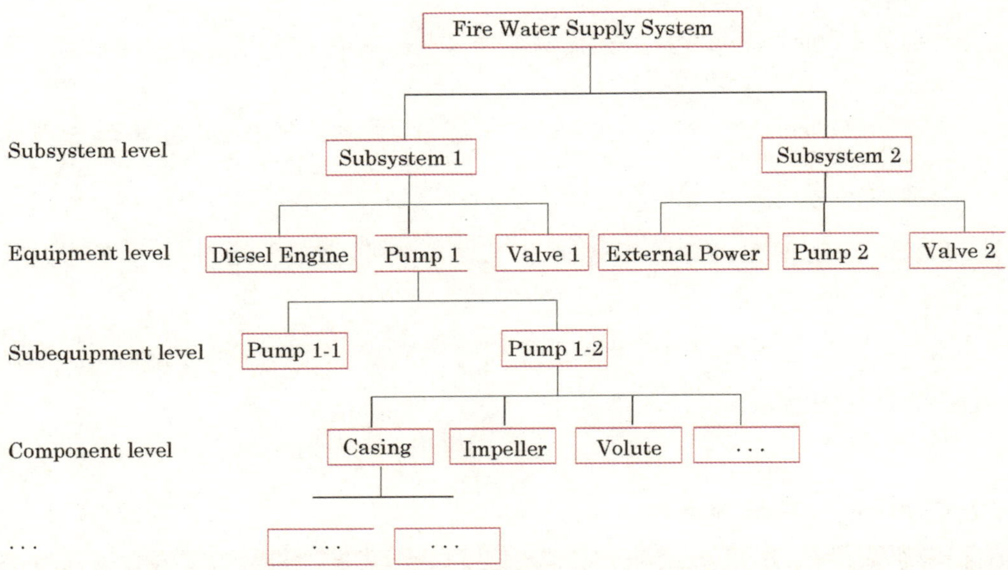

그림 7-7 FMEA를 위한 시스템 분할

FMEA 세부 항목 결정

FMEA를 위한 시스템 정의 및 세분화가 결정되면 FMEA 세부 항목이 선정 되어야 한다. 선정된 세부항목에 따라 FMEA 워크시트 형식이 결정된다. 일반적으로 FMEA에 포함되는 항목을 정리하면 다음과 같다. 이를 기준으로 대상 목적에 따라 가감하면 된다.

- 아이템 명칭(Item Name): FMEA를 수행하는 단위장치의 명칭.
- 운전 모드(Operation Mode): 각 단위장치의 운전 방식이며, 대개 개시운전, 정상운전, 정지운전, 비상정지운전 등으로 분류.
- 기능(Function): 단위장치의 운전 방식별 역할 또는 성능 기준.
- 고장형태(Failure Mode): 각 기능을 완료하지 못할 때 관찰되는 현상이나 형태.
- 고장 원인(Failure Cause): 각 고장형태에 따른 원인, 단일 고장형태에 대해 다수의 고장 원인 가능함.
- 고장 감지(Detection): 단위장치의 고장 또는 보조부품의 고장을 감지할 수 있는 방법.
- 고장 영향(Failure Effect): 유지보수 아이템의 고장이 인명, 환경, 시스템에 미치는 영향. 고장 영향은 단위장치 자체에 미치는 영향과 상위 시스템에 미치는 영향으로 세부화 할 수 있음.
- 위험도(Criticality): 고장 빈도 및 그 피해 결과를 고려하여 위험도가 높음, 낮음 등을 표시.
- 개선 제안(Recommendation Action): 주요 고장을 예방 또는 감소할 수 있는 개선안.

기능에 대한 정의는 그 모호함을 피하기 위해 정해진 기준에 따라 가능하면 구체적으로 작성한다. 즉, 대상 장치의 기능을 정의할 경우에는 장치의 설치 목적과 성능 기준 등이 명시되어야 한다.

고장형태는 대상 장치의 다양한 고장에 대한 기술이다. 정확한 고장형태의 파악은 기능 분석에 기인한다.

표 7-6 FMEA 워크시트 예

Item description			Failure description			Failure effect description				Recommendation action
Item	Operation mode	Function	Failure mode	Failure cause	Detection	Failure effect	Criticality			
							L	S	Risk	

고장형태(Failure mode)는 대상 장치의 다양한 고장형태에 대한 기술이다. 정확한 고장형태의 파악은 위에서 파악된 기능 분석에 기인한다.

FMEA 수행 시 해석 수준에 대한 정확한 정의 없이 고장형태와 고장원인을 혼돈해서 기입하는 경우가 종종 있다. 그림 7-8에서 볼 수 있듯이 단위장치의 고장형태는 상위 수준인 시스템 또는 플랜트의 고장 원인이 된다.

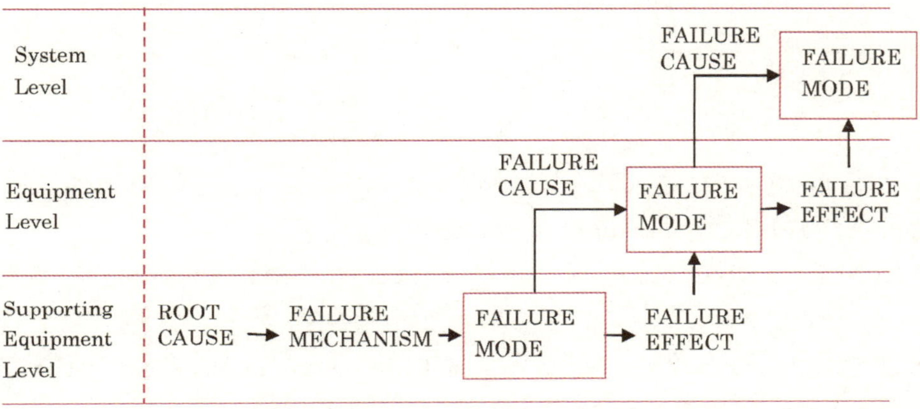

그림 7-8 FMEA 대상 수준별 고장형태, 원인, 영향 관계

FMEA 수행 대상 시스템 정의 및 세분화는 FMEA 수행 목적, 가용 시간, 비용 등에 따라 결정된다. 일반적으로 FMEA 해석 대상 시스템은 플랜트(Plant, Functional group), 시스템(System), 단위장치(Equipment) 등으로 나눌 수 있다.

플랜트(Plant)는 다수 시스템의 결합체로서 해양 플랫폼, 선박 등이 이에 해당된다. 시스템은 플랜트 내에서 특정한 기능(Function)을 수행하는 복수개의 하위 시스템 또는 단위 장치의 결합체(가스 압축 시스템, 발전 시스템 등)이다. 단위장치는 그 자체로 최소한 하나 이상의 특정 기능을 수행할 수 있는 것으로 펌프, 밸브, 모터 등이 이에 포함된다. 반면 펌프의 실(Seal)은 유지보수 아이템의 기능을 도와주는 보조 부품(Supporting component)이다. 일반적으로 FMEA, RCM 해석 등은 단위 장치 수준에서 진행된다. 단위장치와 보조 부품의 구분은 FMEA 수행에 매우 중요하다.

FMEA 수행 단계에서 단위장치의 고장이 중대한 것으로 분류되면 그 구성 부품들의 고장 및 고장 원인 역시 중요하게 다루어져야 한다. 반면 단위장치의 고장이 심각한 결과를 초래하지 않을 경우 그 구성 부품들의 고장 및 고장 원인에 대한 중요도는 감소하게 된다.

참고문헌

- [API RP 14 C] API RP 14 C, Analysis, Design, Installation and Testing of Basic Surface Safety Systems on Offshore Production Platforms, 2001.
- [API RP 520] API RP 520, Sizing, Selection and Installation of Pressure-Relieving Systems in Refineries, 2000.
- [API RP 521] API RP 521, Guide for Pressure-Relieving and Depressuring Systems, 1997.
- [Campbell Series 1, 1998] John M. Campbell, Gas Conditioning and Processing: Volume 2. The Equipment Modules, Campbell Petroleum Series, John M. Campbell and Company, Norman, USA, 1998.
- [Campbell Series 2, 1998] John M. Campbell, Gas Conditioning and Processing: Volume 1. The Basic Principles, Campbell Petroleum Series, John M. Campbell and Company, Norman, USA, 1998.
- [Campbell Series 4, 1998] Robert N. Maddox& John Morgan, Gas Conditioning and Processing: Volume 4. Gas Treating and Sulfur Recovery, Capmbell Petroleum Series, John M. Campbell and Company, Norman, USA, 1998.
- [CMPT, 1999] Center of Marine and Petroleum Technology(CMPT), A Guide to Quantitative Risk Assessment for Offshore Installation, John Spouge(Principal Author), 1999.
- [Crowl & Louvar, 2002] Daniel A. Crowl & Joseph F. Louvar, Chemical Process Safety: Fundamentals with Applications, Prentice Hall, New Jersey, 2002.
- [EIA 2011] Energy Information Administration, International Energy Outlook 2011, DOE/EIA-0484, 2011.
- [IEC 61508] IEC 61508, Functional safety of electrical/electronic/programmable electronic safety related systems.

- [IEC 61511] IEC 61511, Functional safety – Safety instrumented systems for the process industry sector
- [ISO 10418] ISO 10418, Petroleum and Natural Gas Industries – Offshore Production Installations – Basic Surface Process Safety Systems
- [ISO 13702] ISO 13702 Petroleum and natural gas industries - Offshore production installations - Control and Mitigation of Fires and Explosions - Requirements and guidelines.
- [IFP, 2004] Oil and Gas Exploration and Production: Reserves, cost, contracts, coordinated by Center for Economics and Management(IFP-School), Editions Technip, Paris, 2004.
- [Loss Prevention, 1996] Frank P. Lees, Loss Prevention in the Process Industries: Hazard Identification, Assessment and Control, UK, 1996.
- [Manning & Thompson, 1991] Francis S. Manning & Richard E. Thompson, Oil Field Processing, Vol. 1: Natural Gas, Penn Well Publishing Company,Tulsa, USA, 1991,
- [Manning & Thompson, 1995] Francis S. Manning & Richard E. Thompson, Oil Field Processing, Vol. 2: Crude Oil, Penn Well Publishing Company,Tulsa, USA, 1995,
- [NORSOK O-CR-001] NORSOK Standard, Life Cycle Cost for Systems and Equipment, 1996.
- [OGP] Risk Assessment Data Directory, International Association of Oil & Gas Producers, 2010.
- [Rausand & Hoyland, 2004] Marvin Rausand & Arnljot Hoyland, System Reliability Theory: Models, Stastical Methods and Applications, Wiley-Interscience, 2004.
- [Smith & Simpson, 2004] David J. Smith and Kenneth G.L. Simpson, Functional Safety: A straightforward guide to applying IEC 61508 and related standards, Elsevier, Amsterdam, 2004.
- [Reid et al., 1987] Robert C. Reid, John M. Prausnitz, and Bruce E. Poling, The Properties of Gases and Liquids, McGraw-Hill Book Company, 1987.
- [Smith & Corripio, 1985] Carios A. Smith & Armando B. Corripi, Principles and Practice of Automatic Process Control, John Wiley & Sons, New York, USA, 1985.
- [UKOOA, 1999] UKOOA, Guidelines for Process Control and Safety Systems on Offshore Installations, 1999.

색 인

ㄱ

ㄴ

ㄷ

ㅁ

ㅂ

ㅅ

ㅊ

ㅋ

ㅌ

ㅍ

ㅎ

A

B

C

D

E

T

U

V

W